高职高专土建类“十三五”规划教材

建筑与装饰 CAD 绘图基础

主　编　张多峰
副主编　韩　伟　段洪滨　艾志国　马　丁

东南大学出版社
·南京·

内容简介

本书主要学习 AutoCAD 经典界面的操作方法和建筑各类施工图的绘图方法。全书共有 12 个学习任务，包括：AutoCAD 经典界面操作；直线命令绘图应用；平面图形绘图设置；圆弧连接平面图形绘制；常用几何图形绘制；图形编辑命令应用；建筑平面图绘制；建筑立面图绘制；平面图布局与打印；建筑装饰图绘制；轴测图绘制；三维实体创建。

本书编写以图例绘图任务为载体，综合学习绘图命令和方法技巧，每个绘图任务有标准要求，适合进行教学示范、上机练习、考核评价的一体化教学组织。

本书可作为高等职业院校建筑工程、建筑装饰工程等专业教材使用，也可作为相关技术工作者的学习用书。

图书在版编目(CIP)数据

建筑与装饰 CAD 绘图基础 / 张多峰主编. —南京 ：东南大学出版社，2017.1(2021.9 重印)

ISBN 978-7-5641-6952-7

Ⅰ.①建… Ⅱ.①张… Ⅲ.①建筑制图—计算机辅助设计— AutoCAD 软件②室内装饰设计—计算机辅助设计— AutoCAD 软件 Ⅳ.①TU204②TU238—39

中国版本图书馆 CIP 数据核字(2017)第 006246 号

建筑与装饰 CAD 绘图基础

出版发行：东南大学出版社
社　　址：南京市四牌楼 2 号　邮编：210096
出 版 人：江建中
责任编辑：史建农　戴坚敏
网　　址：http://www.seupress.com
电子邮箱：press@seupress.com
经　　销：全国各地新华书店
印　　刷：常州市武进第三印刷有限公司
开　　本：787mm×1092mm　1/16
印　　张：12.75
字　　数：320 千字
版　　次：2017 年 1 月第 1 版
印　　次：2021 年 9 月第 4 次印刷
书　　号：ISBN 978-7-5641-6952-7
印　　数：5001—6000 册
定　　价：39.00 元

本社图书若有印装质量问题，请直接与营销部联系。电话：025-83791830

前　言

本书根据职业教育的要求，将 AutoCAD 绘图方法融入到各个绘图任务中，每个绘图任务有标准要求，适合进行教学示范、上机练习、考核评价的一体化教学组织，渐进有序地学习建筑施工图的绘图方法。

本书在编写过程中总结了多年的教学经验，认真研究了 CAD 的教学规律，吸收了企事业单位先进的制图技术和经验，通过学习本书，读者会对建筑施工图的绘图过程、命令使用技巧有全面深入的学习和练习，使初学者能熟练应用 AutoCAD 绘制建筑施工图和装饰施工图。

本书以 AutoCAD 2010 经典界面为基础编写，内容有两个特点：

1. 内容以绘图任务为导线，将绘图命令和编辑命令进行结合，在绘图任务的练习中，循序渐进地安排各个知识点学习，使每部分的内容都承上启下，既符合学习规律，也有利于课堂教学组织。

2. 精选典型实例和学习型工作任务，并配以详细的绘图指导，方便读者的课外学习。

本书适合于职业院校建筑工程类各专业作为教材使用，也可作为相关工程技术人员参考用书。

本书由张多峰（山东水利职业学院）任主编，韩伟（山东水利职业学院）、段洪滨（江苏河海工程建设监理有限公司）、艾志国（新疆建设职业技术学院）、马丁（乌海学院）任副主编。具体分工如下：张多峰编写任务一、任务二、任务三；韩伟编写任务五、任务六、附录 D；段洪滨编写任务七、任务八；艾志国编写任务四、任务十、附录 B、附录 C；马丁编写任务九、任务十一、任务十二和附录 A。

由于作者水平有限，书中难免存在错误和不当之处，恳请读者给予指正。

编　者

2016 年 10 月

目　录

任务一

AutoCAD 经典界面操作

一、AutoCAD 概述

CAD 是“Computer Aided Design”的缩写，泛指使用计算机进行辅助设计的技术。AutoCAD 是指美国 Autodesk 公司开发的 CAD 应用软件，它的基本功能有二维绘图与编辑功能、三维造型与渲染功能、图纸管理功能、输出与打印功能、网络资源访问功能、协作设计和参照功能。绘图功能是 AutoCAD 最重要的组成部分，因为无论哪种设计，最终的设计结果都离不开图。

AutoCAD 的版本近年来每年都在更新，功能越来越多，适用性越来越强，操作也越来越方便。但 AutoCAD 各个版本的经典界面基本没有变化，对于大多数的技术工作，AutoCAD 经典界面的功能已经能够满足需要。

二、AutoCAD 经典绘图界面

首次启动 AutoCAD 2010，便默认进入到“初始设置工作空间”绘图界面，如图 1-1。单击该绘图界面的右下角“初始设置工作空间”选择框中的“AutoCAD 经典”选项，绘图界面切换为 AutoCAD 2010 的经典绘图界面，如图 1-2。AutoCAD 2010 的经典绘图界面主要由绘图区、菜单栏、工具栏、状态栏、命令区等部分组成。

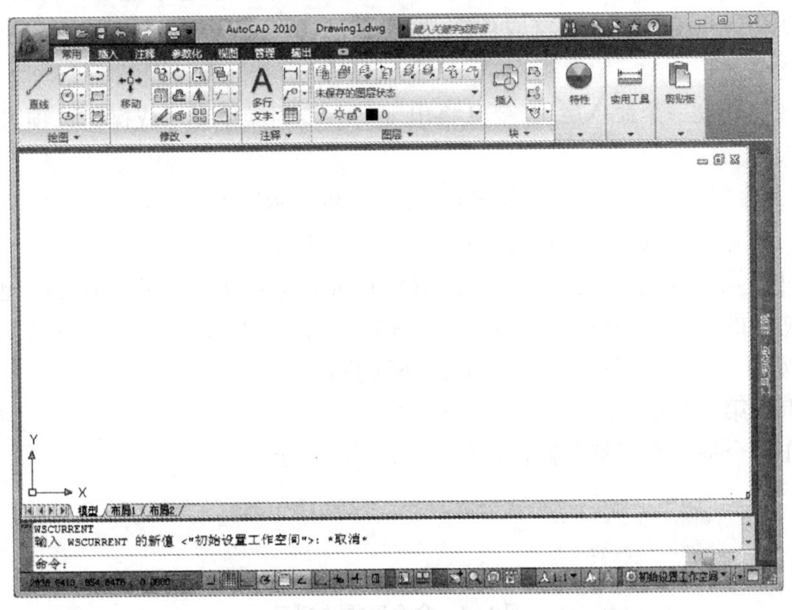

图 1-1　AutoCAD 2010“初始设置空间”绘图界面

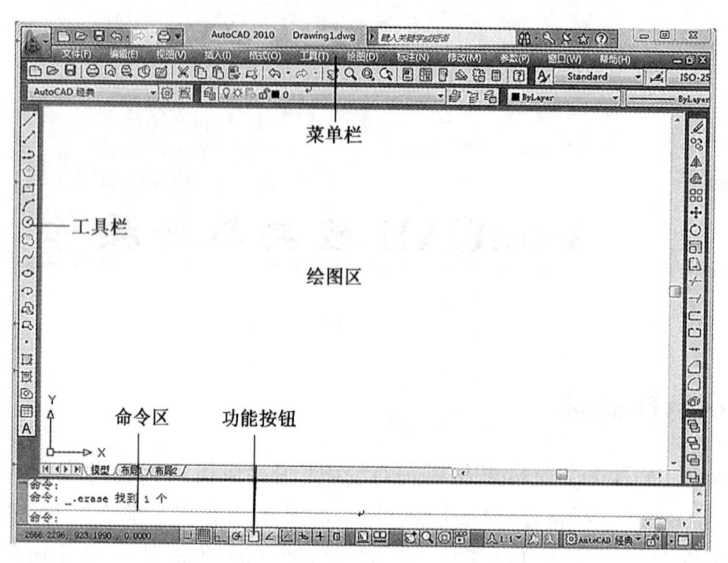

图 1-2　AutoCAD 2010 经典绘图界面

1. 绘图区

绘图区是操作者进行绘图设计的工作区域。绘图区的实际范围是无限延伸的，公制单位下，绘图区的默认显示范围为 A3 图纸幅面的大小，即 420 mm×297 mm。绘图时利用鼠标中轮的缩放功能可使显示的绘图区域增大或缩小(顺时针转动中轮，绘图界面放大；逆时针转动中轮，绘图界面缩小)，双击鼠标中轮则所有已绘出的图形满屏显示，按住鼠标中轮拖动鼠标则移动绘图窗口。无论多大的图形，都可在绘图区按 1∶1 的比例以实际尺寸绘图。

2. 命令区

命令区在工作界面的下方，它是一个命令输入窗口，缺省状态下显示三行命令文字。

绘图时使用键盘输入命令字符或数字，按回车键(或空格键)后即执行输入的命令或执行输入的数值含义。

在命令区执行上一个命令后，命令区将出现下一步的操作提示或操作选项，以提示绘图者进行下一步操作。

例如，在命令提示下输入“circle”，按回车键后，将显示以下提示：

指定圆的圆心或[三点(3P)/两点(2P)/相切、相切、半径(T)]：

可以通过输入 *X*、*Y* 坐标值或通过使用鼠标在屏幕上单击点来指定圆心。也可以输入括号内一个选项中的字母来执行括号中的选项命令。例如，要选择三点选项(3P)，即在命令区输入 3P 后，按回车键。这时命令区继续提示下步操作：

指定圆上的第一个点：

这种操作命令提示贯穿整个操作过程，如图 1-3 所示。

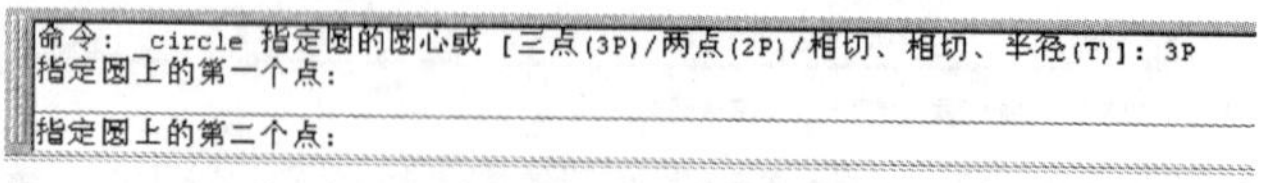

命令： circle 指定圆的圆心或 [三点(3P)/两点(2P)/相切、相切、半径(T)]: 3P
指定圆上的第一个点:
指定圆上的第二个点:

图 1-3　命令区操作提示

3. 菜单栏

菜单栏是图形界面上部的一行菜单命令，缺省状态下菜单包括文件、编辑、视图、插入、格式、工具、绘图、标注、修改、参数、窗口、帮助等菜单，菜单栏中包含了 AutoCAD 大多数的操作命令。

左键单击某个菜单，会打开下拉菜单列表，如图 1-4。下拉菜单列表的每一行称为一个命令选项，单击下拉菜单或次级菜单中的命令选项即可进行该项命令的操作。

如果下拉菜单列表中的命令选项后面带有“▶”符号，表示该命令下还有次级菜单。如果命令选项后面有“…”符号，表示单击该选项将弹出一个对话框，在对话框中可以实现命令的选择与操作。

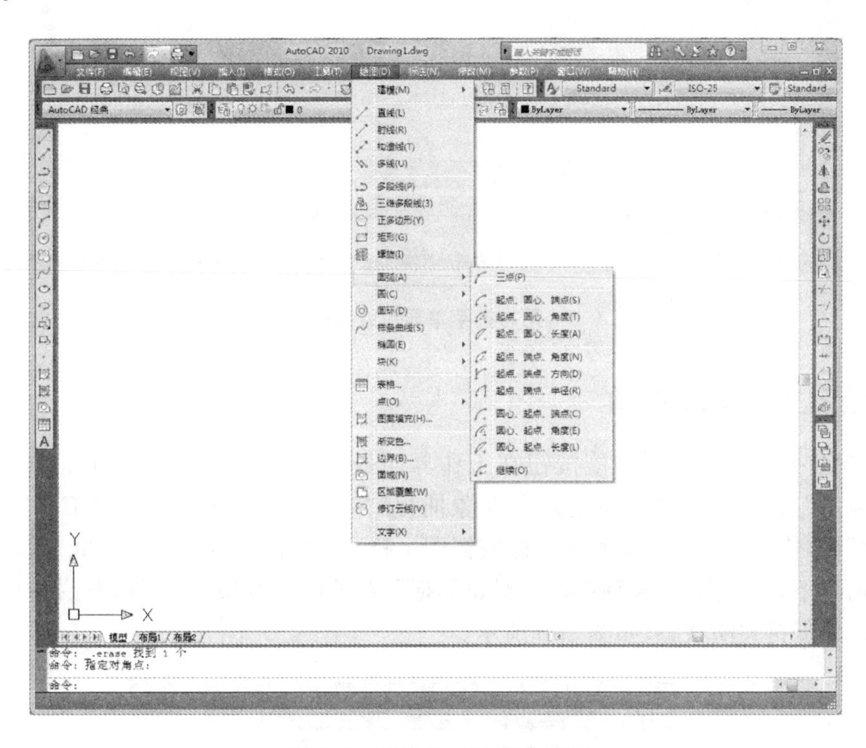

图 1-4 “绘图”下拉菜单选项

4. 工具栏

工具栏是包含启动命令的按钮。设置工具栏的目的是快速调用命令，单击工具栏中图标按钮，即可执行相应的命令。将鼠标移到工具栏按钮上时，工具栏提示将显示按钮的名称。

在 AutoCAD 中，系统已提供了 30 多个已命名的工具栏。默认情况下，“标准”“样式”“工作空间”“图层”“对象特性”“绘图”“修改”和“顺序”工具栏处于打开状态，其余的处于关闭状态，在需要的时候可以打开这些工具栏。

在绘图界面中显示工具栏的方法是：将鼠标光标放置在已显示的任意工具栏上，单击右键，出现右键菜单如图 1-5 所示，带“√”号的表示已打开的工具栏，不带“√”号的表示关闭的工具栏，用鼠标在菜单的名称上单击即可打开或关闭该工具栏。

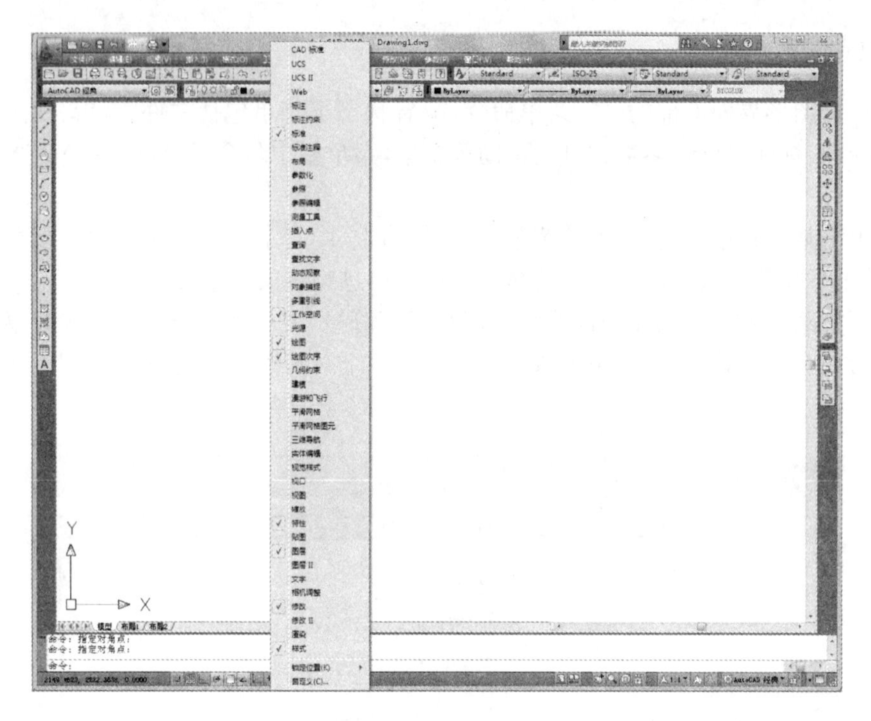

图 1-5　用右键菜单显示或关闭工具栏

5. “绘图工具”功能按钮

AutoCAD 的“绘图工具”功能按钮在工作界面最下端的中部，从左至右依次为“捕捉模式”“栅格显示”“正交模式”“极轴追踪”“对象捕捉”“对象捕捉追踪”“动态 UCS”“动态输入”“线宽显示”和“快捷特性”，左键单击功能按钮即可打开或关闭该状态下的功能。

一般情况下，在绘图时“极轴追踪”“对象捕捉”“对象捕捉追踪”三个按钮保持打开状态，其余的功能按钮保持关闭状态，如图 1-6 所示。

图 1-6　状态栏中的“绘图工具”功能按钮

各功能按钮的功能和设置详述如下：

(1) 正交和极轴

“正交”和“极轴”是 AutoCAD 提供的类似丁字尺与三角尺的绘图工具，都是为了绘制一定的角度线而设计的工具。“极轴”比“正交”的功能更多，在绘图时二者不能同时打开。

单击状态栏中的“正交”按钮或按“F8”键，可以打开或关闭“正交”开关，“正交”打开时，强制光标只能沿水平线和竖直线方向移动，这时通过鼠标操作只能绘制水平线和竖直线。

单击状态栏中的“极轴”按钮或按“F10”键，可以打开或关闭“极轴”开关，“极轴”打开时，光标追踪用户设置的极轴角度，这样可以利用极轴追踪功能绘制各种倾斜角度的直线。

但是，键盘输入命令定点和对象捕捉定点都不受“正交”和“极轴”模式是否打开的限制。

将鼠标移到“极轴”开关按钮上，单击鼠标右键，将弹出右键快捷菜单如图 1-7，可以用鼠标左键在上部数值设置要画线的角度，也可在快捷菜单中选择“设置”命令，弹出“草图设置”对话框，如图 1-8，在其中可以对极轴追踪的各选项进行进一步设置。

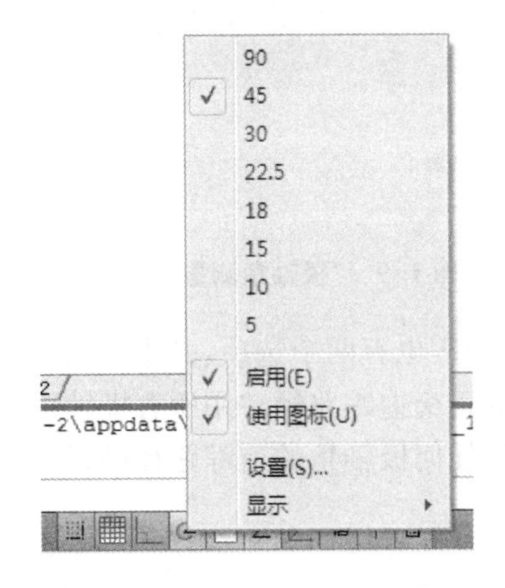

图 1-7　“栅格”按钮的右键菜单

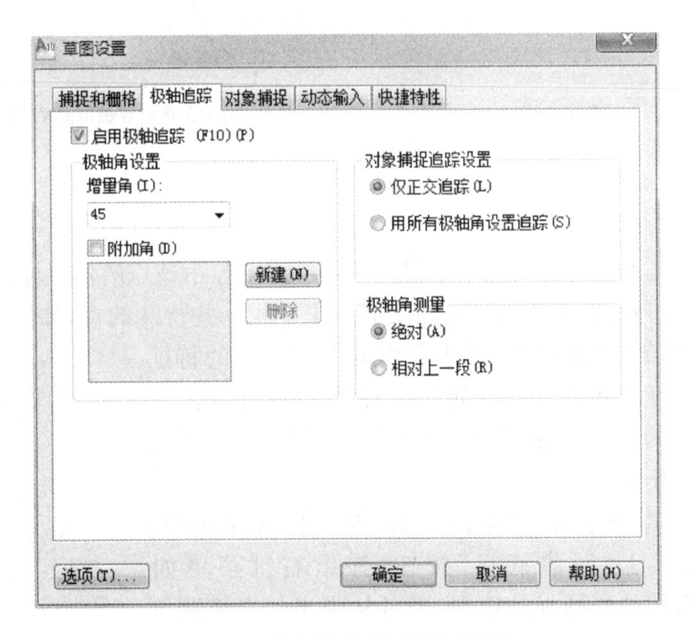

图 1-8　“极轴追踪”设置对话框

在“极轴角设置”选项区域，如果在“增量角”列表框中选择或输入一个角度值，则“极轴”打开时，0 度角和所有的增量角的倍数角都会被追踪到。如增量角设置为 30，则可以画 30、60、90、120、150、180、210 等角度的直线。

选中“附加角”复选框，单击“新建”按钮，输入附加角度值，这时输入的附加角会被追踪到，但不会追踪附加角的倍数角，附加角可以设多个角度值。

在“极轴角测量”选项区有两个选项，其中“绝对”选项表示根据当前用户坐标系，确定极轴追踪角度，X 坐标轴的正方向为 0 度角，如图 1-9(a)所示；“相对上一段”选项表示根据上一个绘制线段为 0 度角计算极轴追踪角度，利用这个功能可以画出相互垂直的倾斜直线，如图 1-9

(b)所示。

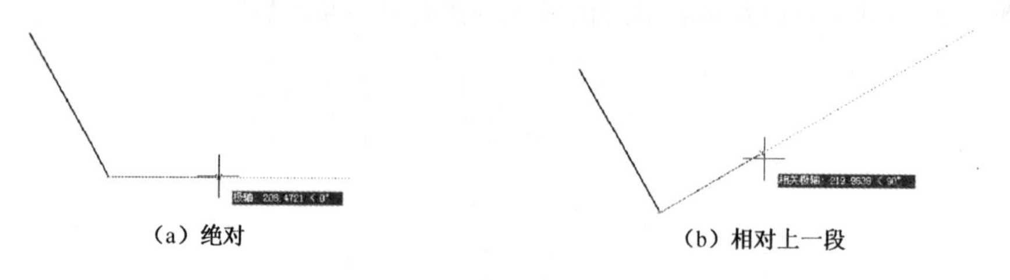

(a) 绝对　　　　(b) 相对上一段

图 1-9　“极轴角测量”选项图示

在“对象捕捉追踪设置”选项区也有两个选项，其中“仅正交追踪”选项表示当对象追踪打开时，仅显示已有对象捕捉点的正交追踪路径；“用所有极轴角设置追踪”选项表示如果对象追踪打开时，光标沿对象捕捉点的任何极轴角的追踪路径进行追踪。

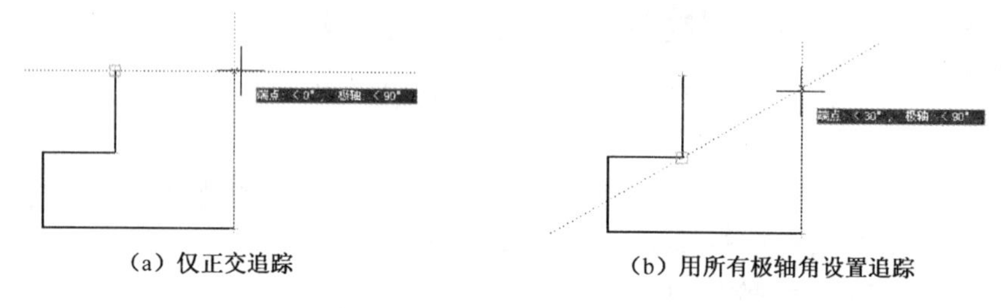

(a) 仅正交追踪　　　　(b) 用所有极轴角设置追踪

图 1-10　对象捕捉追踪设置

(2) 对象捕捉

“对象捕捉”就是系统自动找到图形对象的特征点并显示该点的位置标记。

在绘图过程中，有时需要在已绘制的图形对象中找一些特殊的点，如圆或圆弧的圆心、线段的端点、交点、中点、垂足点等，这些点称为图形对象的特征点。使用对象捕捉可以迅速、准确地定位于对象上的特征点。

单击状态栏中的“对象捕捉”按钮或者按 F3 键可以打开或关闭对象捕捉功能开关。

捕捉对象的设置也是通过“草图设置”对话框来完成的。用右键单击状态栏上“对象捕捉”按钮，弹出右键菜单如图 1-11，从中可直接选择捕捉的选项，也可从弹出的右键菜单中选择“设置”，在 AutoCAD 弹出的“草图设置”对话框中进行设置，如图 1-12。

在上面列出的可以捕捉的类型中，一般的端点、中点、交点、圆心、垂足等都比较容易理解和操作，需要特别说明的是“最近点”“切点”和“平行”。

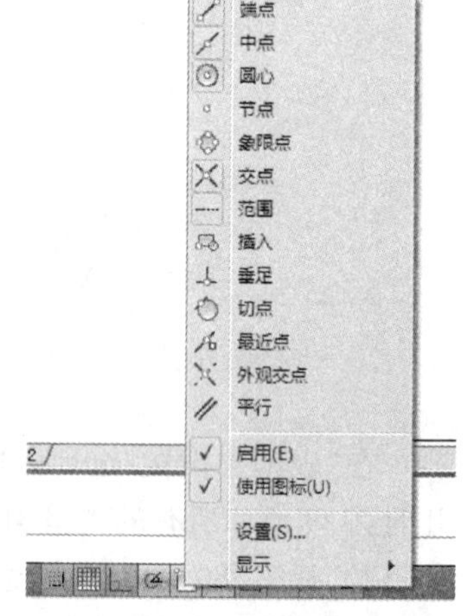

图 1-11　“对象捕捉”右键菜单

在 AutoCAD 中的“最近点”可以理解为这个点与对象最近或者说无限接近，实际上就等同于是对象上的任意点，利用这个功能可以确定找到的点是直线上的点，如图 1-13(a)所示。对于“最近点”，初学者的理解一般都有误会，认为将会捕捉到距离某个对象最近的一个点。比如，由一个点向一条直线或圆弧画一条距离最近的线，可能会想到使用最近点，但是实际操作起来并不能得到预期的结果。

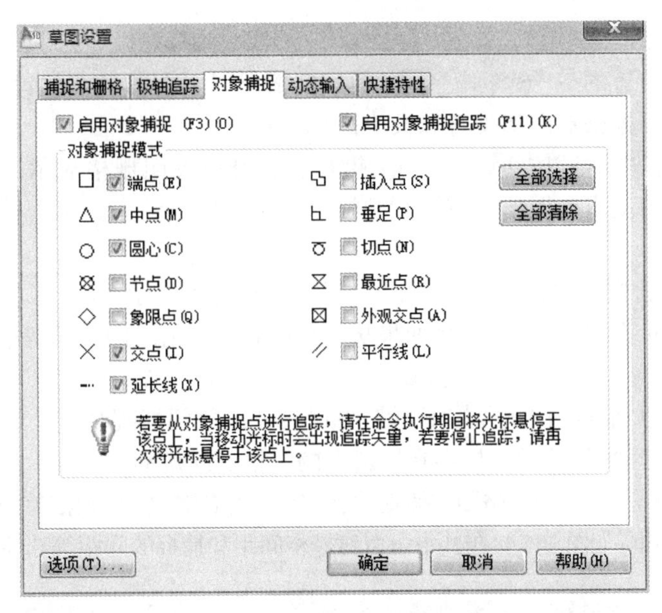

图 1-12　“对象捕捉”设置对话框

对于“切点”，在几何学中切点应用很多，也比较容易理解。在绘制圆、椭圆等切线的时候，应用“切点”捕捉很简单，因为这时切点为递延切点，可以自动捕捉，如图 1-13(b)所示。

对于“平行”，一般在绘制平行于某直线对象的直线时会使用到它，但是初学者在应用的时候往往不得要领。正确的方法是，拾取了直线的第一点后，拾取第二点时选取捕捉平行线，然后将鼠标先在平行的直线对象上晃动但并不单击，直到出现平行线的捕捉标记后，回到与要平行的对象接近平行的位置时，AutoCAD 会弹出一条平行的追踪线，下一点只要落到这条追踪线上就可以成功地绘制出平行线，如图 1-13(c)所示。

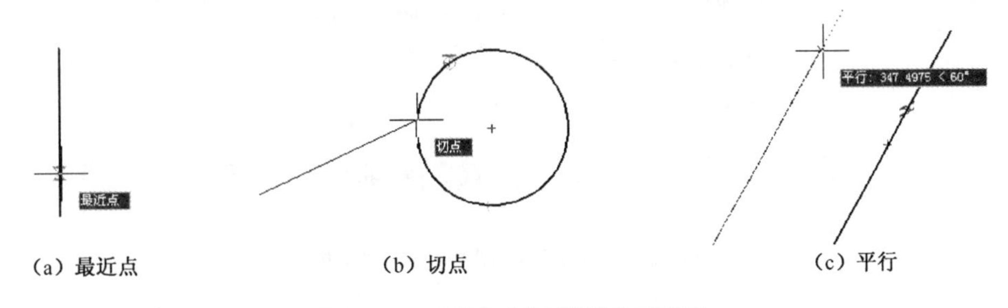

(a) 最近点　　(b) 切点　　(c) 平行

图 1-13　几种“对象捕捉”应用图示

上述设置的捕捉模式称为固定捕捉模式，用户在绘图时将“草图设置”对话框中需要捕捉的特征点勾选后，只要光标移至图形对象上的对应特征点附近时，AutoCAD 就会自动捕捉到该点并用亮显框标识，此时按下鼠标左键即可选中该点。

(3) 对象追踪

“对象追踪”是系统自动追踪对齐设定的特征点，即当光标移动到与某个特征点处于水平对齐、垂直对齐、某极轴角对齐等位置时，就会出现一条对齐线，并显示相应的追踪参数。

单击状态栏中的“对象追踪”按钮或者按 F11 键可以打开或关闭对象追踪功能开关，但使用“对象追踪”，必须先完成“对象捕捉”设置并打开“对象捕捉”功能开关。

（4）栅格和捕捉

“栅格”是标定位置的一个个标记小点，使用栅格类似于在图形下放置一张设置好的坐标纸。绘图时可以利用栅格对图形位置和大小进行参照。

单击状态栏中的“栅格”按钮或者按F7键可以打开或关闭栅格显示。打开“栅格”显示，在指定的屏幕区域内就出现栅格点；关闭“栅格”显示，栅格点消失。不管栅格是否显示，图纸都不打印栅格。

“捕捉”即捕捉栅格点，打开“捕捉”开关，不管栅格是否显示，光标都将自动捕捉栅格点。利用栅格捕捉可以对齐图形对象，但是如果从命令区有坐标值或距离值等输入，系统将优先接受键盘命令。

单击状态栏中的“捕捉”按钮或按F9键，可以打开或关闭捕捉功能。绘图时，正常情况下“捕捉”是关闭的，打开“捕捉”时光标会在屏幕上的栅格点间跳动。

将鼠标放置于状态栏中的“栅格”或“捕捉”按钮上，单击右键，在快捷菜单中单击“设置”选项，则打开“草图设置”对话框，如图1-14，在其中可以对栅格间距和捕捉的间距等选项进行设置。

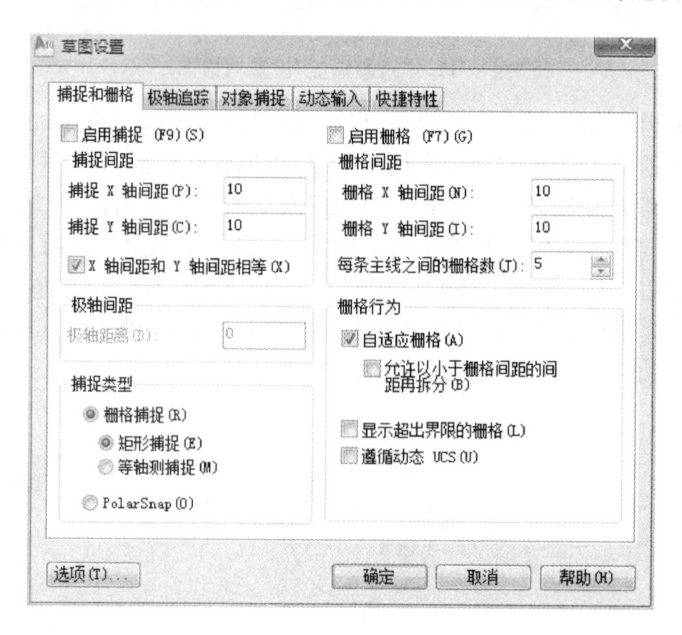

图1-14 “捕捉”和“栅格”设置对话框

（5）动态输入

启用“动态输入”时，将在光标附近显示三个组件信息，该信息会随着绘图过程而动态更新。图1-15为画直线时的动态输入框。由于动态输入使得绘图速度较慢，因此在专业绘图中一般关闭“动态输入”功能。

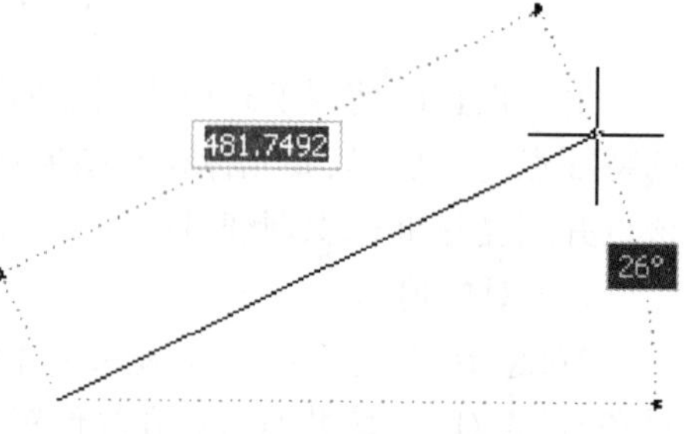

图1-15 “动态输入”输入框

三、右键快捷菜单

绘图或编辑图形时，在绘图界面的任何位置单击右键都会出现一个菜单列表，称为右键快捷菜单。如图1-16所示为选中矩形时的右键菜单。右键菜单提供对当前操作相关命令的快速访问。

当选取不同的操作对象或在不同的操作步骤下单击右键时，显示的右键菜单是不同的，一般是提供与该对象有关的常用命令。

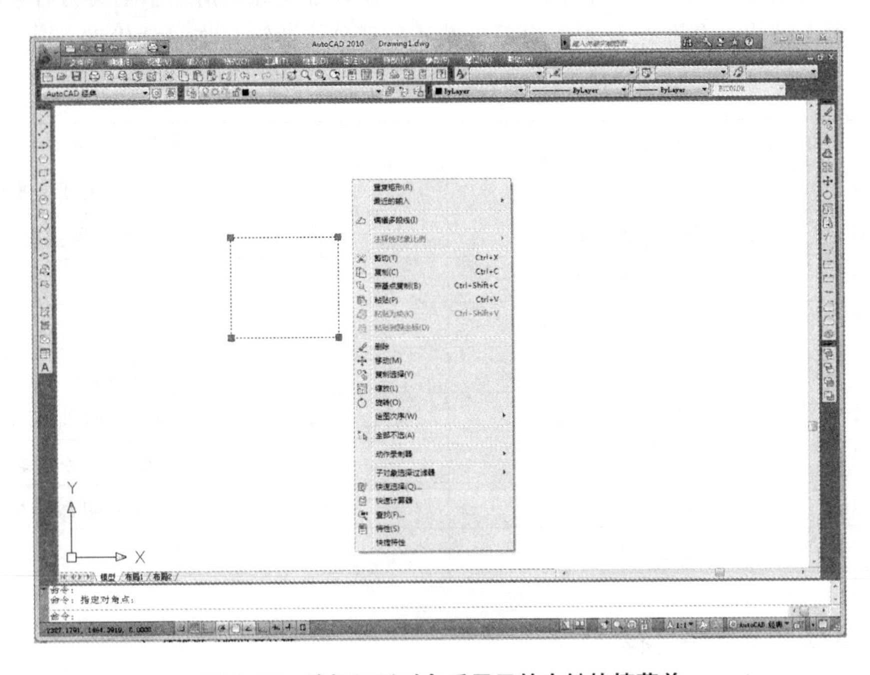

图 1-16　选择矩形对象后显示的右键快捷菜单

按住“Shift”或“Ctrl”键后再单击鼠标右键，将显示对象捕捉右键菜单，如图 1-17 所示，此时选择捕捉选项，对话框消失，执行一次捕捉命令后捕捉选项失效。

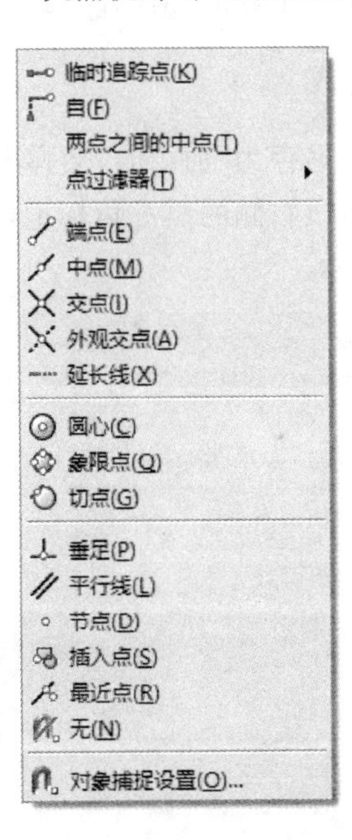

图 1-17　按“Shift+右键”显示的对象捕捉右键菜单

四、快捷键与临时替代键

快捷键是指用于启动命令的单个键或组合键。临时替代键是指用于临时打开或关闭绘图辅助工具的单个键或组合键。表1-1为系统默认的部分快捷键与临时替代键。

表1-1 部分快捷键与临时替代键

Ctrl+N	创建新图形	F1	显示帮助
Ctrl+O	打开现有图形	F2	打开/关闭文本窗口
Ctrl+P	打印当前图形	F3	切换对象捕捉
Ctrl+S	保存当前图形	F7	切换栅格
Ctrl+V	粘贴剪贴板中的数据	F8	切换正交
Ctrl+X	将对象剪切到剪贴板	F9	切换捕捉
Ctrl+Y	取消"放弃"动作	F10	切换"极轴追踪"
Ctrl+Z	撤销上一个操作	F11	切换"对象追踪"
Ctrl+[	取消当前命令	F12	切换"动态输入"
Ctrl+\	取消当前命令		

五、图形文件的保存

在打开AutoCAD后,即可以将无图形的文件命名并进行保存。在绘图过程中,注意到经常单击"标准工具栏"中的"保存"按钮,防止意外事故发生时丢失图形数据。若不希望覆盖已有图形,可以使用"另存为"方式使用一个新名称保存它。

1. AutoCAD保存的文件格式

在首次执行"保存"命令或执行"另存为"命令时,会弹出一个如图1-18所示的"另存为"对话框,单击对话框中的"文件类型"窗口右侧的黑三角标记,将弹出保存格式菜单,列出了所有能够保存的文件格式,如图1-19所示。

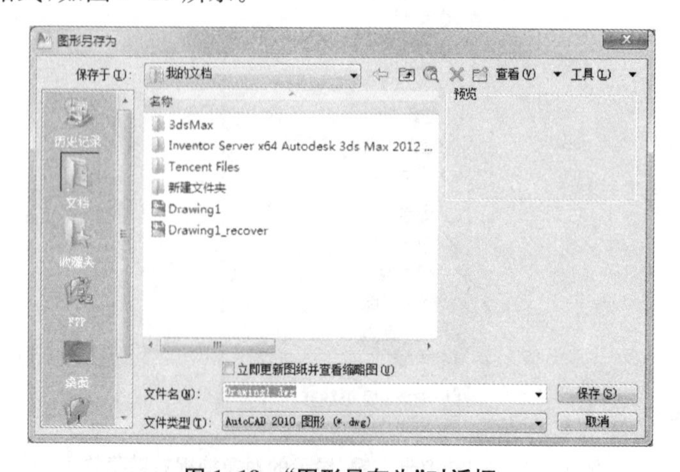

图1-18 "图形另存为"对话框

一般情况下，高版本的CAD软件能够打开低版本保存的CAD文件，而低版本的CAD软件打不开高版本保存的CAD文件。如果在保存时打开“文件类型”列表，选择较低版本的文件格式保存，则能用低版本CAD软件打开高版本CAD保存的文件。

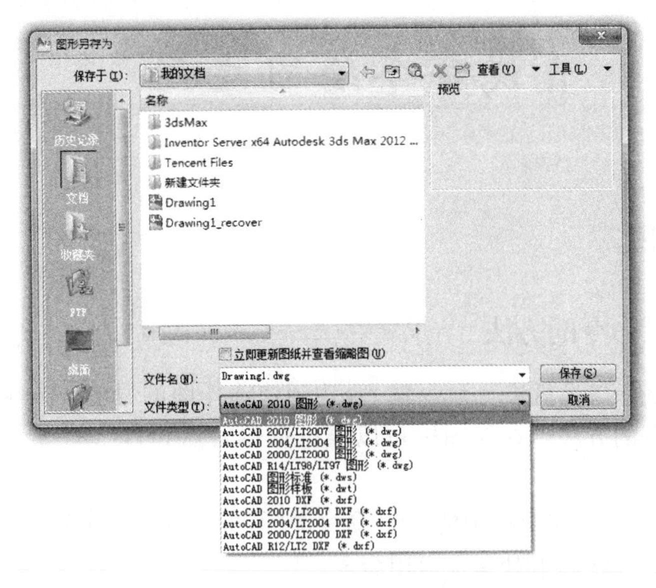

图1-19 AutoCAD 2010保存支持的文件格式

2. AutoCAD的bak备份文件

当用户第二次保存修改过的图形文件时，会自动生成一个与该图形文件名称相同扩展名为.bak的文件，这就是图形备份文件，该备份文件保存的是更新保存前的原图形文件。该文件的作用是当发生保存误操作时，可以将“.bak”文件重命名为带有“.dwg”扩展名的文件，即可恢复原文件。

六、操作实训任务

1. 启动AutoCAD 2010，设置为经典绘图界面。
2. 在AutoCAD经典界面显示“标注”工具栏。
3. 设置AutoCAD“绘图工具”功能按钮，打开“极轴”“对象捕捉”“对象追踪”“线宽”功能按钮，关闭其余的功能按钮。
4. 打开“栅格”绘图工具按钮显示栅格点，转动鼠标中轮进行绘图界面的放大缩小，双击鼠标中轮满屏显示，按住鼠标中轮移动绘图窗口。
5. 保存AutoCAD文件为AutoCAD 2010和AutoCAD 2007格式。
6. 打开AutoCAD的bak格式备份文件。

任务二

直线命令绘图应用

一、基础知识

1. 启用“直线”命令的方法

为了灵活运用鼠标与键盘进行命令输入，达到快速作图的目的，AutoCAD设计了下列五种启用“直线”命令的方法。在绘图中可以根据命令特点和自己的习惯选择启用命令的方法。

(1) 用鼠标单击“绘图”工具栏中的“ ”命令图标，可以启用直线命令。这是最常用的一种命令启用方法，它比较方便和快速地启用命令。

(2) 用鼠标单击“绘图”菜单，在菜单列表中点击“直线”，即可启用直线命令。

(3) 在命令区输入“line”或“l”，按回车键启用直线命令。“l”是缩写的名称，称为命令别名，大部分命令都具有命令别名，记住命令别名能加快绘图的速度。

(4) 用鼠标点击“工具选项板”中“命令工具”选项中“直线”命令，也可启用直线命令。

(5) 如果上一次命令是“直线”命令，这时按回车键、空格键或鼠标右键可以启用刚执行过的直线命令。这种功能能够加快命令的操作速度，对于多个不连续直线段的输入非常方便。

2. 终止绘图命令的方法

终止绘图命令的方式有下列几种，在绘图中可根据习惯应用终止命令。

(1) 执行命令中，按回车键或空格键或Esc复位键，都可终止绘图命令。一般情况下按空格键较为方便。

(2) 执行命令中，按右键在右键菜单单击“确定”终止绘图命令。

3. 尺寸标注

尺寸标注是绘图设计中的一项重要内容，工程图中尺寸的标注样式必须符合相应的制图标准。在利用AutoCAD进行尺寸标注时，系统缺省的标注样式为“Annotative”“ISO - 25”“Standard”，这些样式与我国的建筑制图标准都不完全一致，在尺寸标注时我们往往需要通过如图2-1所示的“标注样式管理器”新建和修改尺寸标注样式。由于尺寸标注与尺寸样式设置内容较繁杂，我们结合以后的绘图图例在应用中分步学习。

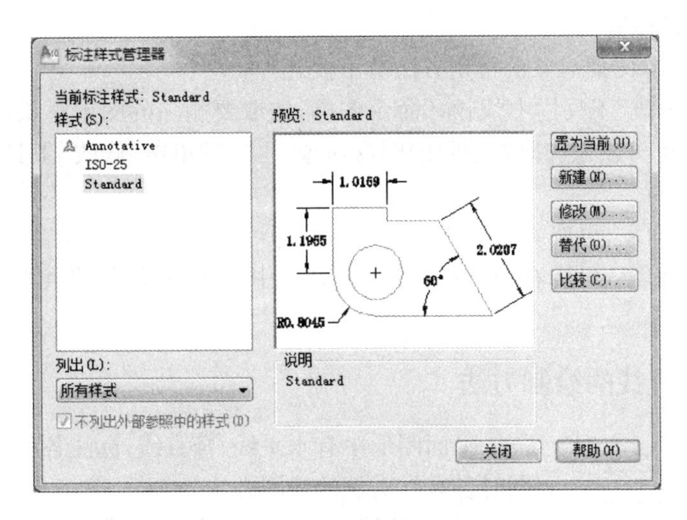

图 2-1　“标注样式管理器”对话框

4. 图形对象的选择与删除

(1) 图形对象的选择

图形中的直线、圆弧、文字、图表、图块、图组等在交互软件中称为图形对象。图形对象选择，就是根据作图的需要，在图形中确定要操作的实体对象。已选择的图形对象的集合称为选择集。

在 AutoCAD 中，常用的选择方式有两种：一是用鼠标单击要选取的图形对象；二是用“窗口”方式选取对象。

① 用鼠标左键单击选取对象

该方式一次只能选取一个实体对象(包括块对象)，当需要选取多个对象时，可以连续单击对象，选中的对象呈现蓝色的编辑点，如图 2-2。如果选择之前有编辑命令，该实体变成虚像显示即被选中。

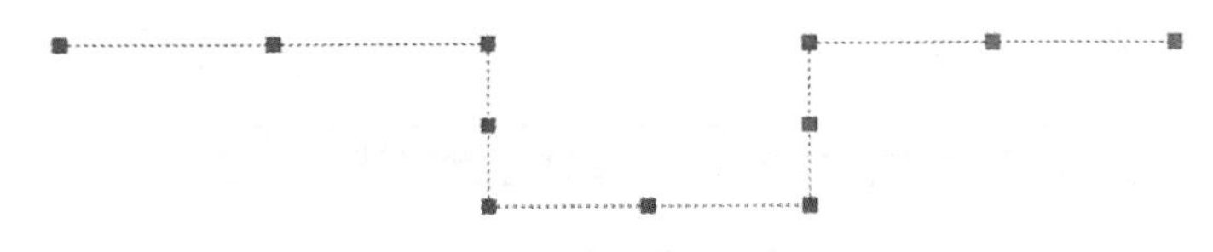

图 2-2　直线选中后呈现的编辑点

② 用“窗口”方式选取对象

所谓“窗口”，就是用鼠标指定两个对角点构成矩形框。它有两种操作方法，选取对象的范围不一样。

先单击窗口左边的角点，再单击窗口右边的角点，即用鼠标从左向右拉出窗口，这时窗口的颜色呈现蓝色，完全处于窗口内的图形对象即被选中。这种选择方式称为完全窗口方式。

如果先单击窗口右边的角点，再单击窗口左边的角点，即用鼠标从右向左拉出选择窗口，这时窗口的颜色呈现绿色，完全处于窗口内的图形对象会被选中，与窗口交叉接触的图形对象也会被选中。这种选择方式称为交叉窗口方式。

(2) 图形对象的删除

AutoCAD 中删除图形对象的常用方法有下面几种。

① 左键单击"修改"工具栏中"删除"命令图标，选取要删除的图形对象，按空格键或回车键即可将其删除。也可以先选取要删除的图形对象，再左键单击"修改"工具栏中"删除"命令图标，图形对象被删除。

② 先选取图形对象，再按键盘上的"Delete"键，即可将选中的图形对象删除。

③ 先选中图形对象，再按右键，然后在右键菜单中点击"删除"，即可将选中的图形对象删除。

5. 各种位置直线的绘制方法

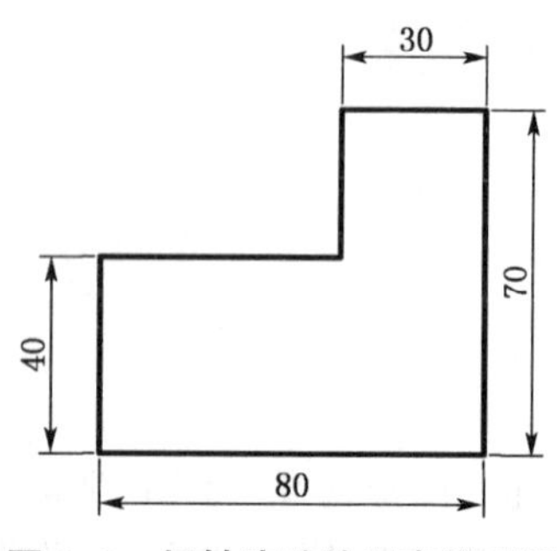

图 2-3　极轴追踪绘制直线图例

平面图形中有水平线、竖直线、标注各种尺寸的倾斜线，绘图时各有针对性的绘图方法。

(1) 利用极轴追踪功能绘制直线

将"极轴"按钮打开，利用极轴追踪功能，移动鼠标指定直线的方向，从键盘输入要绘制直线段的长度，按回车键确认，即可绘出给定长度和方向的直线。这是绘制直线的最简单方法，方便绘制水平线、竖直线和特殊角度线。

【例 2-1】 根据所注尺寸，绘制图 2-3 所示平面图形。

作图步骤：

① 打开状态栏中的"极轴""对象捕捉""对象追踪""线宽"功能按钮开关，其余功能按钮关闭，如图 2-4 所示。

图 2-4　功能按钮设置

② 左键单击"特性"工具栏中"线宽"选择窗口的下箭头，在弹出的线宽列表中左键单击选择 0.50 mm 线宽，如图 2-5 所示。

图 2-5　设置线宽 0.50 毫米

③ 启用"直线"命令，可以用鼠标指定屏幕上任一点作为 40 线段的上端点。

④ 用鼠标极轴追踪竖直向下，从键盘输入距离 40，按回车键或空格键，则 40 直线段画出；按着再用鼠标追踪指引水平方向，输入 80，按回车键，则 80 直线段画出。用同样的方法绘出 70、30 直线段。

⑤ 接着将光标在 40 直线段的上端点停留片刻(约 1 秒)，然后光标右移，即自动启用对象追踪和极轴追踪对齐功能，如图 2-6 所示，这时单击鼠标左键，绘出 30 左端的竖

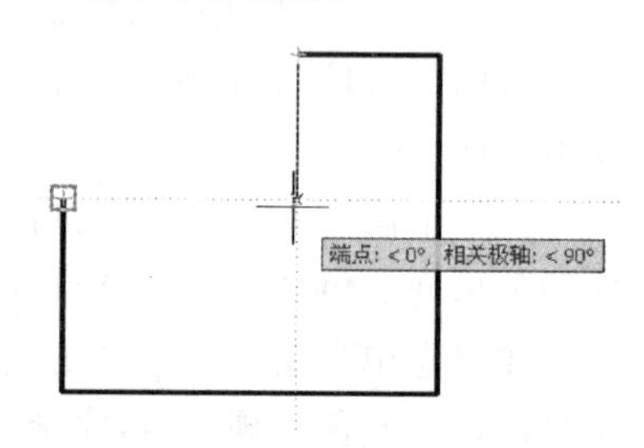

图 2-6　对象追踪对齐

直线。

⑥ 接着用鼠标单击 40 直线段的上端点，再按回车键或空格键结束画线；或输入字符“C”，按回车键，直线段与起点闭合，“直线”绘图命令自动结束。

⑦ 将鼠标放置于工具栏上的任一位置，按鼠标右键，弹出右键快捷菜单，菜单中列表显示所有的工具栏，从中左键单击“标注”，绘图界面则弹出“标注工具栏”，如图 2-7 所示。

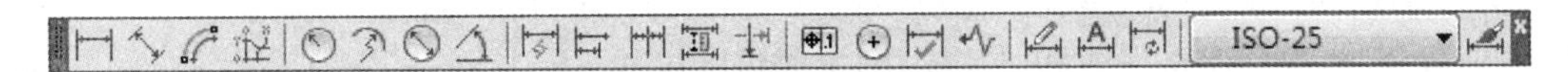

图 2-7　尺寸标注工具栏

⑧ 再将“特性”工具栏中“线宽”设置为 0.20 mm 线宽，如图 2-8 所示。

图 2-8　设置线宽 0.20 mm

⑨ 单击标注工具栏中左起第一个“线性”图标命令，该命令有两种标注操作方法：

一是启用命令后，直接左键单击要标注直线的两端点，则自动生成直线实际长度的尺寸数字，鼠标选定尺寸线的合适位置后，再单击鼠标左键固定尺寸标注位置。

二是启用标注命令后，按一下空格键或回车键，启用“选择对象”功能，然后鼠标左键直接单击要标注线段的任一位置则自动生成尺寸数字，再单击鼠标左键固定尺寸位置。

一般来讲，第二种方法较简便。

(2) 输入绝对坐标或相对坐标绘制直线

绝对坐标的输入方式为“x，y”，绝对坐标原点是系统默认的世界坐标系原点，输入绝对坐标绘图，一般需要将图形的绘图起点放在世界坐标系原点上。

相对坐标的输入方式为“@x，y”，表示该坐标点是以该命令执行后的前一个输入点为坐标原点，利用相对坐标绘图，起点可以在任意位置。

用相对坐标绘制如图 2-9 所示的倾斜直线，启用“直线”命令后，先在绘图区任意位置单击左键确定 A 点位置，输入相对坐标值“@100，60”，然后按回车键即可；如果先确定 B 为起点位置，则输入相对坐标值“@－100，－60”，然后回车，也能绘制出该倾斜直线。

用绝对坐标法绘制如图 2-9 所示的倾斜直线，启用“直线”命令后，先输入“0，0”后按回车键，再输入“100，60”或“－100，－60”后按回车键，都能绘出该倾斜直线。

单击标注工具栏中的“线性”图标，按空格键后单击该 AB 直线，用鼠标向左侧拖动生成竖直尺寸 60，再次启用“线性”标注命令，用鼠标向下方拖动则生成水平尺寸 100，如图 2-9。

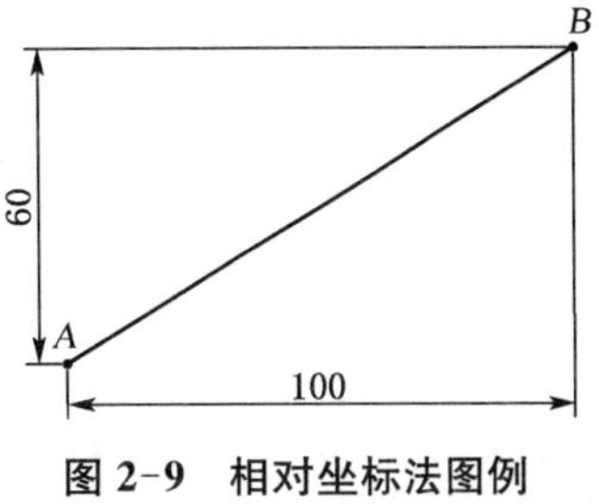

图 2-9　相对坐标法图例

(3) 输入相对极坐标绘制直线

相对极坐标的输入方式为“@L<θ”，该坐标点的计算是以该命令执行后的前一个输入点为极坐标原点。L 为直线的长度，θ 为直线的极轴角度。

系统对极轴角的默认设置是：以直线的起点为中心，X 坐标轴的正向水平线为基准(0 角度)，逆时针方向为正角度，顺时针方向为负角度。

相对极坐标法一般用来绘制标注长度和角度的倾斜直线，如图 2-10 所示，在绘制该直线时，如果先确定 A 点为直线起点，则输入相对极坐标值“@120<31”，然后回车；如果先确定 B 点为直线起点，则输入相对极坐标值“@120<211”，然后回车。

单击标注工具栏中的“对齐”图标命令，按空格键后单击该 AB 直线，则自动生成与该直线平行的倾斜尺寸 120。

从 A 端点向右画一水平线段，再单击标注工具栏中的“角度”图标命令，依次单击水平线和 AB 线，则生成角度尺寸 31°。

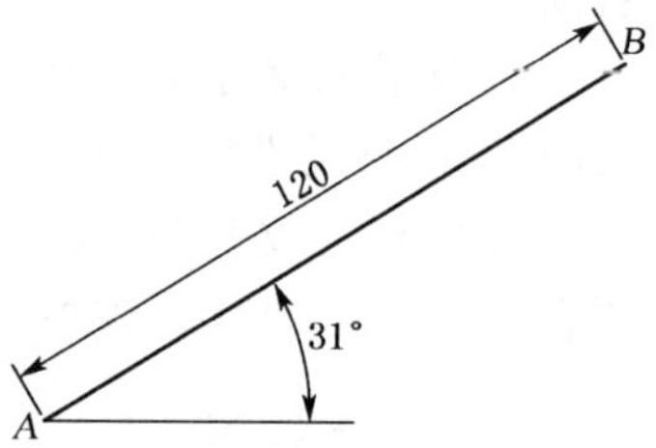

图 2-10　相对极坐标法图例

(4) 设置“相对上一段”追踪绘制直线

采用极轴设置中的“相对上一段”选项功能来绘制直线段的方法，称为相对上一段追踪法。此种方法主要绘制相互间有角度的直线段图形。下面举例说明“相对上一段”追踪法在绘图中的应用。

【例 2-2】 根据所注尺寸，用“相对上一段”追踪法绘制如图 2-11 所示平面图形。

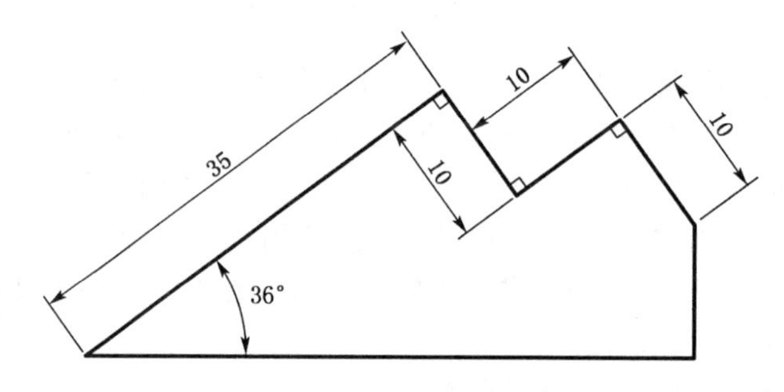

图 2-11　“相对上一段”追踪法图例

绘图步骤：

① 将鼠标放于状态栏的“极轴”功能按钮上，单击鼠标右键，在弹出的右键快捷菜单中，用左键单击“设置”，则弹出“草图设置”对话框。在该对话框中将极轴“增量角”设为 90。“附加角”设为 36，“极轴角测量”设为“相对上一段”，如图 2-12 所示。

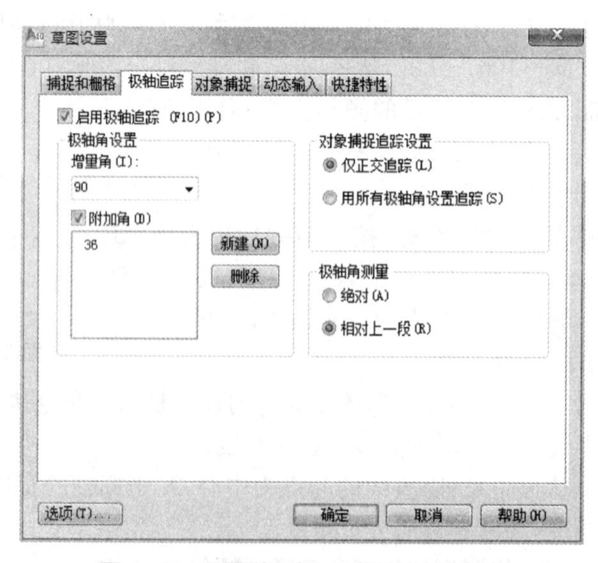

图 2-12　设置“相对上一段”及追踪角度

② 启用“直线”命令，35 线段的下端点作为绘图的起始点。

③ 用鼠标指引 36 角追踪方向，输入 35，按回车键。

④ 用鼠标指引相对 270 度角追踪方向，如图 2-13 所示，然后输入 10，按回车键。

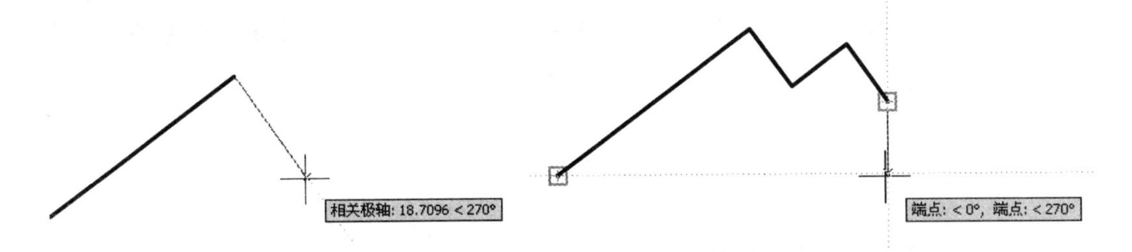

图 2-13　“相对上一段”极轴追踪　　**图 2-14　对象追踪**

⑤ 再用鼠标指引相对角度 90 度角追踪方向，然后输入 10，按回车键。

⑥ 再用鼠标指引相对角度 270 度角追踪方向，然后输入 10，按回车键。

⑦ 鼠标指引竖直向下找到与起点水平追踪线的交叉点，如图 2-14 所示，然后单击左键。

⑧ 输入字符“C”，按回车键，直线段与起点闭合，“直线”命令自动结束。

⑨ 从标注工具栏中分别启用“线性”“对齐”“角度”命令，标注图形尺寸。

(5) 利用“临时追踪点”绘制直线

如图 2-15 所示标注角度和垂直线性距离的倾斜直线，可借助于“临时追踪点”功能确定直线端点位置，这种绘制倾斜直线段的方法称为“临时追踪点”追踪法。

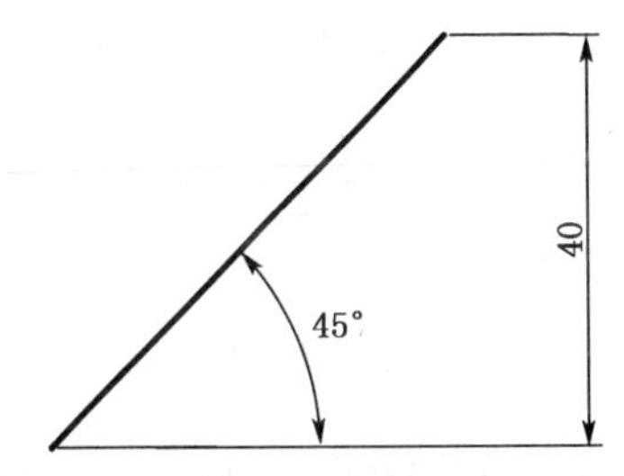

图 2-15　“临时追踪点”应用图例

具体绘图方法如下：

① 弹出“草图设置”对话框，将极轴“增量角”设为 45，如图 2-16 所示。

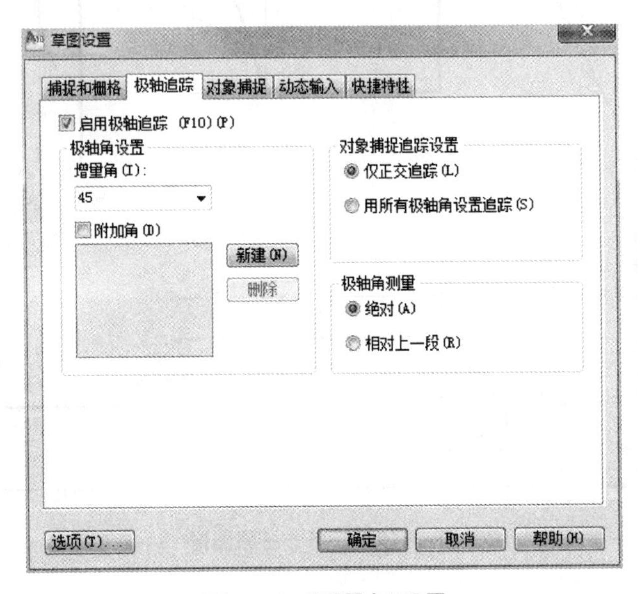

图 2-16　“增量角”设置

② 启用"直线"命令,在绘图区用鼠标指定一点作为45度角的顶点。

③ 按住键盘上的"Shift"键,再单击鼠标右键,在弹出的快捷菜单中单击"临时追踪点",然后,用鼠标从起点竖直向上指引方向,如图2-17所示,从命令区输入"40",按回车键,则在起点正上方40的位置出现红色十字标记。此时沿右上45度方向移动鼠标,当鼠标位置与临时追踪点成水平时则自动出现一条水平追踪线,当这条水平追踪线与45度极轴角追踪线成交叉时,单击鼠标左键,图线绘出,如图2-18所示。

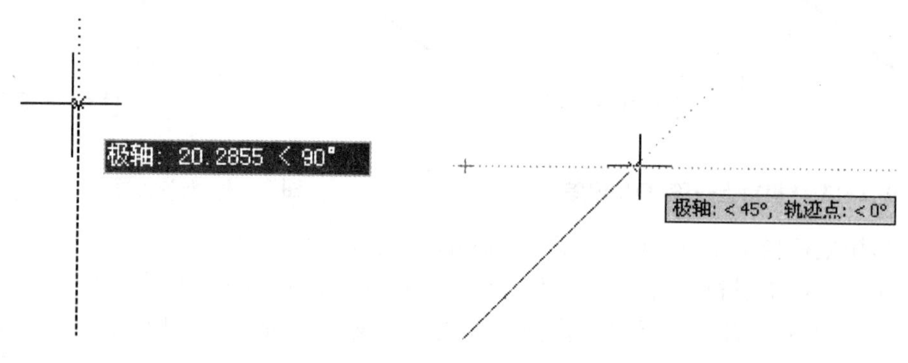

图2-17　光标指引临时追踪点方向　　图2-18　角度和追踪点对齐

二、绘图实训任务

1. 实训任务一

绘制如图2-19所示平面图形并标注尺寸,绘图参考时间5～9分钟。

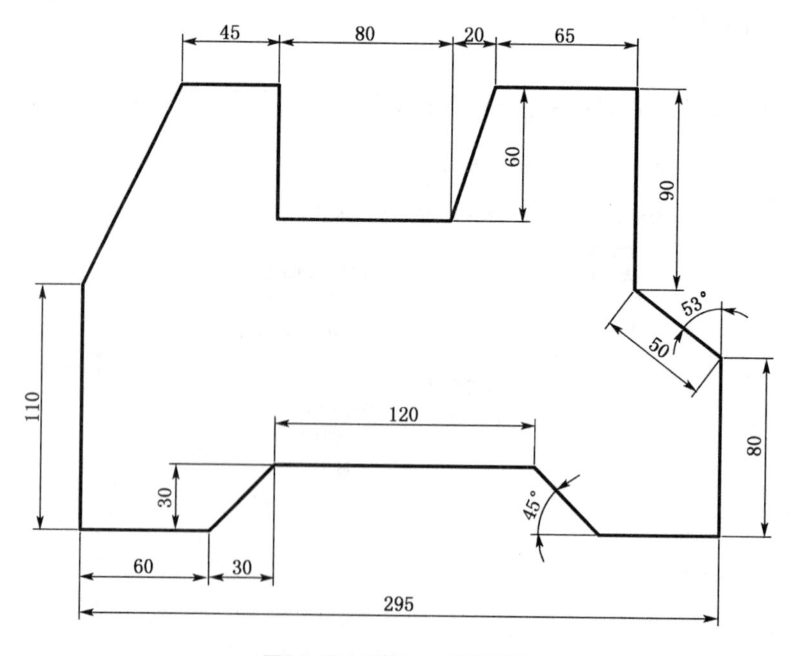

图2-19　任务一平面图形

绘图实训指导：

(1) 确认状态栏中的“极轴”“对象捕捉”“对象追踪”按钮开关已打开，“捕捉”“DUCS”“DYN”按钮开关已关闭。

(2) 启用“直线”命令，将图中 110 直线的上端点作为起画点，拖动鼠标指引方向，用直接给距离法绘出 110、60 竖直和水平线段。

(3) 从命令区输入“@30,30”，按回车键，绘出倾斜线。

(4) 用鼠标指引追踪水平方向，输入 120，按回车键。

(5) 将极轴增量角设置为 45，将光标在 60 直线段的右端点停留片刻，然后光标右移，即对象追踪和 315 度角极轴将会交叉对齐，如图 2-20 所示，此时单击鼠标左键即画出 315 度倾斜直线。

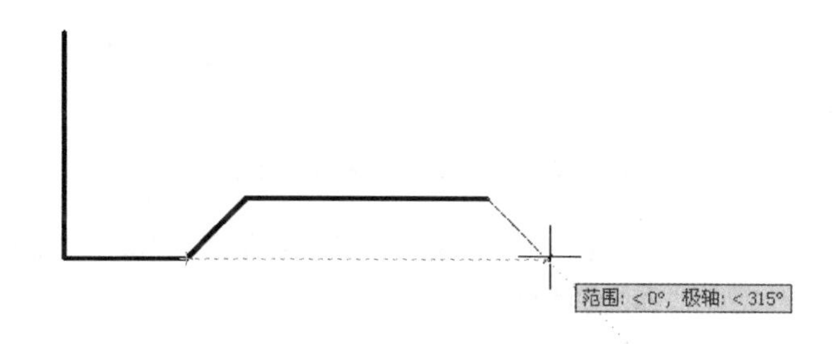

图 2-20　对象追踪和极轴追踪绘制倾斜线

(6) 底部直线最右端的控制尺寸是 295，将鼠标放置于底部最左端点上约 1 秒钟，然后移动鼠标到要绘制线段的端点方向(注意移动过程中尽量不要接触其他的图形对象，以免造成干扰，本例可向下绕过 60 直线的端点)，鼠标光标稍微向线下放置，当出现如图 2-21 所示追踪线时，输入 295 后回车，画出底端最右的一段直线。

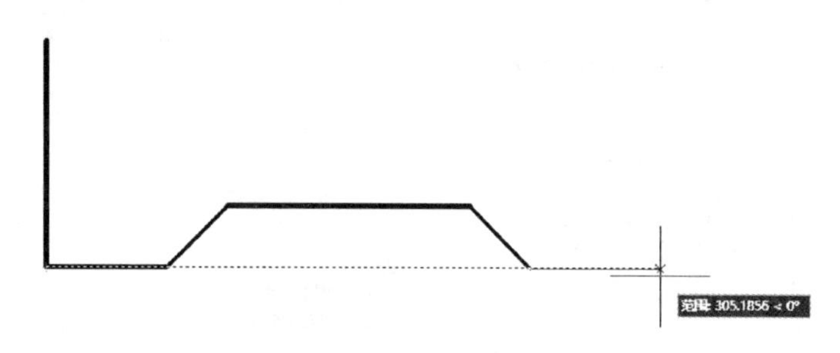

图 2-21　对象追踪

(7) 用直接给距离法绘出 80 竖直线段。从命令区输入“@50＜143”极坐标值，用相对极坐标法绘出 50 的倾斜直线。

(8) 用直接给距离法绘出 90、65 的直线段，从命令区输入“@－20,－60”相对坐标值，用相对坐标法绘出上部的倾斜直线段。再用直接给距离法绘出 50 的直线段。

(9) 从键盘输入“C”字符后按回车键，图线与起点自动连接，“直线”命令结束。

(10) 启用“标注样式”命令，在弹出的“标注样式管理器”对话框中，单击“新建”按钮，又弹出“创建新标注样式”对话框，在“新样式名”一栏中输入“2.5”样式名，如图 2-22 所示。

(11) 左键单击“创建新标注样式”对话框中“继续”按钮，弹出“新建标注样式:2.5”对话

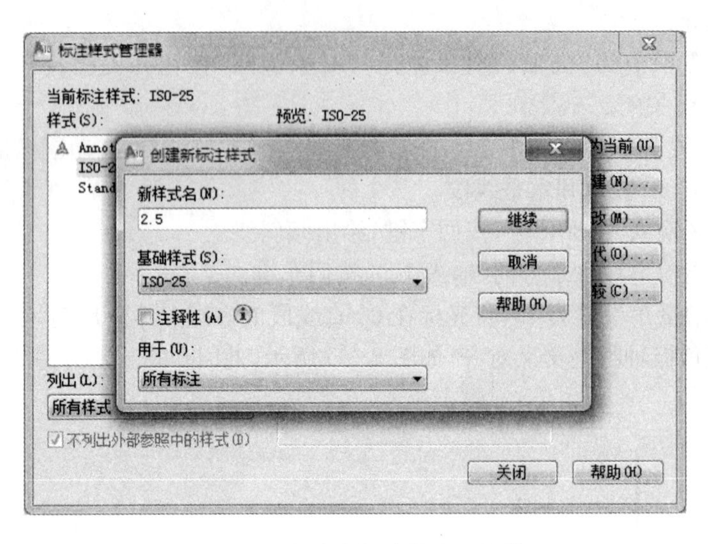

图 2-22 “创建新标注样式”对话框

框，从中单击“调整”标签，将“使用全局比例”输入框中的值改为“2.5”，如图 2-23 所示，单击“确定”，再关闭“标注样式管理器”对话框。

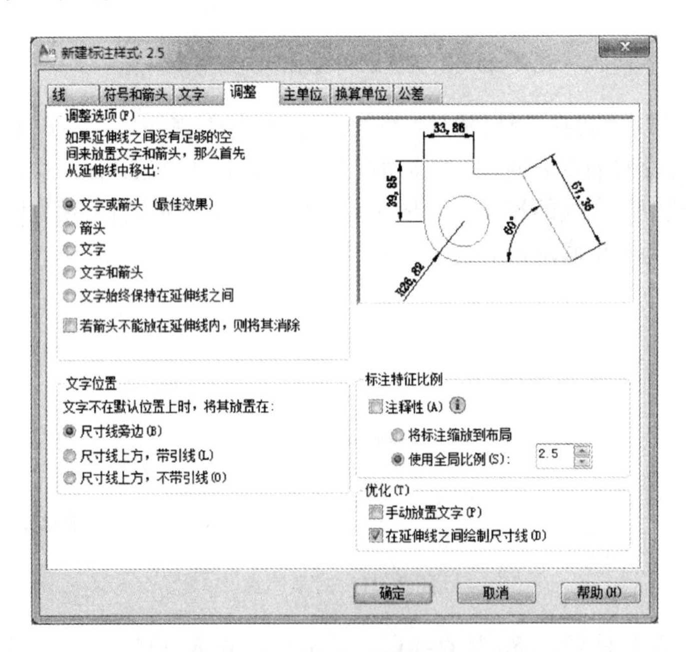

图 2-23 设置尺寸标注的全局比例

(12) 打开“标注”工具栏，单击“标注”工具栏右侧的标注样式选择框右边的下箭头，选择“2.5”标注样式，如图 2-24 所示，启用“线性”“对齐”“角度”等标注命令，标注尺寸。

图 2-24 标注样式选择

2. 实训任务二

绘制图 2-25 所示平面图形并标注尺寸，绘图参考时间 5～9 分钟。

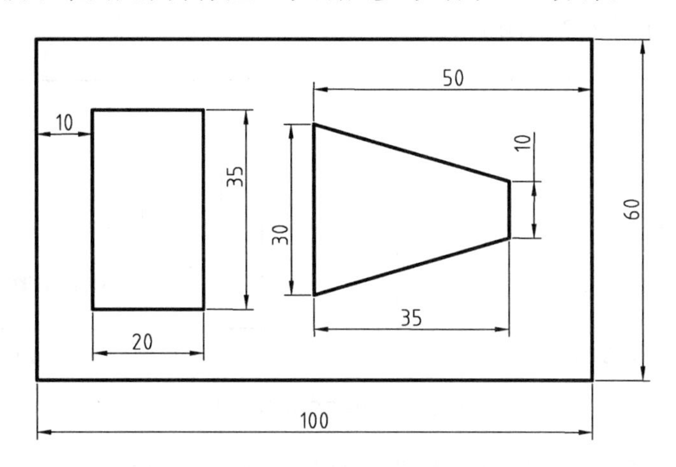

图 2-25　任务二平面图形

绘图实训指导：

此图由三部分组成，其相对位置的确定是学习的重点，作图方法较多，下面从学习的角度介绍两种常用绘图方法。

绘图方法一：用“直线”命令追踪绘图起点

(1) 启用直线命令，以左下角点为绘图的起始点，绘出 100×60 的矩形。

(2) 将鼠标光标放于状态栏中的“对象捕捉”按钮上，单击右键，在弹出的右键快捷菜单中用左键单击“设置”，弹出“草图设置”对话框，从中勾选“中点”，如图 2-26 所示，则在绘图时鼠标放于中点附近时，会自动显示中点捕捉标记“△”。

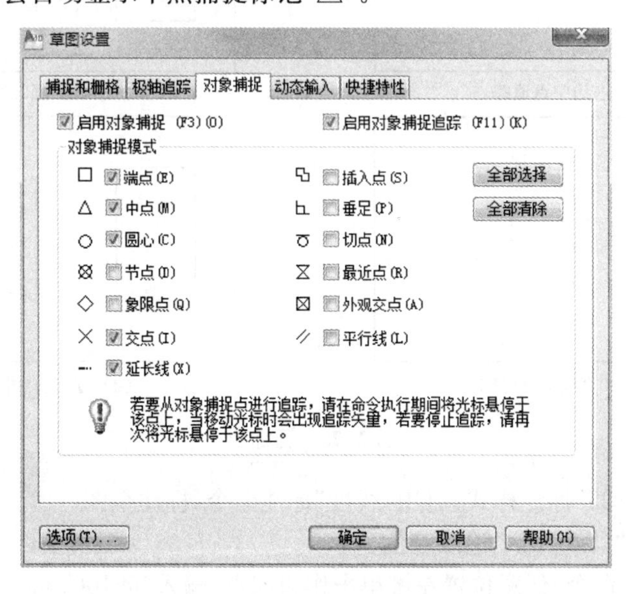

图 2-26　勾选“中点”捕捉

(3) 启用“直线”绘图命令，鼠标光标放于最左边竖直线的中点附近，当出现中点捕捉标记时右移鼠标，则会出现一条追踪直线，如图 2-27(a)所示，键盘输入“10”按回车键，则确定了在水平方向上距离中点为 10 的点为 20×35 矩形的绘图起点，然后鼠标指引方向，输入尺寸，绘出 20×35 的矩形，如图 2-27(b)所示。

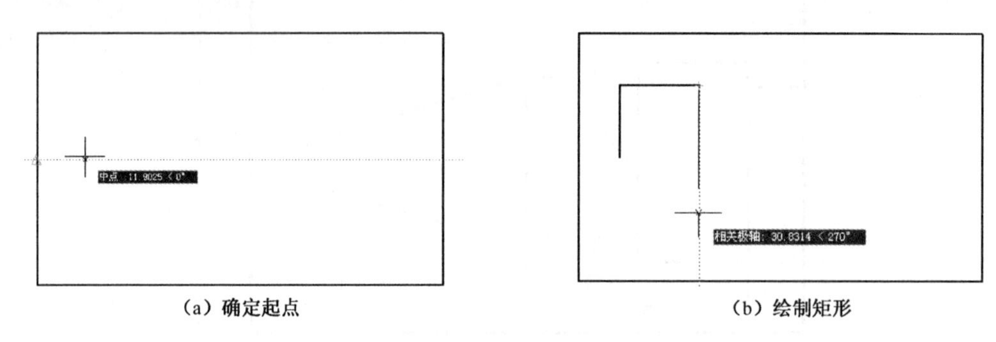

(a) 确定起点　　(b) 绘制矩形

图 2-27　中点定位绘矩形

(4) 启用直线命令，对象追踪右边竖直线的中点，如图 2-28(a)所示，输入“50”后，按回车键，确定 30 直线段的中点为起点，向上、下各画 15 线段，绘出 30 的直线段，如图 2-28(b)所示。

再启用直线命令，追踪 30 竖直线的中点，如图 2-28(c)所示，输入“35”后，按回车键，确定 10 线段的中点为起点，绘出 10 的直线段，最后连接倾斜直线，如图 2-28(d)所示。

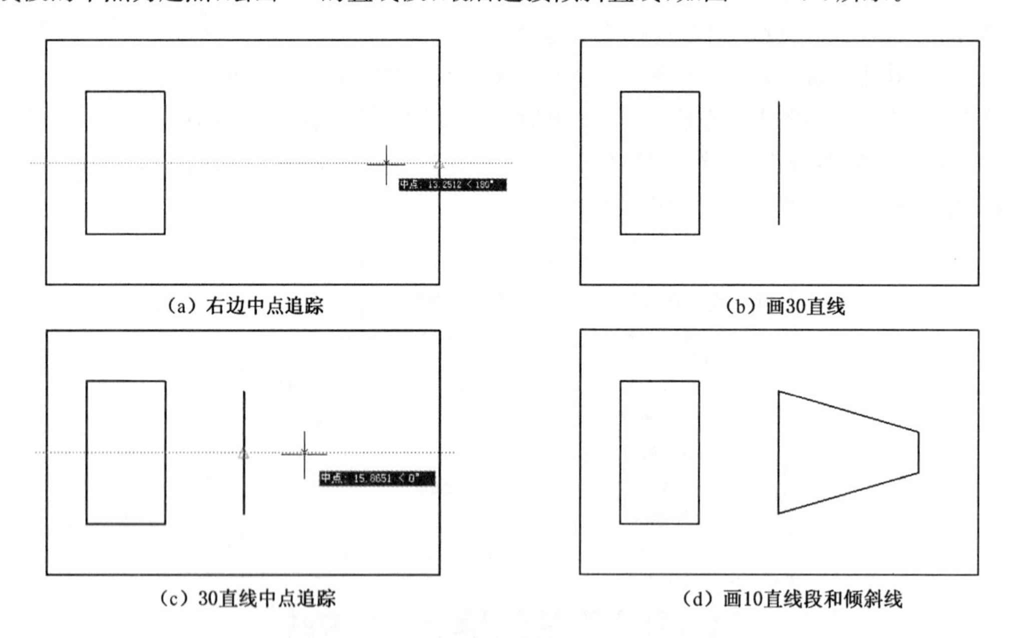

(a) 右边中点追踪　　(b) 画30直线

(c) 30直线中点追踪　　(d) 画10直线段和倾斜线

图 2-28　画梯形

(5) 应用“ISO - 25”标注样式，启用“线性”标注命令，标注全图。

绘图方法二:用“移动”命令追踪定位

(1) 启用“矩形”命令，任意位置左键单击作为起点，输入“@100,60”，画出长 100、宽 60 的矩形。

(2) 再启用“矩形”命令，任意位置左键单击作为起点，输入“@20,35”，画出长 20、宽 35 的矩形。

(3) 再启用“矩形”命令，任意位置左键单击作为起点，输入“@35,30”，画出长 35、宽 30 的矩形，如图 2-29 所示。

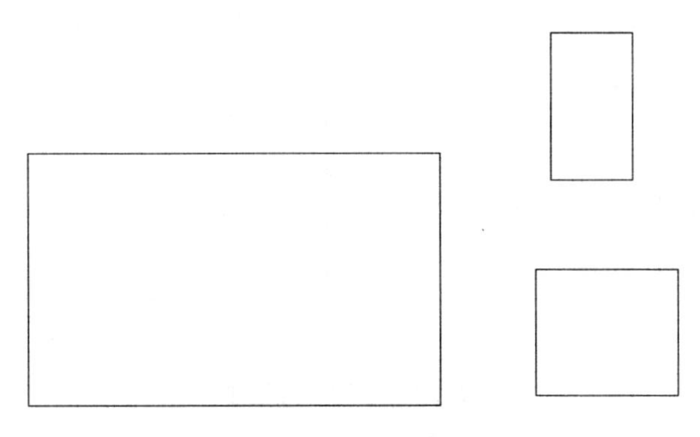

图 2-29　绘制矩形

(4) 左键单击选中 35×30 的矩形，则图形中出现蓝色的方块标记，称为蓝夹点或冷夹点，如图 2-30 所示。左键再单击右上角方块标记，则该标记变为红色，称为“红夹点”或“温夹点”，鼠标追踪正下方向，从键盘输入 10 回车，则矩形的右上角下移距离 10。同样的方法上移矩形右下角 10，如图 2-31 所示。这种改变图形的方法称为夹点编辑。

最后按“Esc”键消除夹点标记。

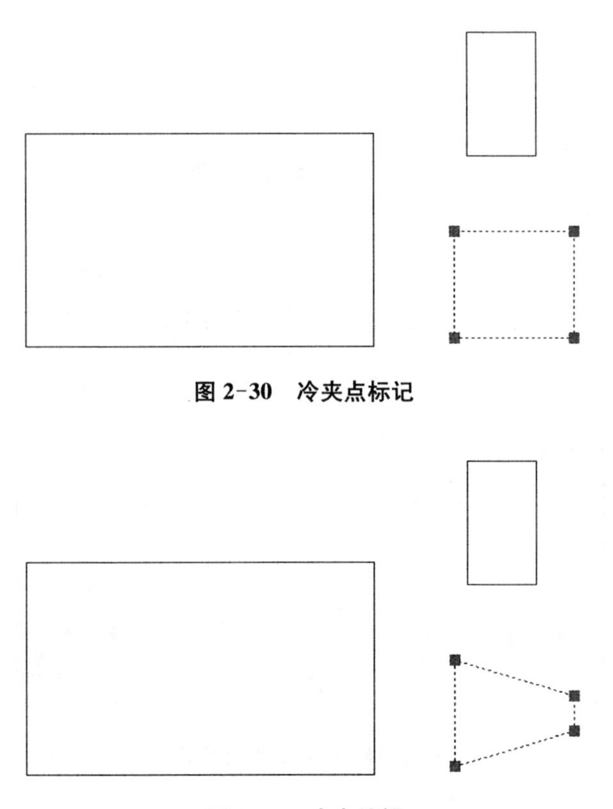

图 2-30　冷夹点标记

图 2-31　夹点编辑

(5) 从“修改”工具栏中启用“移动”命令，选择 20×35 的矩形，单击左边竖直线的中点为基点，用鼠标向右追踪对齐 100×60 矩形左边竖直线的中点，如图 2-32(a)所示，然后键盘输入 10，则 20×35 矩形移动位置到位，如图 2-32(b)所示。

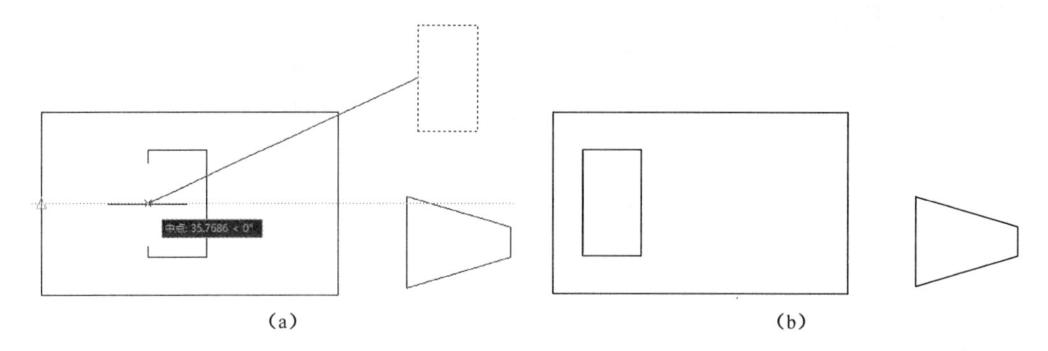

图 2-32　移动矩形定位

(6) 再启用“移动”命令，选择 30×35 梯形，单击 30×35 梯形左边竖直线的中点为基点，用鼠标向左追踪对齐 100×60 矩形右边竖直线的中点，如图 2-33(a)所示，然后键盘输入 50，则 30×35 梯形移动到正确位置，如图 2-33(b)所示。

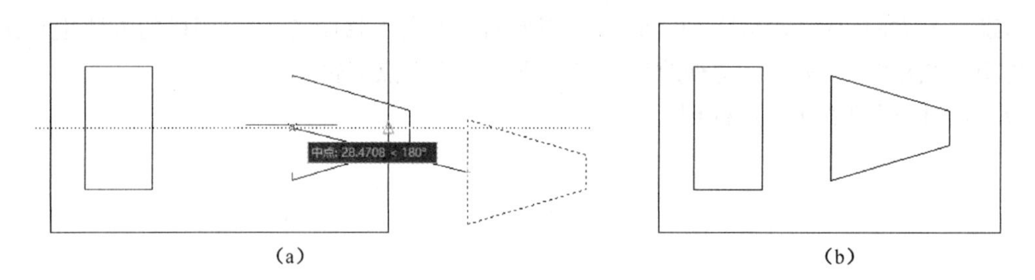

图 2-33　移动梯形定位

3. 实训任务三

绘制如图 2-34 所示平面图形并标注尺寸，绘图参考时间 5～9 分钟。

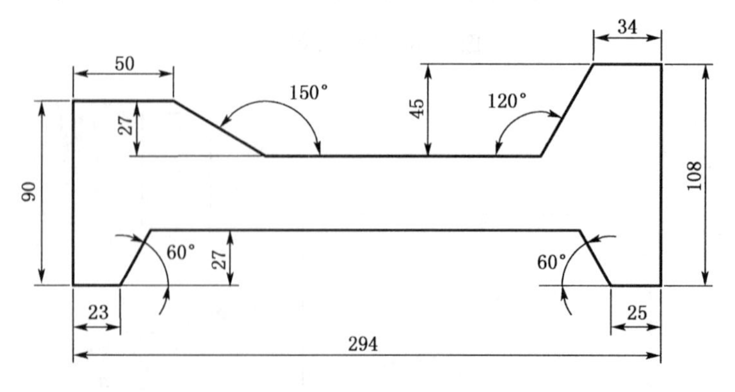

图 2-34　任务三平面图形

绘图实训指导：

先画左半部水平和竖直线，再画右半部水平和竖直线，再画两端倾斜直线，最后连接中间水平线。

（1）用直接给距离法绘制左半部的 23、90、50 直线段。再启用“直线”命令，鼠标追踪左下角点水平向右方向，如图 2-35(a)所示，输入 294 回车，确定右半部的绘图起点，绘制右半部 108、34、25 直线段，如图 2-35(b)所示。

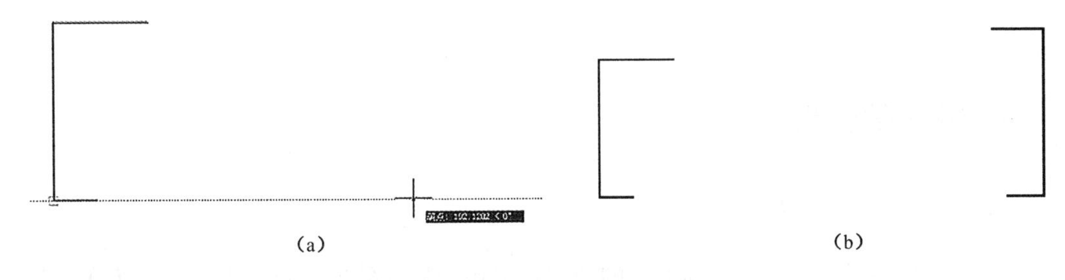
(a)　　(b)

图 2-35　画两端水平和竖直直线

（2）将“极轴追踪”的“增量角”设置为 30，应用“临时追踪点”绘制 60°直线，如图 2-36(a)所示，用同样的方法绘制 150°直线，如图 2-36(b)所示。

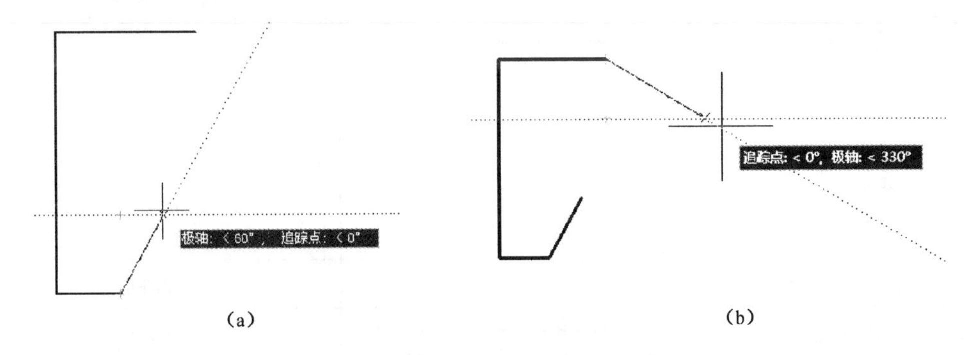

(a)　　(b)

图 2-36　应用“临时追踪点”绘制左边倾斜线

（3）从右边用鼠标追踪左边 60°直线的端点，如图 2-37(a)所示，绘制右边 60°直线，再用同样的方法绘制上部 120°直线，如图 2-37(b)所示。

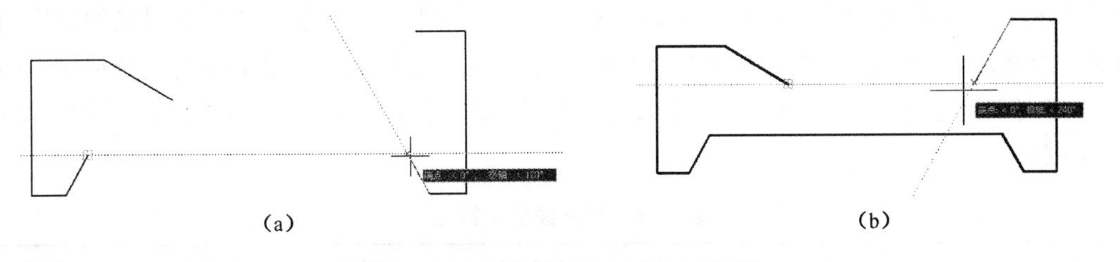
(a)　　(b)

图 2-37　对象追踪绘制右边倾斜线

（4）新建标注样式“2”，设置尺寸标注全局比例为“2”，对全图进行标注。

任务三

平面图形绘图设置

一、图层的设置

1. 图层“颜色”设置

在应用CAD软件绘图时，相同类型的图线应采用同样的颜色。表3-1是我国《CAD工程制图规则》(GB/T 18229—2000)规定的图线颜色。

表3-1 图线标准颜色

图线类型		屏幕上的颜色
粗实线	━━━━━━━━	白色
细实线	————————	绿色
波浪线	～～～～	绿色
双折线	——————⋀⋁——	绿色
虚线	- - - - - - - - - -	黄色
细点画线	—·—·—·—	红色
粗点画线	━·━·━·━	棕色
双点画线	—··—··—	粉红色

2. 图层“线型”设置

《房屋建筑制图统一标准》(GB 50001—2010)对于各类线型的细部尺寸没有明确的规定，在用CAD绘制建筑图时，常用的线型型号及线型特性如表3-2所示。习惯上虚线线型选用“JIS-02-2.0”(小图)或“JIS-02-4.0”(大图)；点画线线型选用“JIS-08-15”(大图)或“JIS-08-11”(小图)。

表3-2 图线线型及特性

名称	线型样式	线型型号	间隙	短划长	长划长
虚线	— — — — — — — — —	HIDDEN2	1.5	3.0	
	- - - - - - - - - - - - -	JIS-02-2.0	1.0	2.0	
	— — — — — — — — —	JIS-02-4.0	1.5	4.0	

续表 3-2

名称	线 型 样 式	线型型号	间隙	短划长	长划长
点画线	——·——·——·——·——	JIS-08-11	0.6	0.6	11.0
	———·———·———·———	JIS-08-15	0.75	0.75	15.0
	——— – ——— – ———	CENTER2	3.0	3.0	19.0
双点画线	—— – – ——— – – ——	PHANTOM2	3.0	3.0	16.0
	——··——··——··——	JIS-09-08	0.5	0.5	8.0
	———··———··———	JIS-09-15	0.9	0.9	15.0

3. 图层“线宽”设置

《房屋建筑制图统一标准》(GB 50001—2010)规定图线宽度 b，宜从 1.4 mm、1.0 mm、0.7 mm、0.5 mm、0.35 mm、0.25 mm、0.18 mm、0.13 mm 线宽系列中选取。每个图样，应根据复杂程度与比例大小，先选定基本线宽 b，再选用表 3-2 中相应的线宽组。在建筑施工图中，粗实线 b 的线宽一般选为 1.0 mm、0.7 mm；在建筑装饰施工图中粗实线 b 的线宽一般选为 0.7 mm、0.5 mm。

表 3-3　线宽组

线宽比	线宽组			
b	1.4	1.0	0.7	0.5
$0.7b$	1.0	0.7	0.5	0.35
$0.5b$	0.7	0.5	0.35	0.25
$0.25b$	0.35	0.25	0.18	0.13

注：1. 需要微缩的图纸，不宜采用 0.18 及更细的线宽。
2. 同一张图纸内，各不同线宽组的细线，可统一采用较细的线宽组中的细线。

4. 图层设置举例

（1）按线型、线宽设置图层

如果图形较简单，可以采用如图 3-1 所示的样式设置图层，这种图层设置适用于学生制图课的学习。

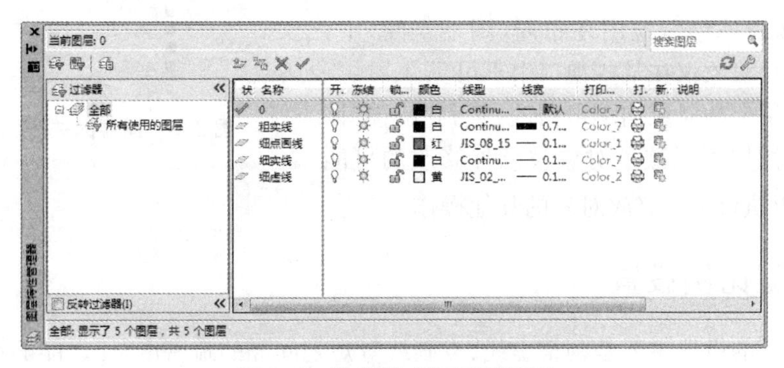

图 3-1　按线型、线宽设置图层

（2）按内容设置图层

如果一个绘图界面上图形数量较多，内容较复杂，可以采用如图 3-2 所示的图层设置，这种图层设置适用于生产单位，可以根据工作需要关闭和打开一部分图层，使得图形清晰，利于观察和打印。

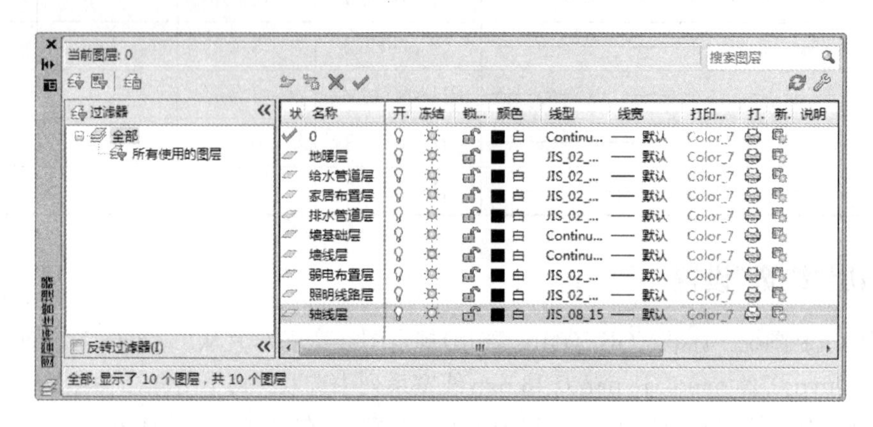

图 3-2　按图形内容设置图层

5. 图层转换

先选中任意图层的图形对象，然后在“图层工具栏”中的图层选择框列表中单击要转换的图层，则所有被选中的图形对象均转换到该图层，所有随层特性都发生改变。

6. 图层的关闭、冻结和锁定

在“图层”工具栏中，打开图层选择框列表，左键单击图层中的开关、冻结、锁定符号，相应图标即可改变状态，即该图层被关闭、冻结、锁定，如图 3-3 所示，弱电布置层被关闭，照明线路层被冻结，轴线层被锁定。

“关闭”图层上的图形对象处于不可见状态，也不能打印，直到取消“关闭”，图形才重新显示。“关闭”的图层中图形对象在图形重生成时要计算。

“冻结”图层上的图形对象不显示也不打印，图形对象在图形重生成时也不计算，这样可以加快计算机的运算速度。

“在当前视口冻结”，应用在布局（图纸空间）中，可以使一些图层对象仅在某些视口中不可见。

“锁定”图层上的对象均不可修改，直到“解锁”该图层。“锁定”图层可以减小对象被意外修改的可能性，但仍然可以执行不会修改对象的其他操作。

图 3-3　图层的关闭、冻结、锁定

二、线型比例设置

“线型比例”的设置主要是调整虚线、点画线等短划间隔的疏密度，使之能够在屏幕上正常显示。方法如下：

在“格式”菜单中，单击“线型…”，弹出“线型管理器”窗口，如图 3-4 所示。

其中：

全局比例因子：设置后所有线型（包括已绘制和以后绘制的图线）的疏密随着比例值发生变化；

当前对象缩放比例：设置后新绘制的图线线型疏密随着比例值发生变化。

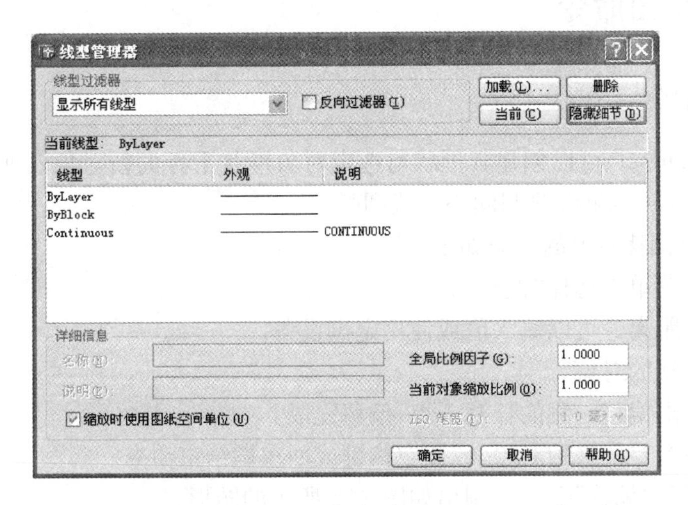

图 3-4　线型比例设置

线型比例的具体设置与选择的线型、打印方式、打印比例等因素相关。

三、特性匹配

“特性匹配”命令（Matchprop）的功能是将一个对象的某些或所有特性直接复制给另一个对象。可以复制的特性类型包括（但不仅限于）：颜色、图层、线型、线型比例、线宽、打印样式和厚度。默认情况下，所有可应用的特性都自动地从选定的第一个对象复制到其他对象。

将特性从一个对象复制到其他对象的步骤：

（1）在“标准”工具栏上，单击“特性匹配”按钮。

（2）选择要复制其特性的源对象。

（3）如果要控制对象的某些特性不复制，则在命令栏输入 s（设置）后按回车键，则出现“特性设置”对话框。在对话框中，清除不希望复制的项目（默认情况下所有项目都打开）。

（4）选择被修改的对象，对象的特性立即更改为与源对象相同。

（5）按“回车键”结束。

四、绘图窗口缩放

正常情况下默认的绘图窗口尺寸为 420×297，为了适应图形尺寸，需要将绘图窗口缩小或放大，最常用的方法是利用鼠标的中轮进行绘图窗口缩放。

鼠标中轮进行绘图窗口缩放的功能是：

（1）在绘图窗口双击鼠标中轮，能够快速全屏显示所有的图形。

(2) 顺时针转动鼠标中轮放大绘图窗口(图形变小);逆时针转动鼠标中轮缩小绘图窗口(图形变大)。

(3) 按住鼠标中轮拖动,即能平移绘图窗口。

注意:进行上述操作而绘图窗口不能缩放和平移时,单击"视图"菜单中的"重生成"命令,即能重新操作鼠标中轮缩放和平移绘图窗口。

五、相关绘图命令

1. "偏移"命令

"偏移"命令(Offset)可以创建其形状与选定对象形状平行的新对象。如用"偏移"命令可绘制互相平行的直线,也可以绘制同心圆或圆弧。

以指定的距离偏移对象的步骤如下:

(1) 从"修改"菜单中选择"偏移"。

(2) 指定偏移距离。可以输入值或使用定点设备。

(3) 选择要偏移的对象。

(4) 用鼠标点击偏移一侧的任意一点,偏移完成。

(5) 选择另一个要偏移的对象,或按空格键或回车键结束命令。

【例 3-1】 利用"偏移"命令绘制出如图 3-5 所示的图形。

操作步骤:

(1) 用"直线"命令,先绘出最上一条 100 长的直线段。

(2) 启用"偏移"命令,输入偏移距离"10",回车,然后选择第一条直线段为偏移对象,再将光标放置于直线段下方单击左键,则第二条直线段被偏移到第一条直线段下方 10 处。再选择第二条直线段,再次在直线下方单击左键,则第三条直线被偏移到第二条直线段下方 10 处。重复以上操作,直至符合数量要求。

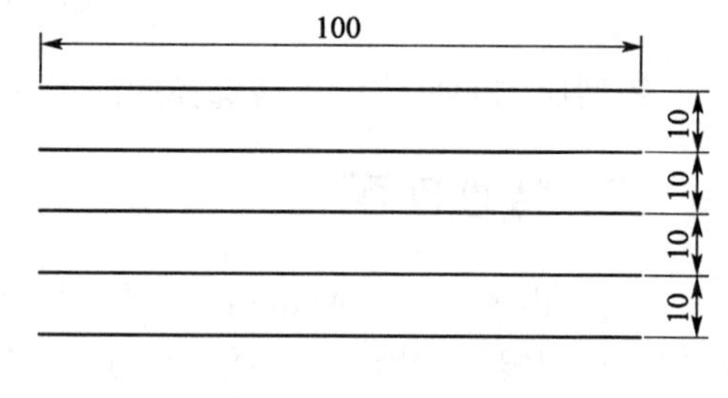

图 3-5 "偏移"图例

2. "镜像"命令

"镜像"命令(Mirror)用来创建对象的镜像图像。对于对称图形只需绘制其中的一半,然后创建镜像,即可得到整个图形对象。

"镜像"命令的操作步骤如下:

(1) 从"修改"工具栏中单击"镜像"命令图标。

(2) 选择要镜像的对象。

(3) 指定镜像直线(对称线)的第一点。

(4) 指定第二点。

命令区提示:是否删除原对象[是(Y)/否(N)],〈否〉

(5) 按空格键或回车键保留原始对象,或者按 y 将其删除。

【例 3-2】 用"镜像"命令绘出图 3-6 所示平面图形。

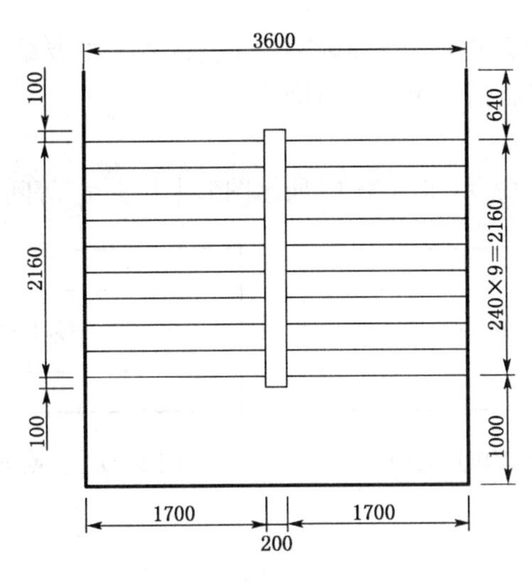

图 3-6　“镜像”应用图例

操作步骤：

(1) 先用“偏移”命令画出平面图的半个楼梯台阶，如图 3-7 所示。

(2) 启用“镜像”命令，选择已绘制的楼梯台阶部分为要镜像的对象，选中后按回车键或空格键，再用鼠标捕捉水平墙线的中心点左键单击，指定为镜像对称线上的第一点，再鼠标左键单击竖直方向上的任一点为镜像对称线上的第二点，按回车键或空格键结束。镜像后如图 3-8 所示。

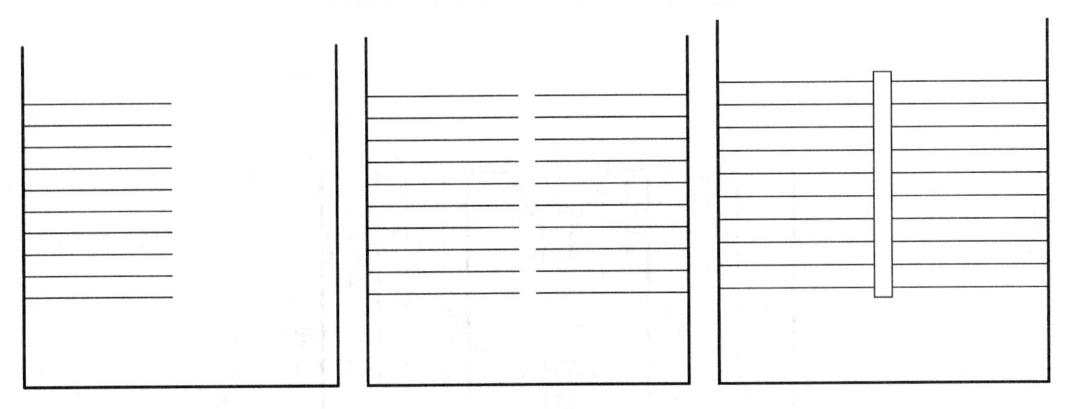

图 3-7　画楼梯台阶的一半　　**图 3-8　镜像图形**　　**图 3-9　画扶手栏杆**

(3) 直接画出楼梯中间的扶手栏杆，如图 3-9 所示。

3. “打断”命令

“打断”命令(Break)是将图线在两个指定点间断开，并默认将两个打断点之间的部分删除。经常用于为文字或尺寸插入创建空间。

“打断”命令的操作步骤如下：

(1) 从“修改”工具栏中单击“打断”命令图标。

(2) 选择要打断的对象。

命令区提示：指定第二个打断点或[第一点(F)]：

默认情况下，选择要打断对象的点即为第一个打断点。如要重新选择第一个打断点，则输入 f(第一个)，按回车键，然后指定第一个打断点。

(3) 指定第二个打断点。

【例 3-3】 利用“打断”命令，将图 3-10 所示图形中与文字“等间距格栅”交叉的直线打断。

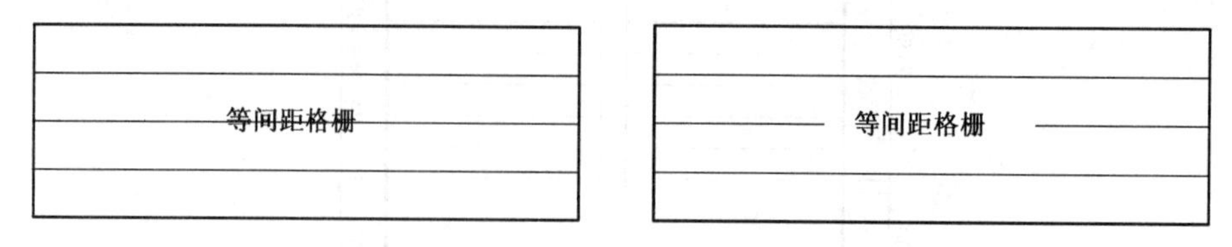

图 3-10 “打断”应用图例　　**图 3-11 打断与文字的交叉线**

操作步骤：

(1) 启用“打断”命令。

(2) 用鼠标点取直线上“等间距格栅”左边一点，然后再用鼠标点击直线上“等间距格栅”右边一点，则直线被打断，如图 3-11 所示。

六、绘图实训任务

绘制如图 3-12 所示平面图形并标注尺寸，绘制图形参考时间 10～30 分钟。

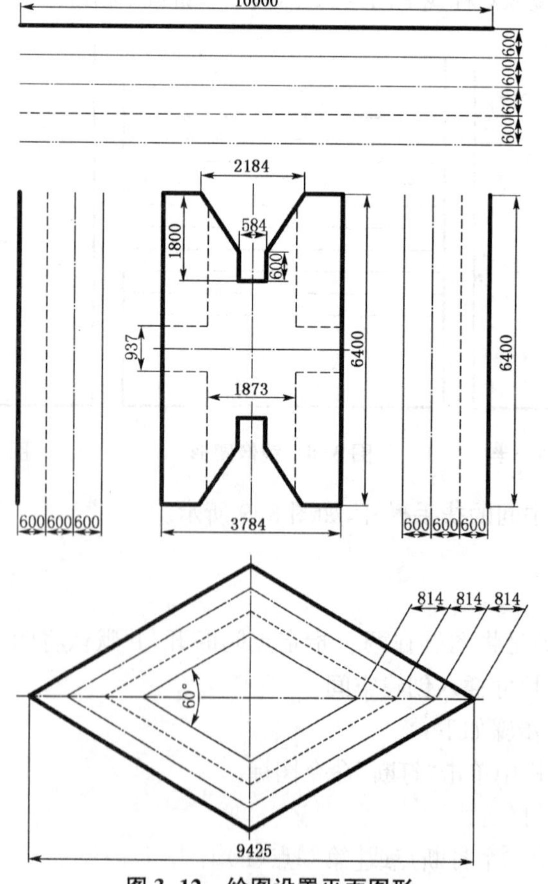

图 3-12 绘图设置平面图形

绘图实训指导：

（1）新建图层并设置。新建命名图层并设置如下：

粗实线层：颜色设置为白色，线型为 continuous，线宽为 0.5。

细实线层：颜色设置为绿色，线型为 continuous，线宽为 0.13。

虚线层：颜色设置为黄色，线型为 JIS－03－4.0，线宽为 0.13。

点画线层：颜色设置为红色，线型为 JIS－08－15，线宽为 0.13。

双点画线层：颜色设置为粉红色，线型为 JIS－09－15，线宽为 0.13。

尺寸线层：颜色设置为青色，线型为 continuous，线宽为 0.25。

（2）设定线型比例。线型比例和打印设置有关，为了观察图形的需要，线型比例的计算一般是用图形界限的长除以 300 或图形界限的高除以 200，两者取较大值。本例线型比例可设为 70。

（3）将图层的“粗实线层”置为当前，先画上面第一条长为 10000 的直线段，直线可能超出了绘图窗口，这时按空格键或回车键结束画线，双击鼠标中轮，则刚才画出的直线全部显示在绘图窗口中（转动鼠标中轮则缩放绘图窗口，按住鼠标中轮则移动绘图窗口）。

（4）启用“偏移”命令偏移刚画出的水平直线，如图 3-13 所示。

图 3-13　偏移水平线

（5）将第二至第五根图线分别选中，转换到相应的图层，如图 3-14 所示。

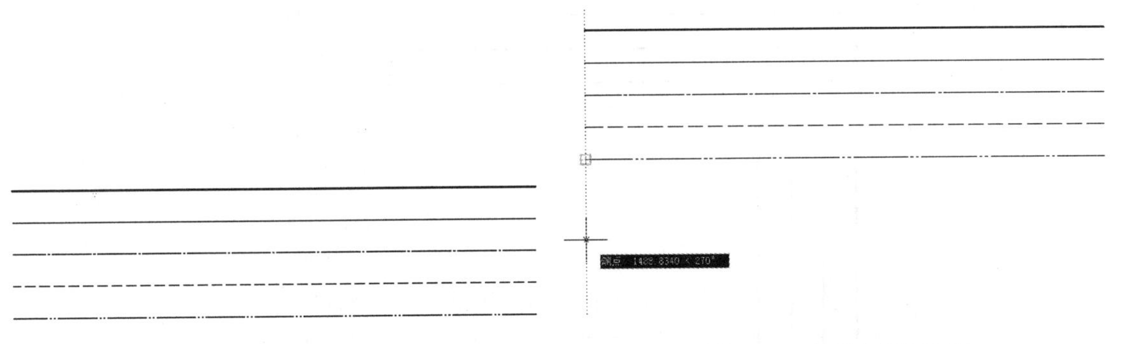

图 3-14　图层转换

图 3-15　左端点追踪对齐

（6）启用“直线”命令，追踪上部水平直线的左端点向下对齐，距离 1500 左右单击鼠标左键，确定中部竖直直线的绘图起点，如图 3-15 所示，画出左端第一条直线后，再用“偏移”命令画出其余三条直线，如图 3-16 所示。

图 3-16　画竖直直线

(7) 启用“直线”命令，追踪对齐水平线与竖直线的中点，如图 3-17 所示，单击左键，确定中间部分画图的起点，再向上对齐竖直线的上端点，画出竖直中心线的一半，再输入长度为 3784/2，画出水平中心线的一半，如图 3-18 所示。

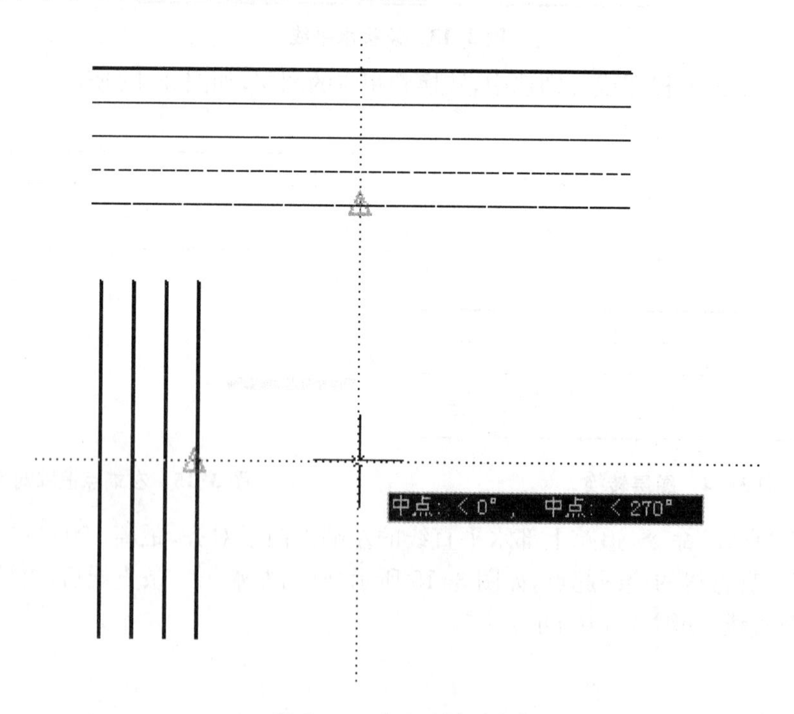

图 3-17　中点追踪对齐

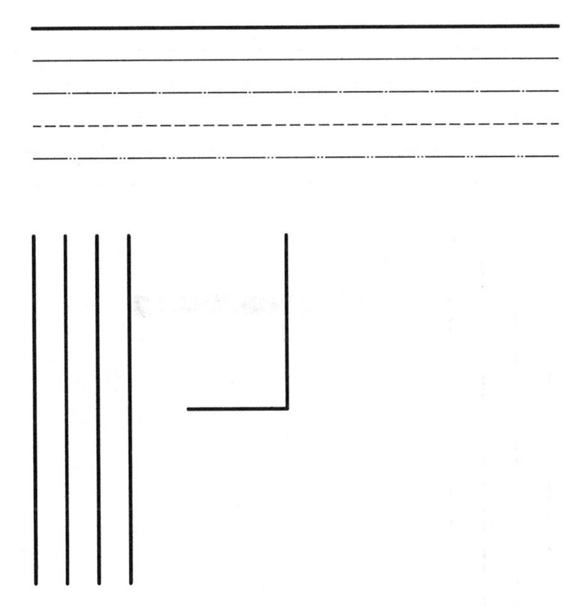

图 3-18　画中间图形中心线的一半

(8) 向左水平追踪对齐竖直中心线的上端点，如图 3-19 所示，输入 2184/2，按空格键或回车键，确定中间上边水平直线的右端点，再追踪水平中心线的左端点与水平极轴线对齐，如图 3-20 所示，点击左键，画出上边水平直线，向下画出左边竖直线，如图 3-21 所示。

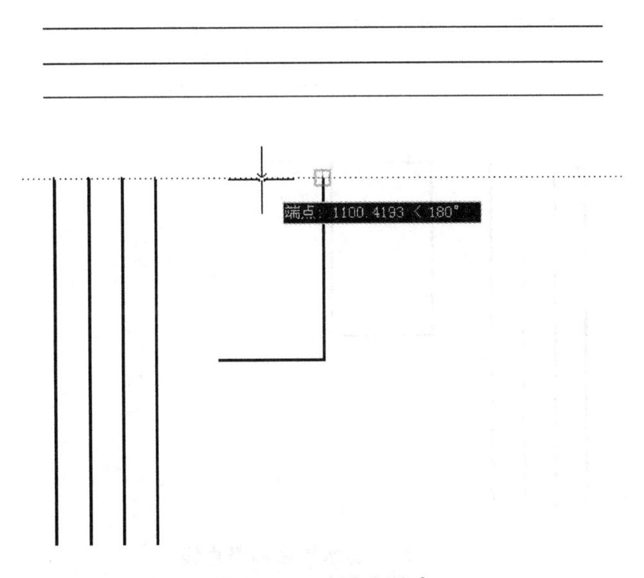

图 3-19　追踪上端点

(9) 启用"直线"命令，由竖直中心线的上端点向下追踪，如图 3-22 所示，输入 1800，按空格键或回车键，确定中间缺口水平线的起点，再输入 584/2，向左画出水平线，再向上画出 600 竖直线，最后与上部水平线的右端点连接，如图 3-23 所示。

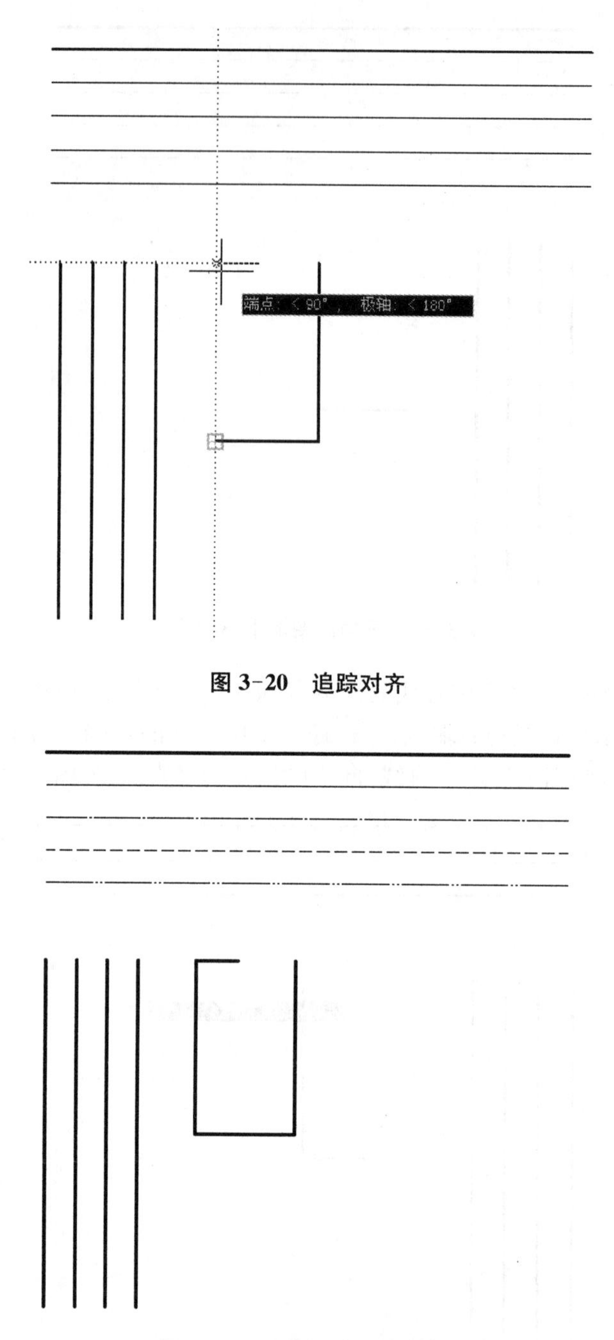

图 3-20 追踪对齐

图 3-21 画水平线和竖直线

(10) 启用“直线”命令,由水平中心线的左端点向上追踪,如图 3-24(a)所示,输入 937/2 后回车,确定中间水平虚线的起点,再按下“Shift”键和鼠标右键,弹出一次性捕捉快捷菜单,从中单击“自”捕捉选项,如图 3-24(b)所示,然后用鼠标水平向右追踪与竖直中心的交点点击,如图 3-24(c)所示,再用鼠标自交点向左水平追踪,如图 3-24(d)所示,输入 2184/2 回车,则画出水平虚线,接着向上追踪与上部倾斜线的交点,如图 3-24(e)所示,画出竖直虚线,如图 3-24(f)所示。

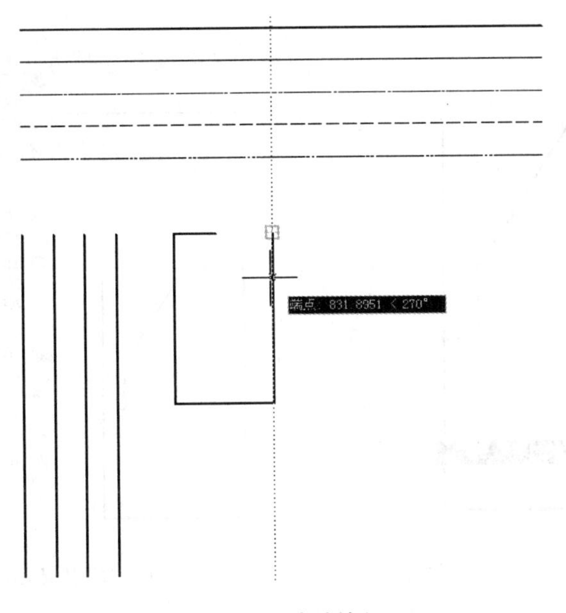

图 3-22　向下追踪输入 1800

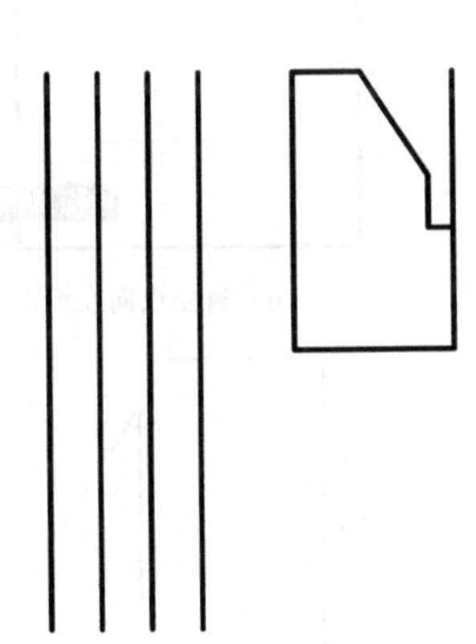

图 3-23　画中间缺口

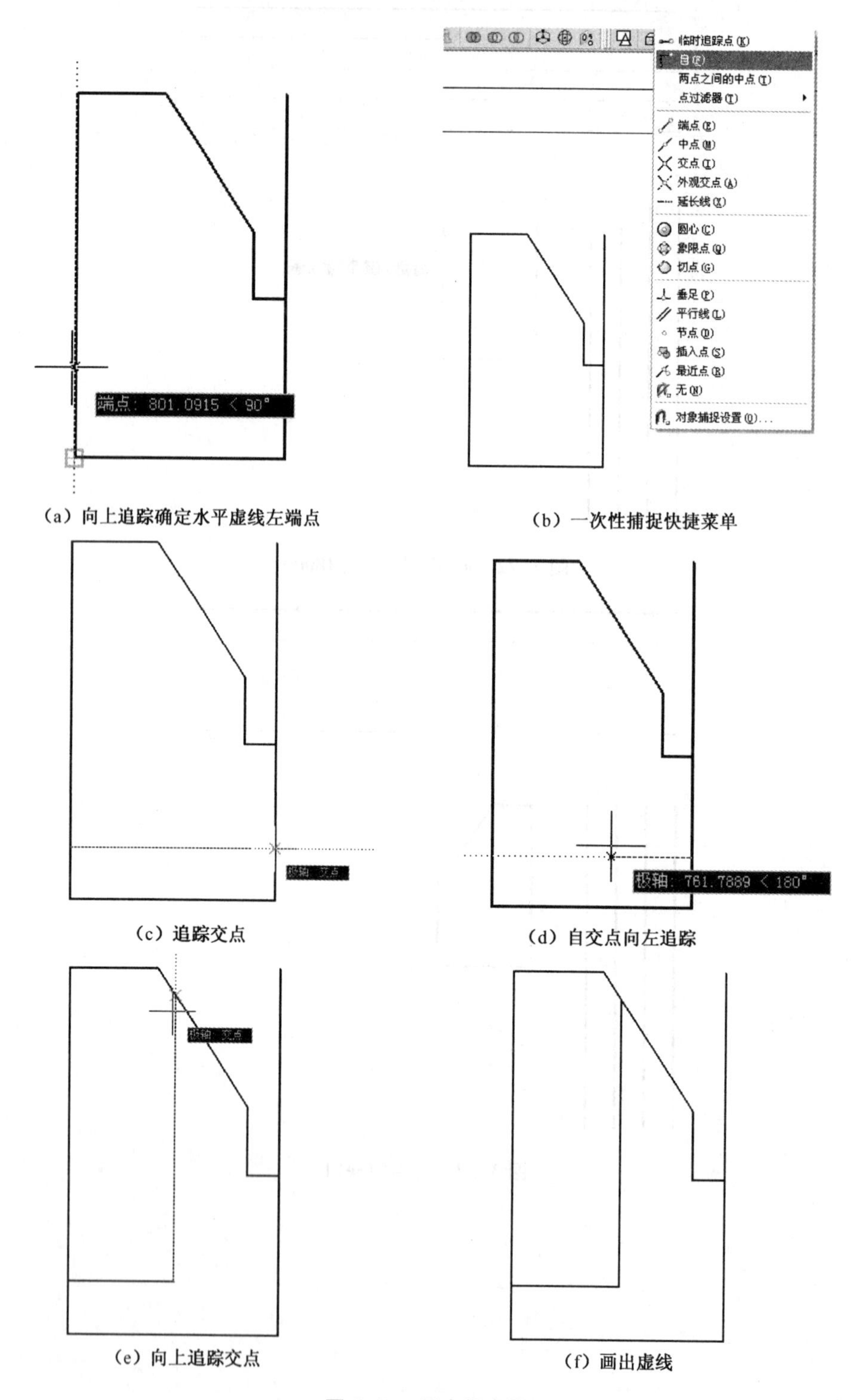

(a) 向上追踪确定水平虚线左端点　　(b) 一次性捕捉快捷菜单

(c) 追踪交点　　(d) 自交点向左追踪

(e) 向上追踪交点　　(f) 画出虚线

图 3-24　画中间虚线

(11) 启用“特性匹配”命令,将各图线特性修改正确,如图 3-25 所示。

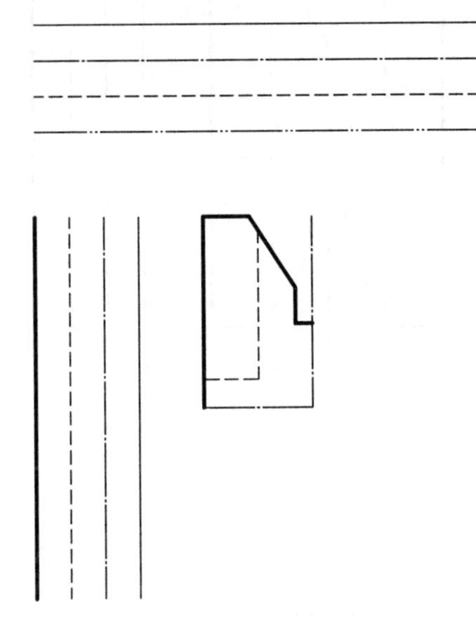

图 3-25　特性匹配

(12) 启用“镜像”命令,镜像中部图形,如图 3-26 所示。

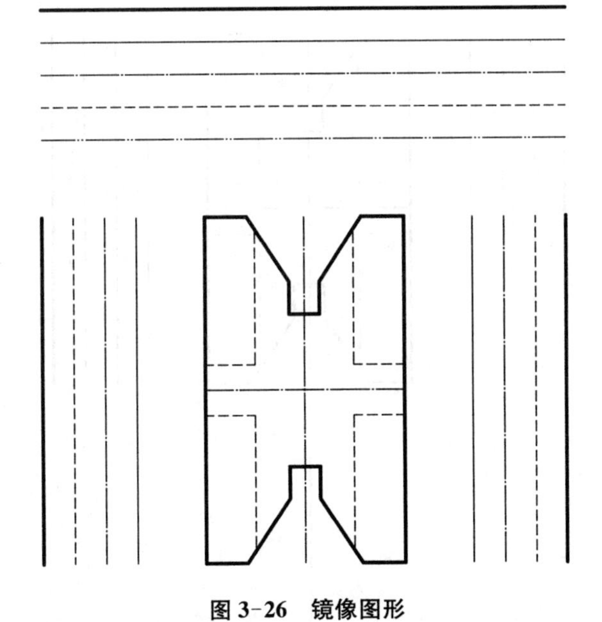

图 3-26　镜像图形

(13) 启用“直线”命令,追踪竖直中心线的下端点,鼠标向下约为 4500 处单击,确定下部图形中心点,如图 3-27 所示。中心定位后,向左右各画 9425/2 水平对称线,向上下画约 3500 竖直对称线,如图 3-28 所示。

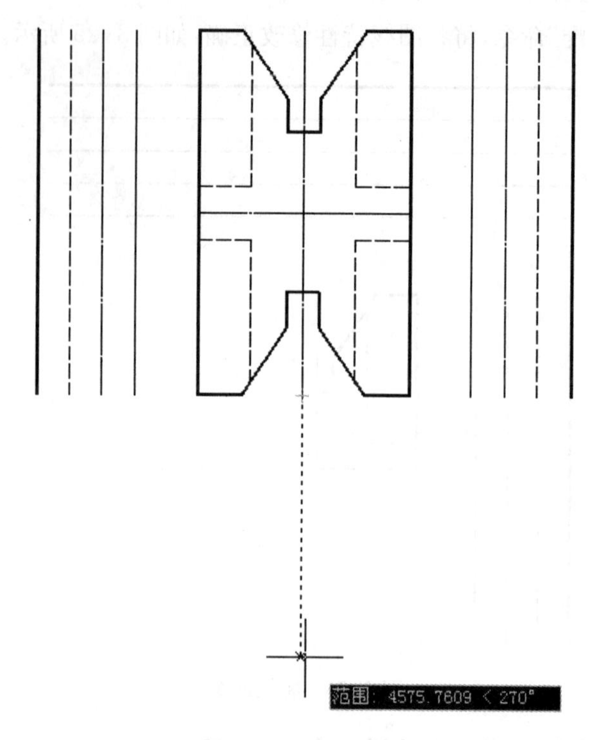

图 3-27　追踪定位

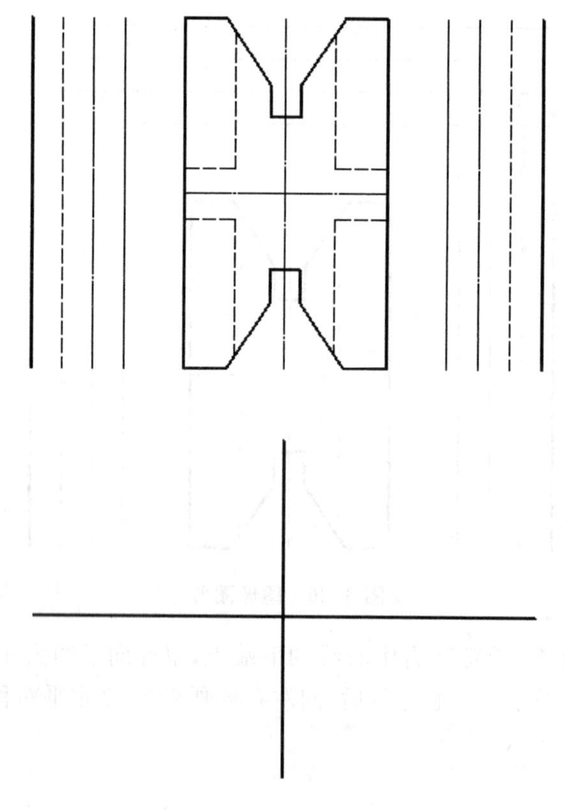

图 3-28　画下部对称线

(14) 设置“极轴追踪”“增量角”为 30，启用“直线”命令，通过极轴追踪画出最外菱形线，然后追踪最外菱形线的左端点，如图 3-29 所示，输入 814 回车，确定第二圈菱形直线的起点，再通过极轴追踪画出第二圈菱形线。同样的方法画出第三圈和第四圈菱形直线。再用“特性匹配”命令，修改各直线的特性，如图 3-30 所示。

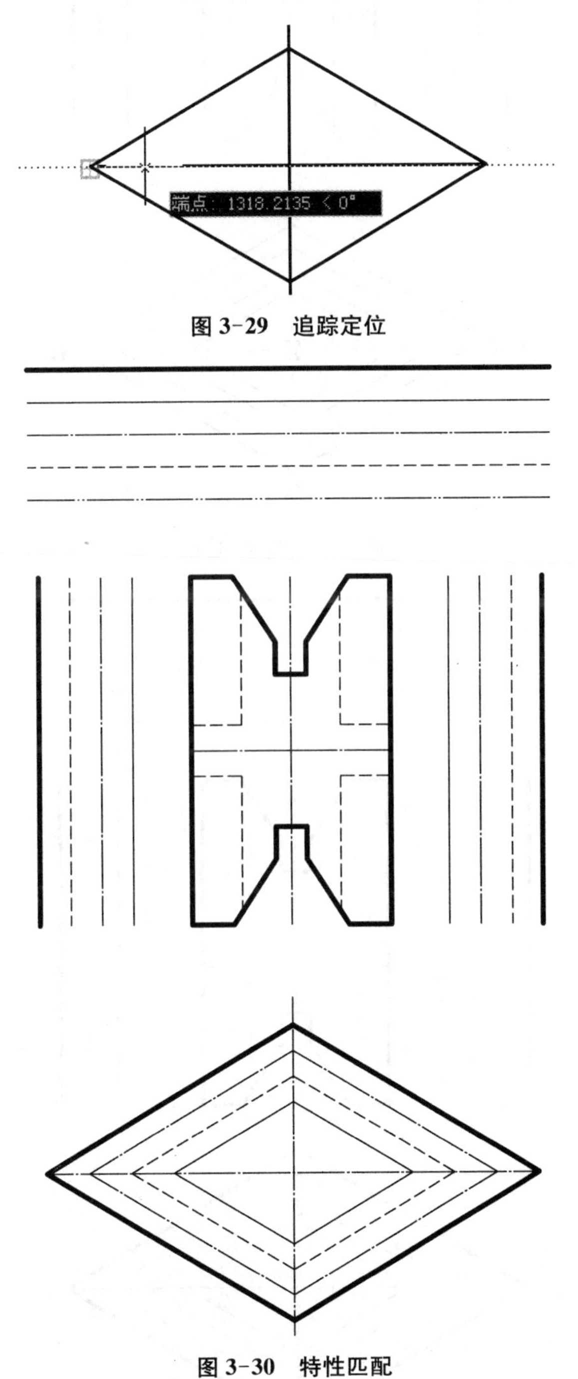

图 3-29　追踪定位

图 3-30　特性匹配

(15) 鼠标单击下部菱形和中间的对称线，出现蓝色夹点，再单击直线两端的夹点，向外或向内移动，则使对称线向外延长或向内收缩稍许，如图 3-31 所示，修改后图形如图 3-32 所示。

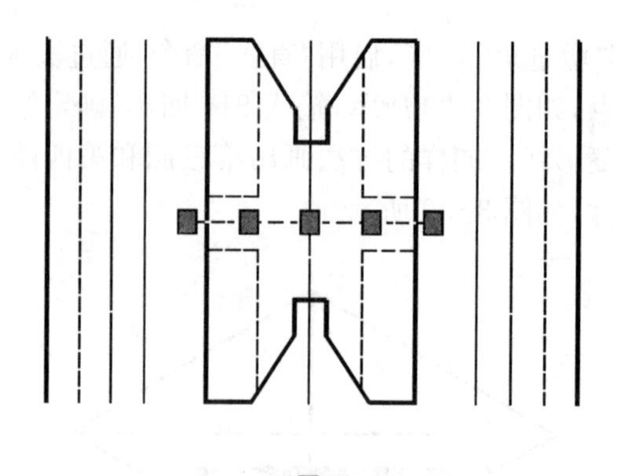

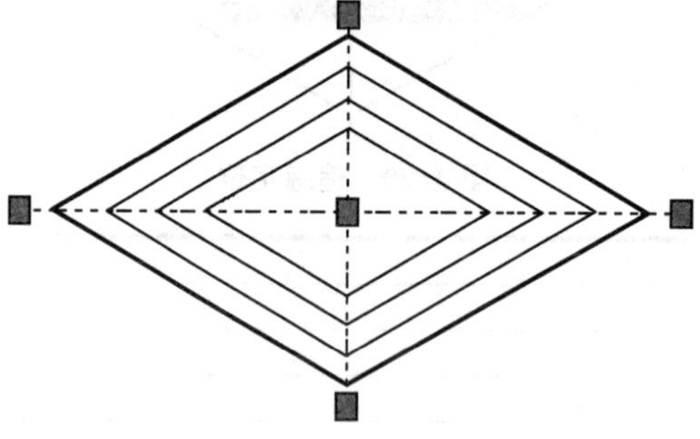

图 3-31　夹点编辑

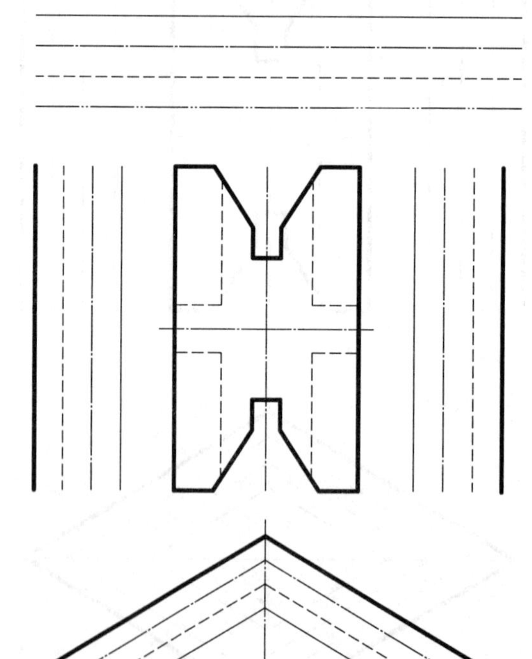

图 3-32　整理后图形

(16) 新建“70”尺寸标注样式,将“调整”选项中的“使用全局比例”设为“70”,如图 3-33 所示。

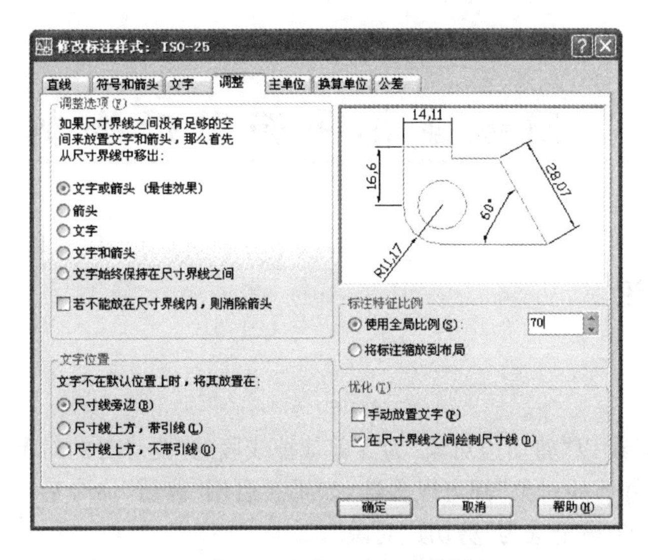

图 3-33　设置尺寸标注比例

(17) 应用新建的标注样式,标注全图尺寸。再启用“标注”菜单中的“倾斜”命令,将三个 814 的尺寸倾斜到 60 度;再启用“打断”命令将所有与尺寸数字交叉的图线打断;标注完成如图 3-12 所示。

任务四 圆弧连接平面图形绘制

一、基础知识

1. “修剪”命令

“修剪”命令(Trim)以“剪切边对象”为界剪裁掉线段的“要修剪的对象”。如图 4-1 所示。“剪切边对象”和“要修剪的对象”都可以多选,如果在启用“修剪”命令后,直接按空格键一次,则当前窗口的所有对象被全选为“剪切边对象”。

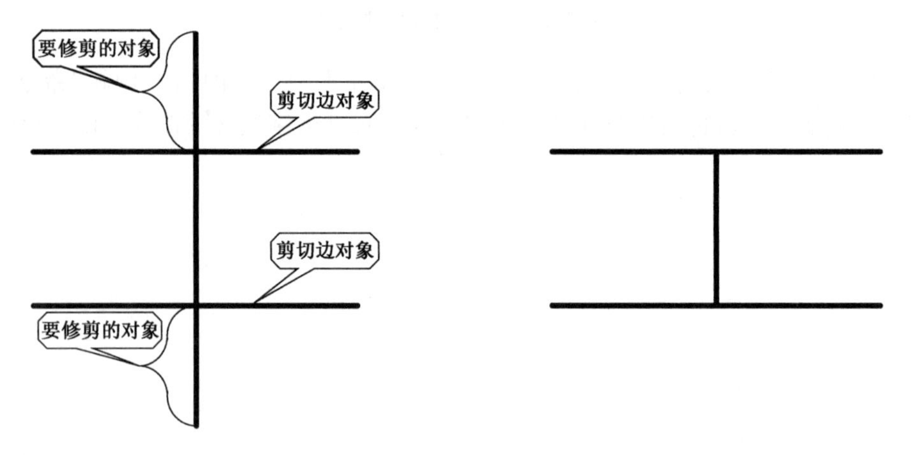

图 4-1 “修剪”命令功能

2. “圆”命令

“圆”命令(Circle)有多种绘制圆的功能。启用“圆”命令,默认状态下,给定圆心和半径画圆。如果圆弧没有圆心,则按右键显示“圆”命令的快捷菜单,应用其他功能选项,如图 4-2 所示。在圆弧连接作图中,常用“相切、相切、半径”功能选项。

【例 4-1】 根据尺寸绘制图 4-3 所示圆弧连接图形。

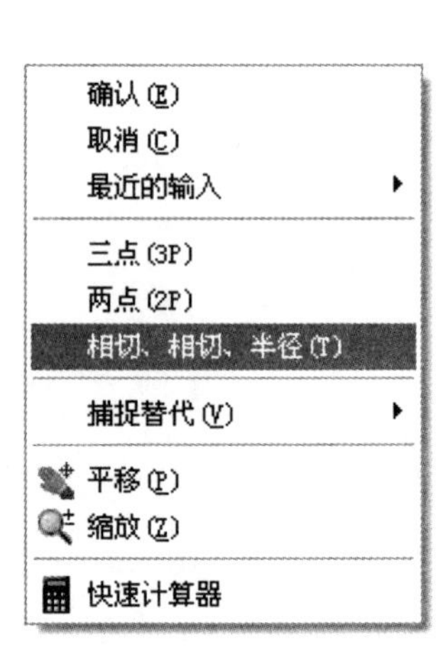

图 4-2 “圆”命令快捷菜单

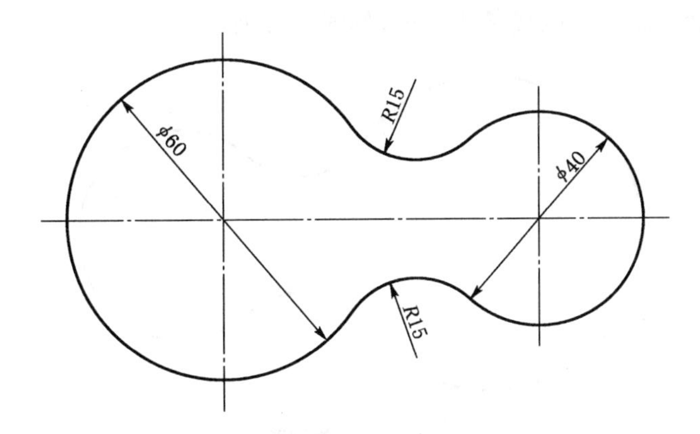

图 4-3　圆弧连接

绘图步骤：

(1) 绘制出 ϕ60 和 ϕ40 的两已知圆，如图 4-4 所示。

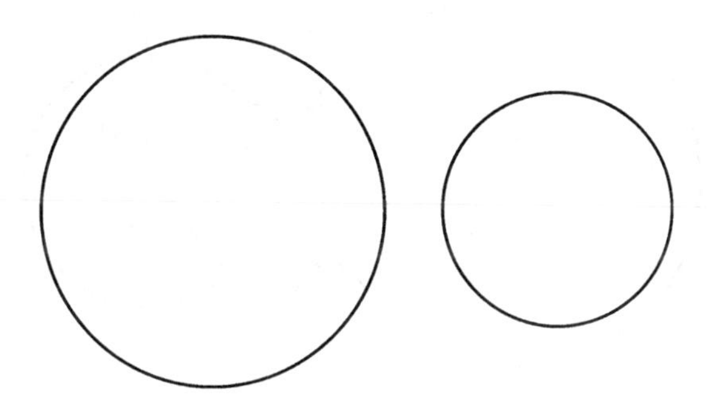

图 4-4　绘制已知圆

(2) 启用“圆”命令，选择“相切、相切、半径”选项，按照命令区的提示，先用鼠标点击 ϕ60 圆的上部，作为与圆相切的第一个对象，再用鼠标点击 ϕ40 圆的上部，作为与圆相切的第二个对象，从键盘输入连接圆的半径“15”，按回车键，则上部 $R15$ 的圆弧连接完成。用同样的方法，绘制下部 $R15$ 的圆弧连接，得到如图 4-5 所示的图形。

图 4-5　绘制相切圆

(3) 用“修剪”命令将多余的线条剪裁掉，如图 4-6 所示。

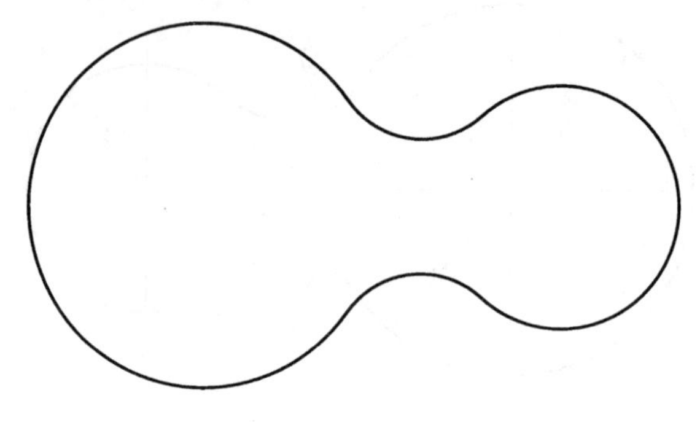

图 4-6　修剪圆弧

(4) 绘制中心线并标注尺寸，如图 4-7 所示。

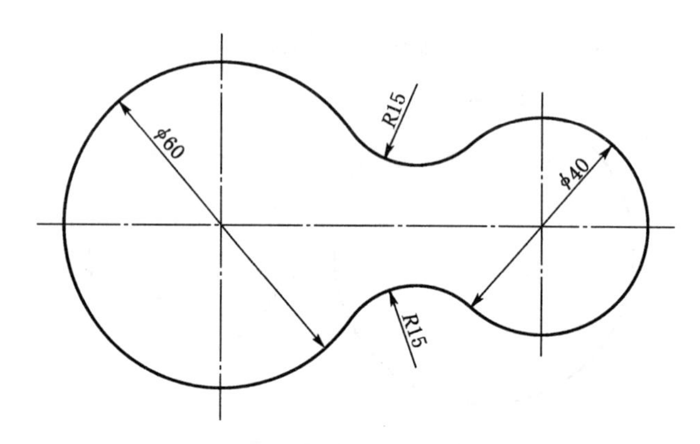

图 4-7　绘制中心线并标注尺寸

3. “圆角”命令

“圆角”命令(Fillet)通过一个指定半径的圆弧来光滑地连接两个图线对象。“圆角”命令可以圆弧连接直线、圆、椭圆、多段线、样条曲线等图线对象。不管两条边是否相交，都可以进行圆角操作。

默认情况下，除圆、完整椭圆、闭合多段线和样条曲线以外的所有对象在圆角时都将进行修剪或延伸。若保留原来的棱角，在绘图中可以根据提示选择“不修剪”操作。如图 4-8 所示。

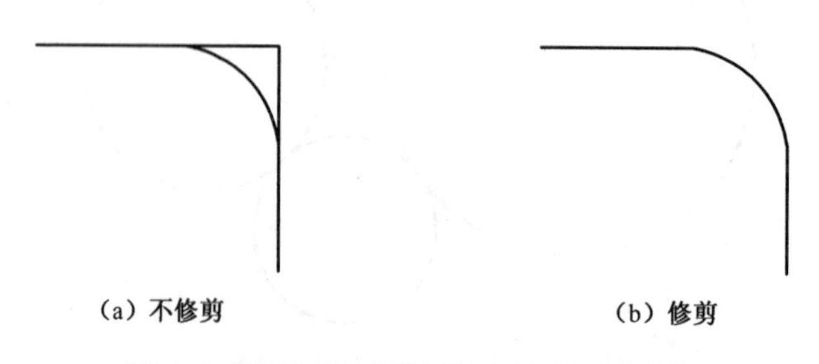

(a) 不修剪　　(b) 修剪

图 4-8　“圆角”命令“修剪”与“不修剪”功能

【例 4-2】 绘制图 4-9 所示的图形。

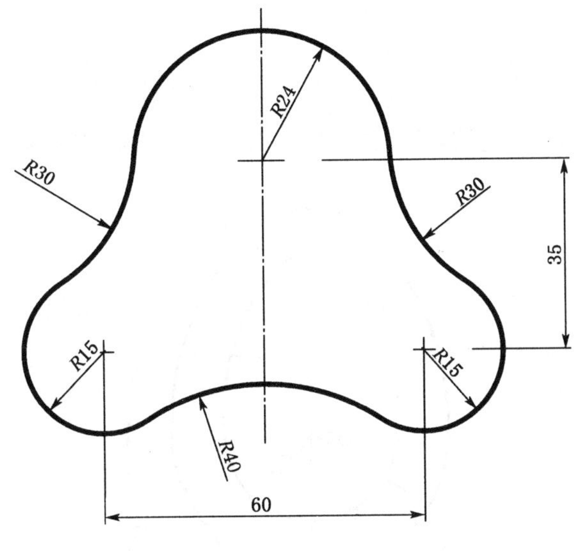

图 4-9　圆角多边形

绘图步骤：

(1) 启用“圆”命令，用鼠标确定左边 $R15$ 圆的圆心，输入半径值“15”，回车，左下圆画出。

重新启用“圆”命令，输入“@60，0”，回车，确定第二个 $R15$ 圆的圆心位置，按回车键接受缺省半径值 15，右下圆画出。

再次启用“圆”命令，输入“@－30，35”，回车，确定 $R24$ 圆的圆心位置，输入半径值“24”按回车键，上边圆画出，如图 4-10 所示。

(2) 启用“圆角”命令，选择“半径”选项，输入半径值“30”，回车，再选择“多个”选项，分别点击两个 $R15$ 圆和 $R24$ 圆与 $R30$ 圆弧的切点附近部位，绘出 $R30$ 的左右两圆弧。再次选择“半径”选项，输入半径值“40”，回车，点击两个 $R15$ 圆与 $R40$ 圆弧相切的部位，绘出 $R40$ 的圆弧。如图 4-11 所示。

(3) 启用“修剪”命令，修剪掉多余的图线。

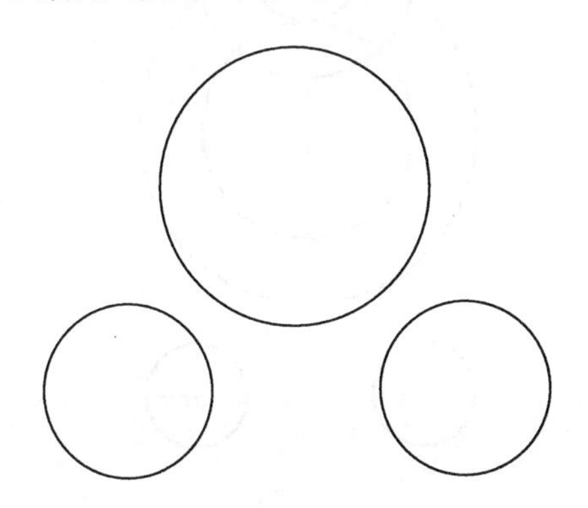

图 4-10　绘制 *R*15 和 *R*24 的圆

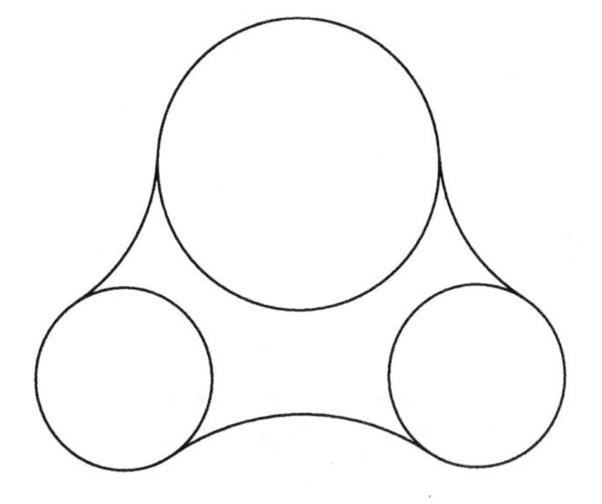

图 4-11　绘制 *R*30 和 *R*40 的圆角

二、实训任务

1. 实训任务一

绘制图4-12所示的“卫生洁具”圆弧连接平面图形，图形绘制参考时间6～10分钟。

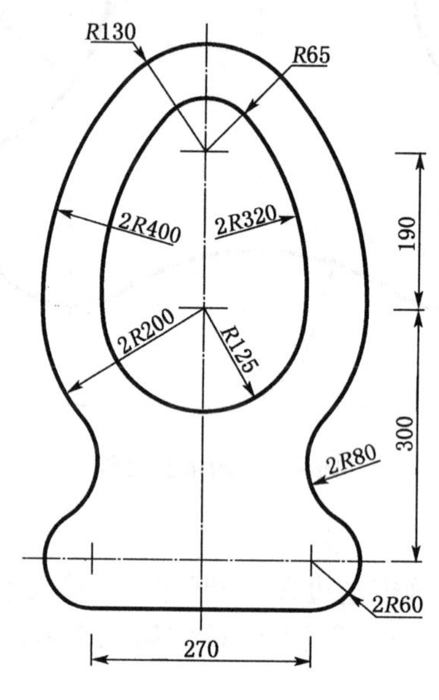

图4-12　卫生洁具

绘图实训指导：

(1) 绘制已知圆弧的中心线，如图4-13所示。

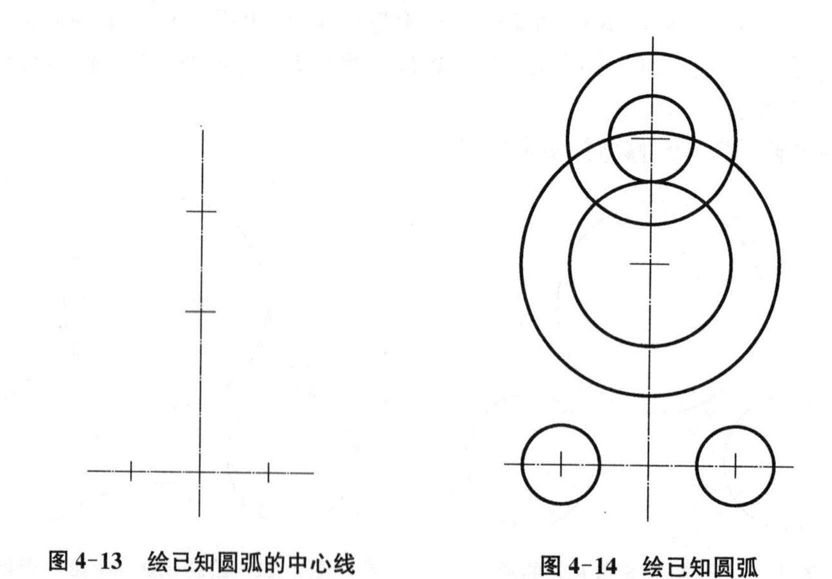

图4-13　绘已知圆弧的中心线　　图4-14　绘已知圆弧

(2) 用“圆”命令绘制各已知圆弧，如图4-14所示。

(3) 启用“圆”命令中的“相切、相切、半径”选项，画 $R=320$ 的两连接圆弧，如图 4-15 所示。

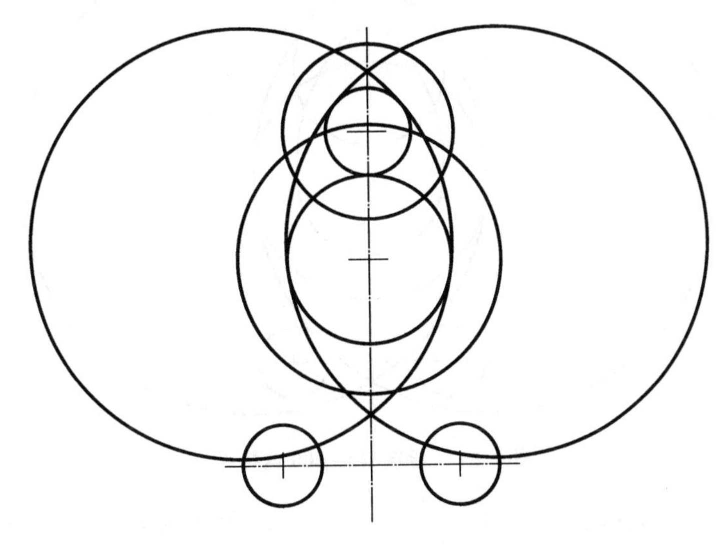

图 4-15　绘制 $R=320$ 连接弧

(4) 用“修剪”命令，剪裁 $R=320$、$R=125$、$R=65$ 圆弧的多余线段，如图 4-16 所示。

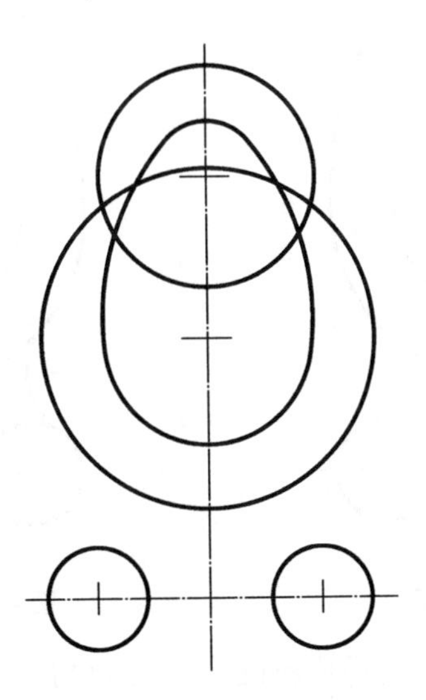

图 4-16　修剪 $R=320$、$R=125$、$R=65$ 的连接弧

(5) 启用“圆”命令中的“相切、相切、半径”选项，画 $R=400$ 的两连接圆弧，如图 4-17 所示。

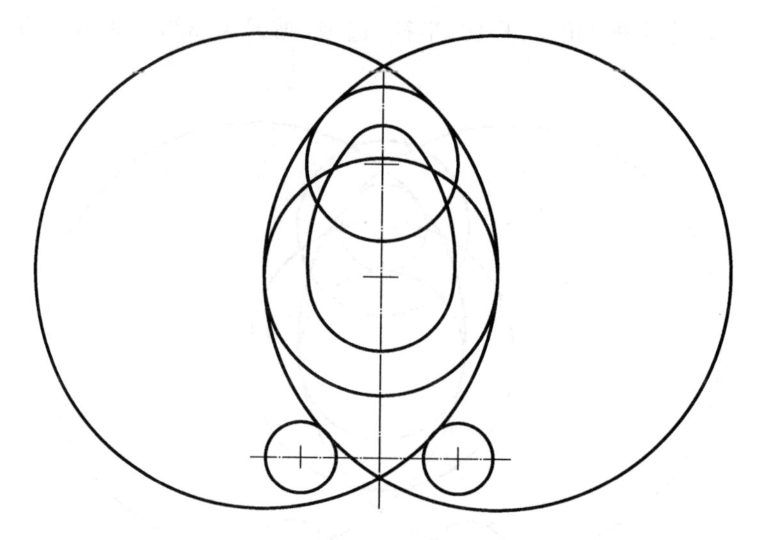

图 4-17 绘制 $R=400$ 连接弧

(6) 用“修剪”命令,剪裁 $R=400$、$R=200$、$R=130$ 圆弧的多余线段,如图 4-18 所示。

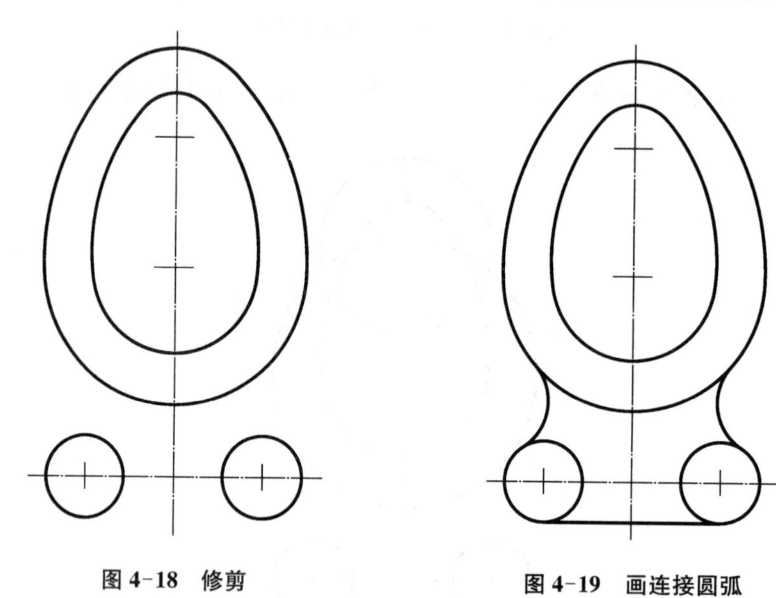

图 4-18 修剪　　图 4-19 画连接圆弧

(7) 用“圆角”命令,将“修剪”选项重新设置为“不修剪”,画出半径为 80 的连接圆弧,并连接 $R=60$ 两圆的公切线,如图 4-19 所示。

(8) 用“修剪”命令,剪裁 $R=80$ 圆弧的多余线段并标注尺寸,如图 4-12 所示。

2. 实训任务二

绘制图 4-20 所示“衣帽钩”的圆弧连接平面图形,图形绘制参考时间 15～35 分钟。

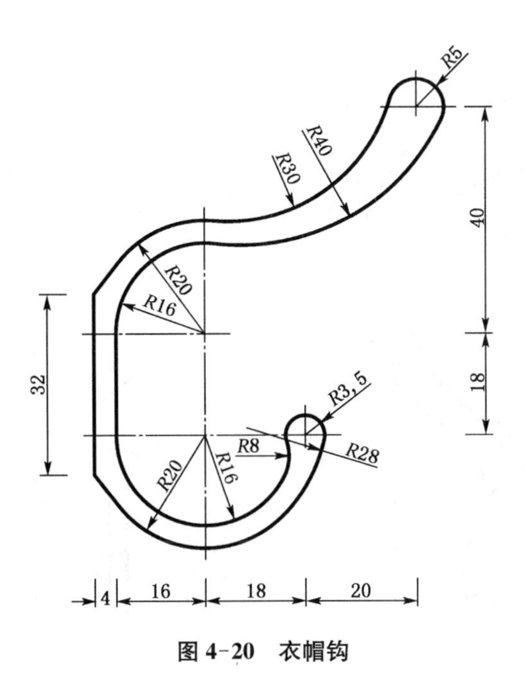

图 4-20　衣帽钩

绘图实训指导：

(1) 绘制已知圆弧的中心线，确定各已知圆弧的圆心位置，如图 4-21 所示。

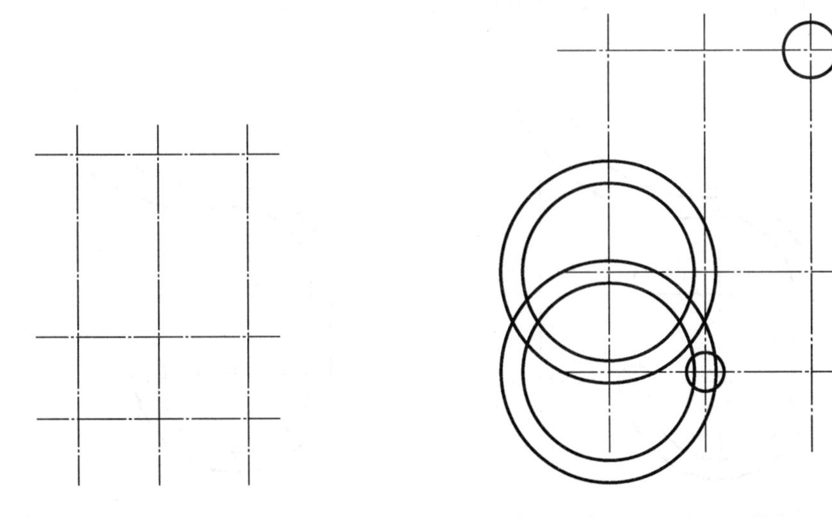

图 4-21　绘出圆中心线找圆心　　　　图 4-22　绘制已知线段

(2) 绘制 $R5$、$R3.5$ 及上、下 $R20$、$R16$ 的已知圆，如图 4-22 所示。

(3) 启用“圆”命令，选择“相切、相切、半径”选项，画出 $R40$、$R30$、$R8$、$R28$ 四个连接圆，如图 4-23 所示。

(4) 画出左侧 32 的竖直线以及连接圆的切线，如图 4-24 所示。

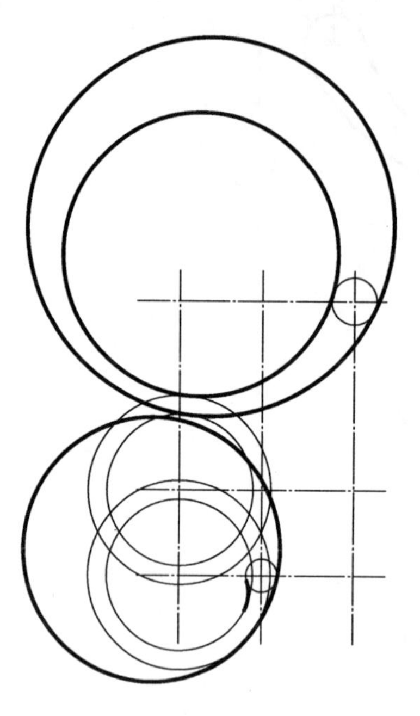

图 4-23　绘制连接圆弧

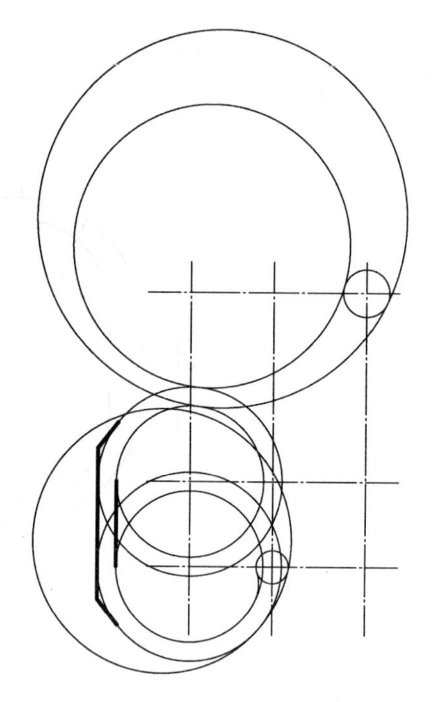

图 4-24　绘制公切线

(5) 用“修剪”命令，修剪掉多余的圆弧，如图 4-25 所示。

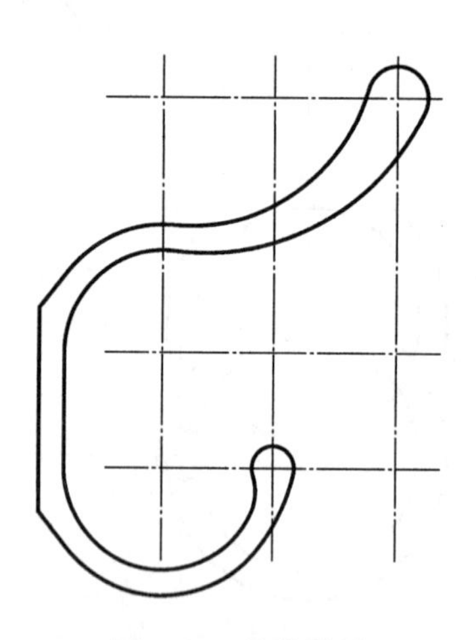

图 4-25　修剪圆弧

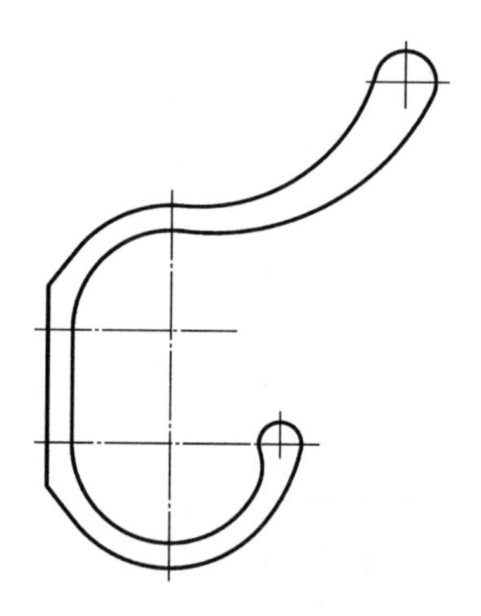

图 4-26　修整中心线

(6) 修整圆的中心线，如图 4-26 所示。

(7) 标注尺寸，如图 4-27 所示。

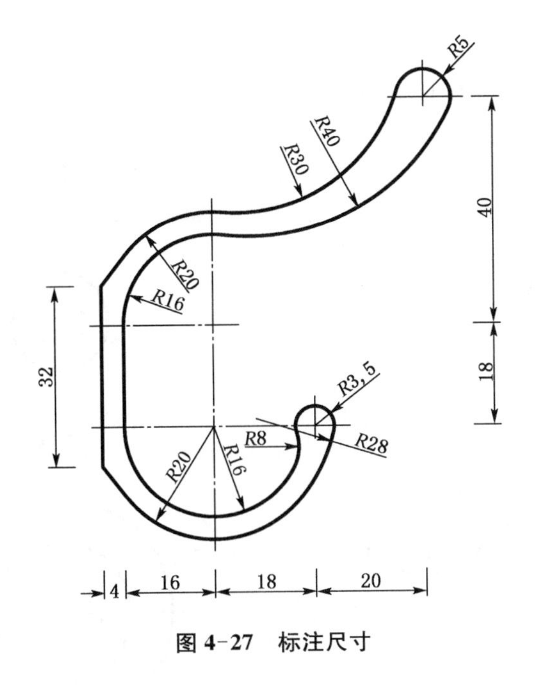

图 4-27　标注尺寸

3. 实训任务三

绘制图 4-28 所示“手柄挂轮架”的圆弧连接平面图形，图形绘制参考时间 20～40 分钟。

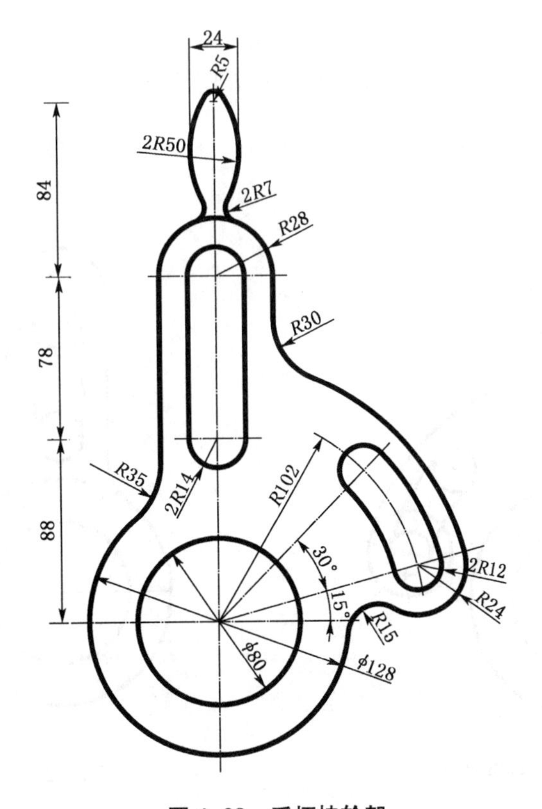

图 4-28　手柄挂轮架

绘图实训指导：

（1）绘制所有已知圆，如图 4-29 所示。

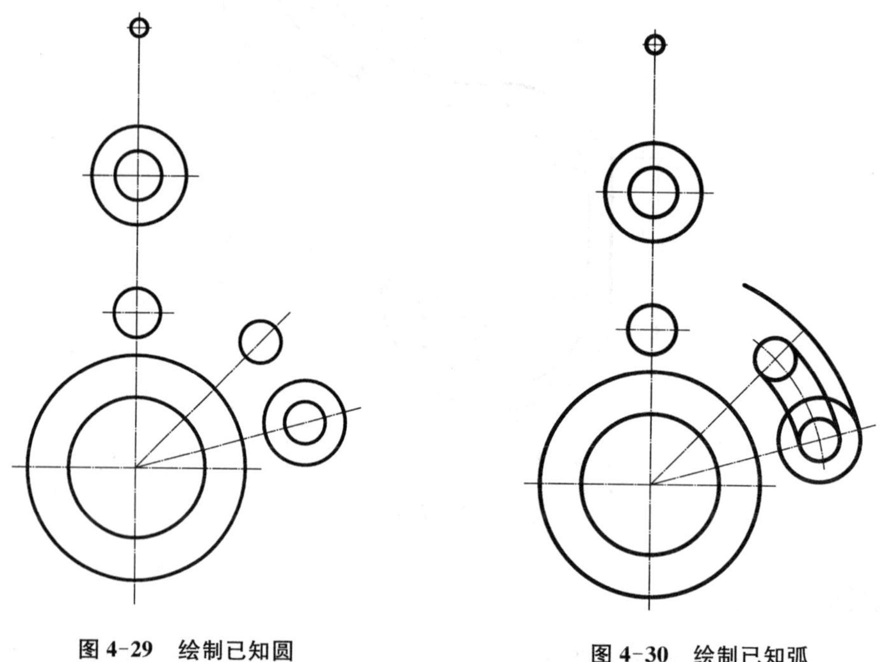

图 4-29　绘制已知圆　　　　图 4-30　绘制已知弧

（2）用“圆弧”命令中的“圆心、起点、端点”功能，绘制如图 4-30 所示已知弧。

（3）画出 $R14$ 圆的公切线和 $R28$ 圆的切线，如图 4-31 所示。

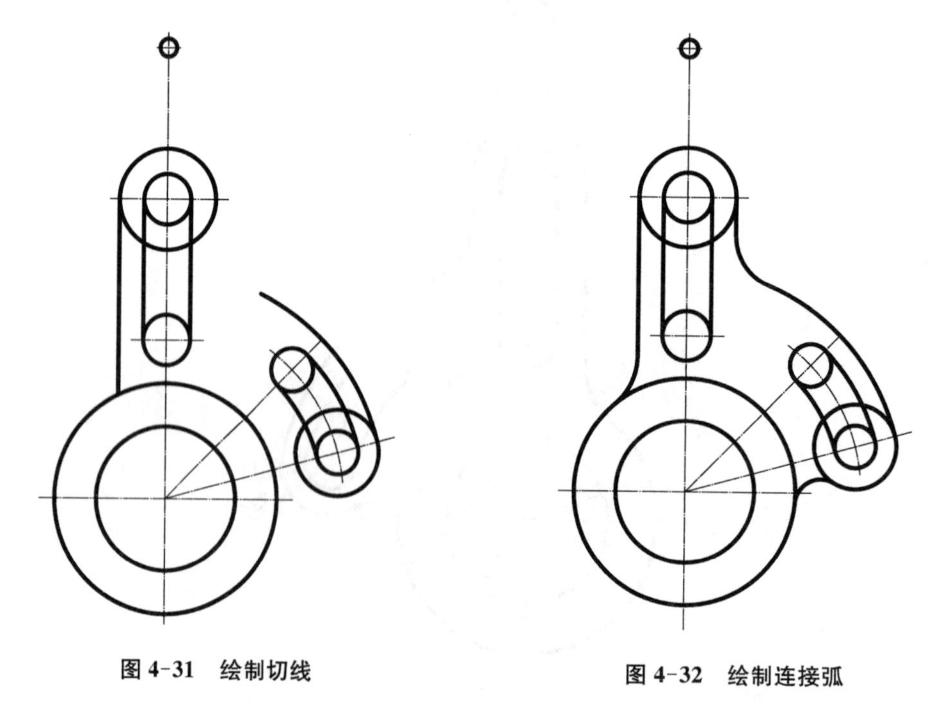

图 4-31　绘制切线　　　　图 4-32　绘制连接弧

（4）用“圆角”命令绘制 $R30$、$R35$、$R15$ 三个连接弧，如图 4-32 所示。

(5) 画上部手柄部分距离为 24 的两尺寸界线(控制线),如图 4-33 所示。

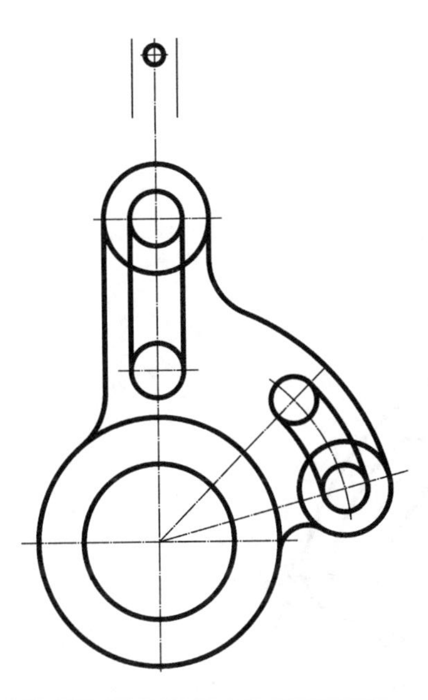

图 4-33　绘制尺寸 24 的控制线

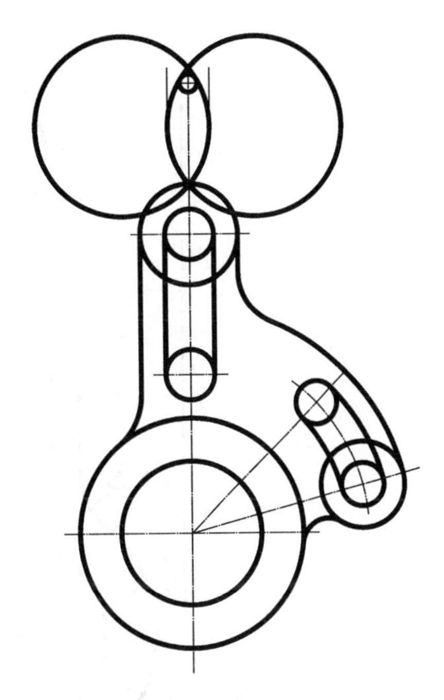

图 4-34　绘制 *R*50 的连接弧

(6) 启用“圆”命令,选择“相切、相切、半径”选项,画出 *R*50 的中间圆弧,如图 4-34 所示。

(7) 启用“圆弧”命令,画出上部手柄的 *R*7 圆弧,如图 4-35 所示。

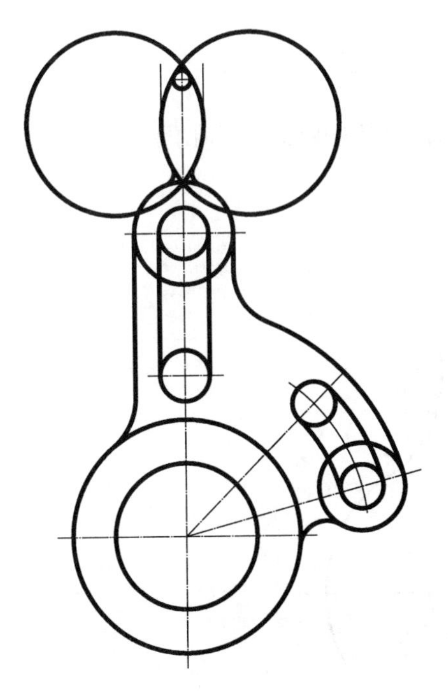

图 4-35　绘制切线

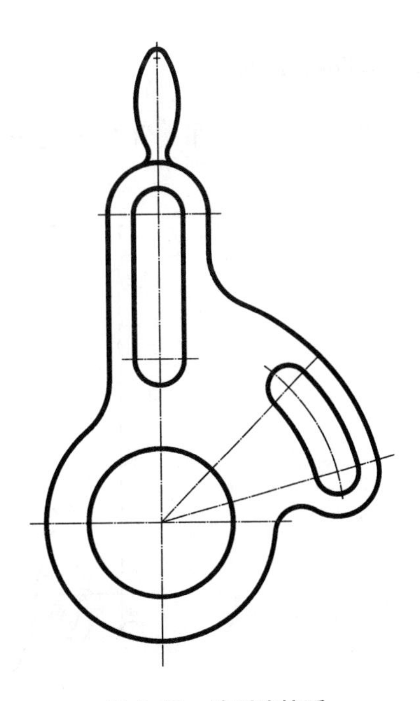

图 4-36　绘制连接弧

(8) 启用“修剪”命令,对全图修剪,如图 4-36 所示。

(9) 对全图标注尺寸,如图 4-37 所示。

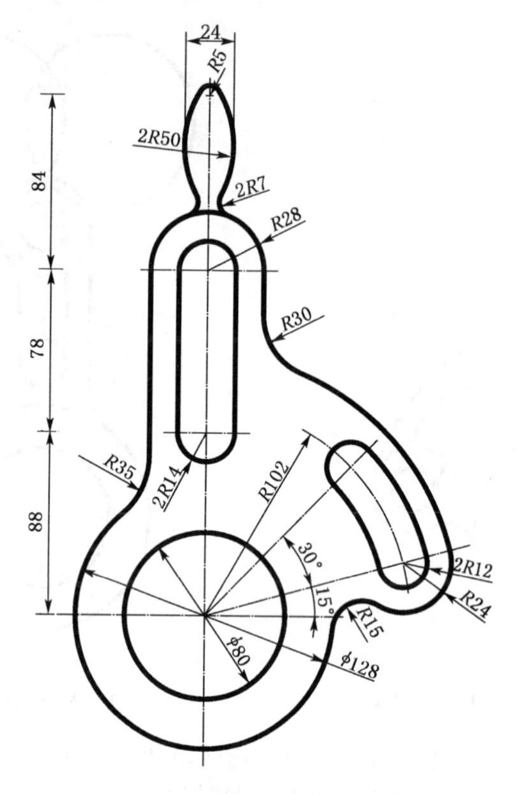

图 4-37　标注尺寸

4. 实训任务四

绘制图 4-38 所示“吊钩”的圆弧连接平面图形,图形绘制时间 10～18 分钟。

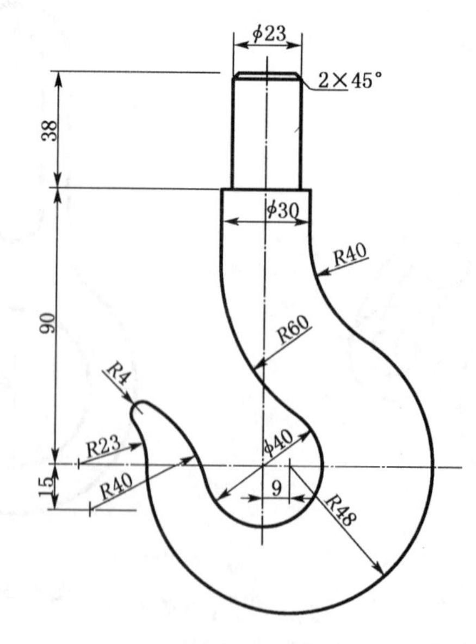

图 4-38　吊钩

绘图实训指导：

(1) 绘制上部直线图形和 ϕ40、$R48$ 两已知圆，如图 4-39 所示。

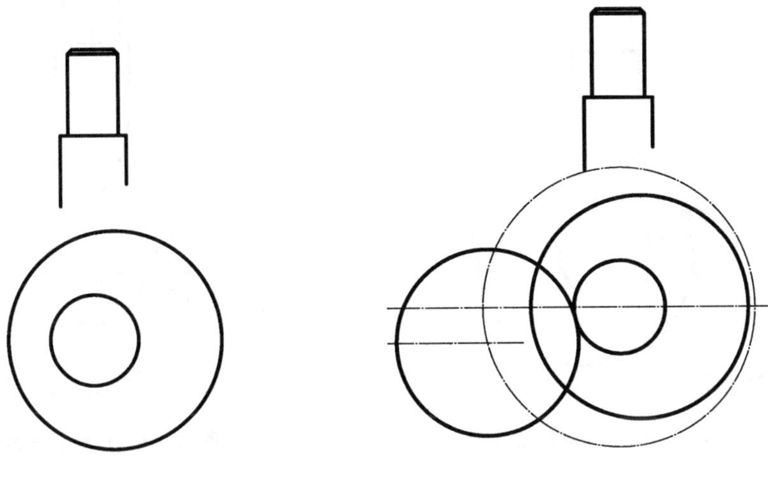

图 4-39　绘制已知线段　　　　图 4-40　绘 $R40$ 圆

(2) 绘制 $R40$ 的圆。用细实线画出 ϕ40 圆的水平中心线和与之相距为 15 的平行线。然后以 ϕ40 圆心为圆心，$R = 20 + 40 = 60$ 为半径画圆，该圆与水平线的交点为 $R40$ 圆的圆心。如图 4-40 所示。

(3) 以 $R48$ 圆心为追踪点，向左追踪距离 71(23 + 48) 为圆心，绘制 $R23$ 的圆，如图 4-41 所示。

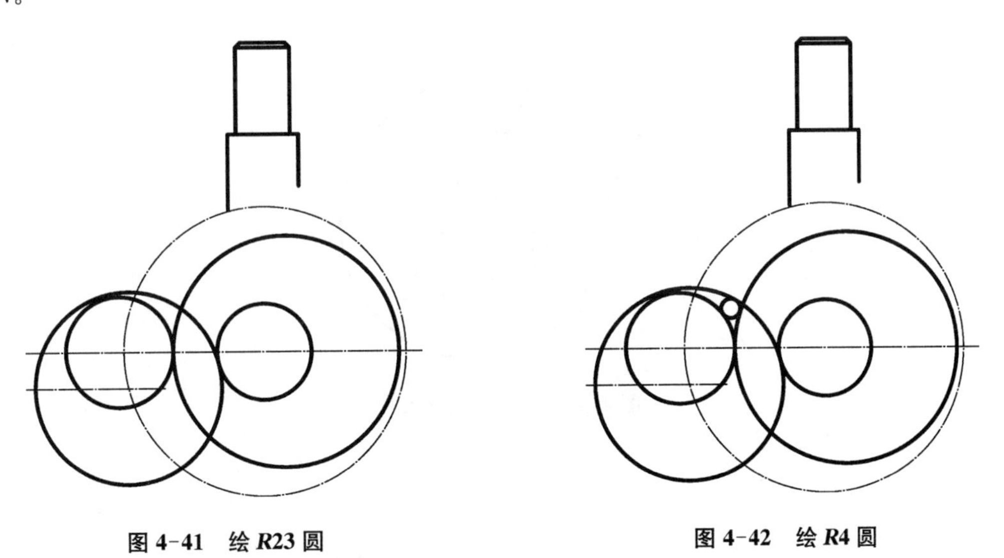

图 4-41　绘 $R23$ 圆　　　　图 4-42　绘 $R4$ 圆

(4) 用“相切、相切、半径”画圆命令，画出 $R4$ 的圆，如图 4-42 所示。

(5) 用“圆角”命令，画出 $R40$、$R60$ 的圆弧，如图 4-43 所示。

(6) 修剪图形，补出点画线，如图 4-44 所示。

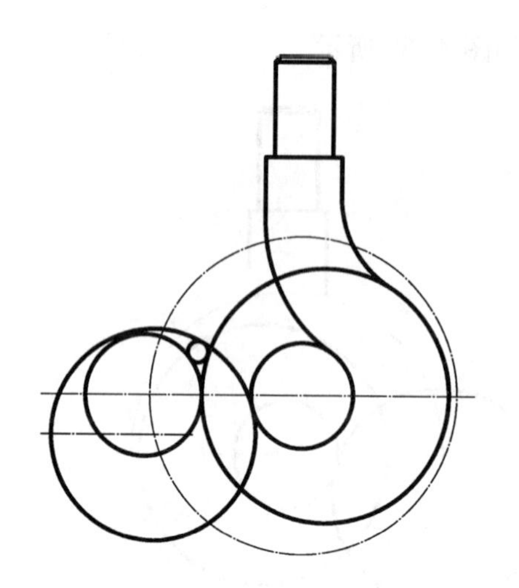

图 4-43　绘 ***R*40**、***R*60** 圆弧

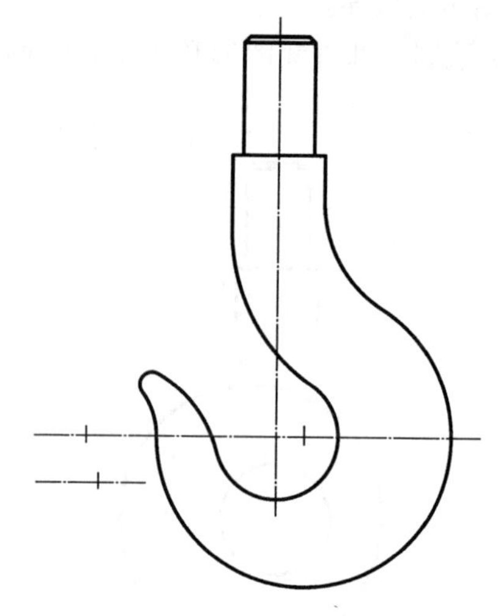

图 4-44　修剪后图形

(7) 标注并编辑尺寸,如图 4-45 所示。

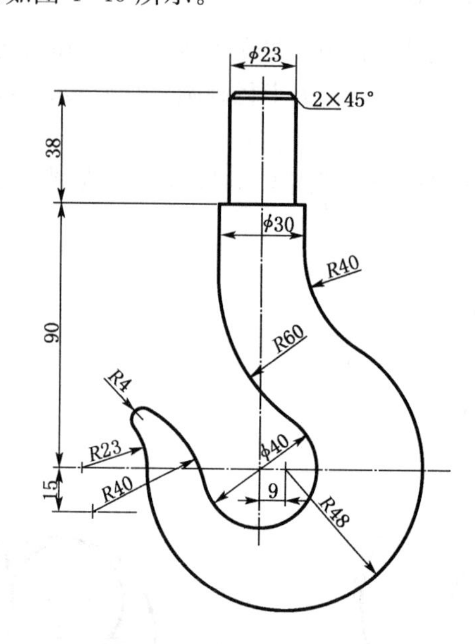

图 4-45　标注并编辑尺寸

任务五 常见几何图形绘制

一、基础知识

1. “多段线”命令

“多段线”命令(Pline)是绘制相互连接的一系列线段,并作为单个对象被定义。“多段线”命令常用来绘制直线段和圆弧线段的组合线段。也可绘制有宽度变化的直线段。

【例 5-1】 用“多段线”命令方式绘制图 5-1 所示的长圆弧图形。

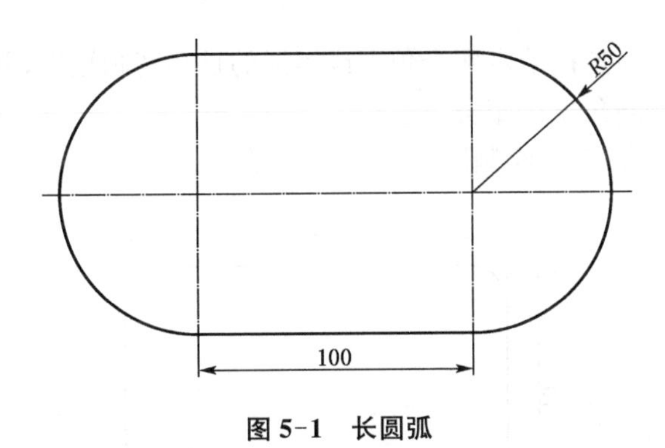

图 5-1 长圆弧

操作步骤:

(1) 启用“多段线”命令,指定 100 水平线的左端点为绘制的起点,画出尺寸为 100 的水平直线。

(2) 在命令行上输入字符“a”,切换到画“圆弧”模式。用鼠标指引圆弧直径为竖直方向,输入圆弧直径“100”,按回车键。

(3) 在命令行输入字符“L”,返回到画“直线”模式。输入直线距离 100,回车。

(4) 再输入字符“a”,按回车键,切换到画“圆弧”模式。输入“CL”,按回车键,图形以半圆弧封闭。

【例 5-2】 用“多段线”命令方式绘制符合国家制图标准的箭头。

操作步骤:

(1) 启用“多段线”命令,先绘制出箭尾水平线。

(2) 按着启用“宽度”功能,指定起点宽度为 1,再指定端点宽度为 0,极轴追踪箭头方向,输入箭头长度尺寸 3.5 或 4,则画出箭头如图 5-2 所示。

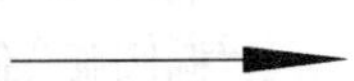

图 5-2 箭头

2. “正多边形”命令

“正多边形”命令(Polygon)可以根据其外接圆半径、内切圆半径和多边形的边长三种尺寸绘制,操作时对应的功能选项为“内接于圆”“外切于圆”“边”,三种选项的尺寸标注图示说明如图 5-3 所示。

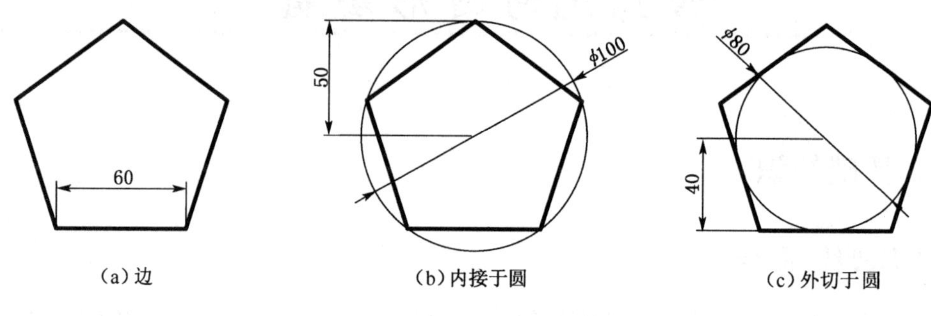

图 5-3 尺寸标注图示说明

3. “矩形”命令

“矩形”命令(Rectang)是按给定两个角点或矩形的长和宽画矩形,并可以绘制带圆角或倒角的矩形,也可以画带倾斜角度的矩形。

【例 5-3】 应用“矩形”命令绘制图 5-4 所示图形。

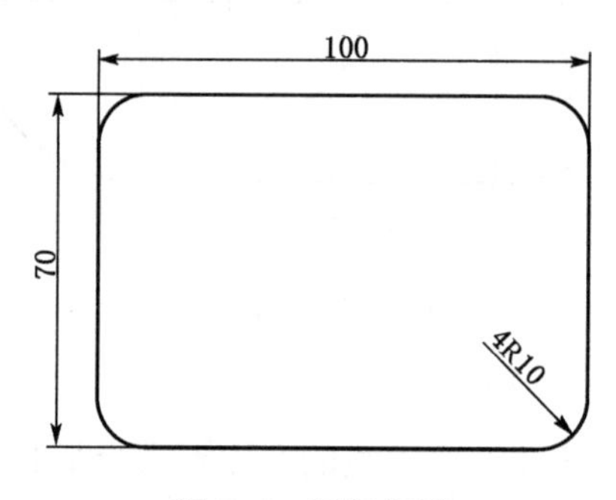

图 5-4 圆角矩形

操作步骤:

(1) 启用“矩形”命令,从键盘输入字符“F”,按回车键,再输入圆弧半径值“10”,按回车键。

(2) 从命令区输入“@100,70”,按回车键。

4. “椭圆”和“椭圆弧”命令

“椭圆”命令(Ellipse)是按照椭圆的长轴、短轴、中心点等尺寸绘制椭圆,如图 5-5 所示。

“椭圆弧”命令(Ellipse)是按照椭圆弧的长轴、短轴、中心点等尺寸以及椭圆弧的起始角度和终止角度绘制椭圆弧。

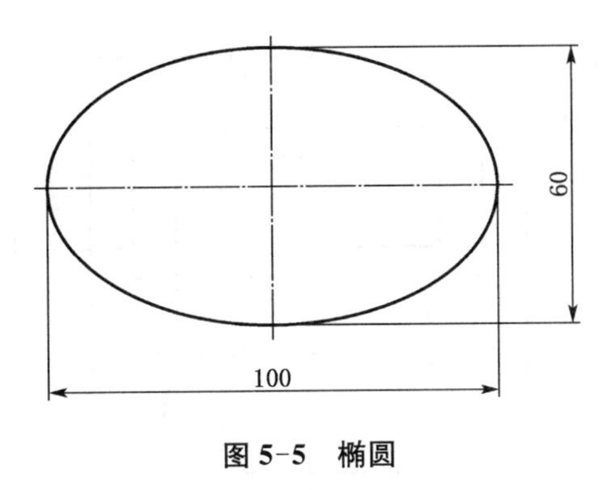

图 5-5　椭圆

5. “点”命令

“点”命令(Point)是以各种定义的样式绘制点,可以定数等分和定量等分线段,还可以将图块均匀插入各等分点。

CAD 中孤立的定义点称为“节点”,“节点”在作图中主要用来定位,如用“节点”来绘制相贯线、截交线、坐标曲线等线段。

由于自然点在图形中显示不清晰,如果需要可以执行“格式”菜单中“点样式”命令,从对话框中设置点的显示样式,如图 5-6 所示。

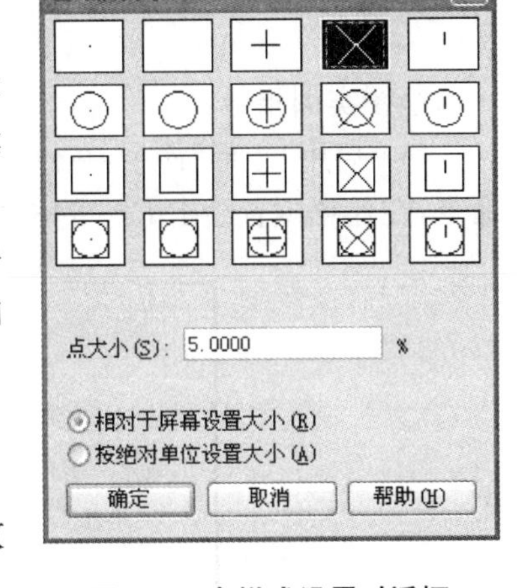

图 5-6　点样式设置对话框

【例 5-4】　将任意长直线均匀七等分。

操作步骤:

(1) 打开“绘图”下拉菜单,在“点”选项列表中点击“定数等分”。

(2) 用鼠标点击直线(选取要定数等分的对象)。

(3) 在命令区输入要等分的段数“7”,按回车键,则线段被均匀等分。如图 5-7 为 7 等分直线的图形显示。

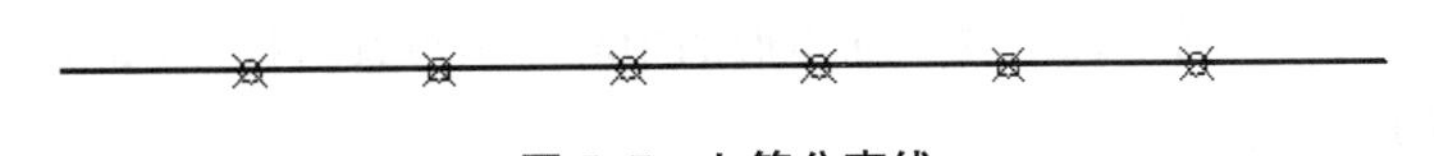

图 5-7　七等分直线

6. “移动”命令

“移动”命令(Move)能够移动图形对象的坐标位置,而不改变其方向和大小。可以使用坐标方式、对象捕捉方式、指定移动的方向和距离方式,精确地移动对象到新位置。

二、绘图实训任务

1. 实训任务一

绘制图 5-8 所示平面图形,图形绘制参考时间 5～13 分钟。

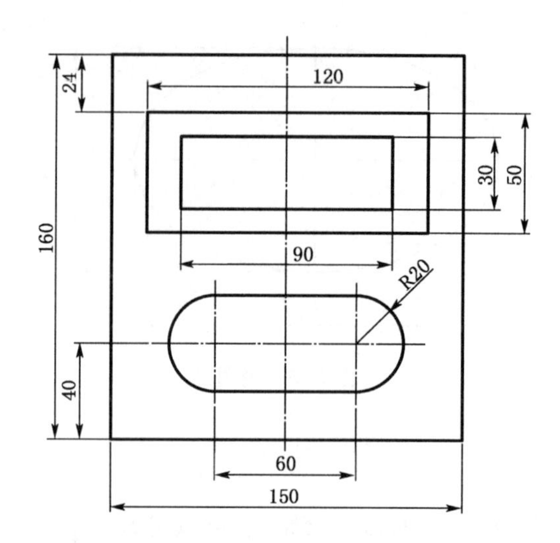

图 5-8　平面图形一

绘图实训指导：

(1) 启用“矩形”命令，在任意位置绘制 90×30、120×50、150×160 矩形；再启用“多段线”命令，在任意位置绘出 R20 的长圆弧图形。绘制的图形如图 5-9 所示。

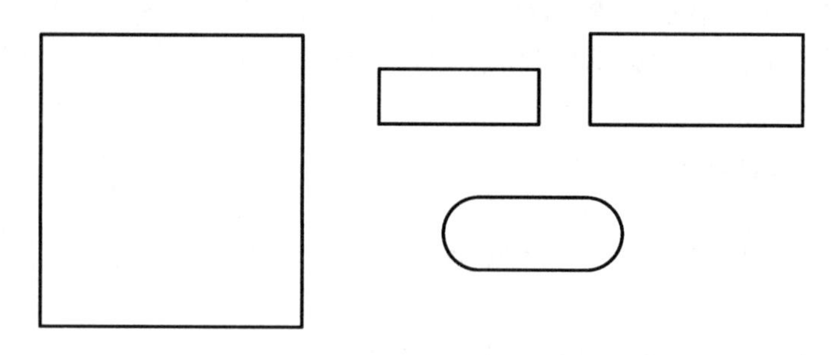

图 5-9　在任意位置绘出各单元图形

(2) 启用“移动”命令，选择 90×30 的小矩形为移动对象，追踪并点击小矩形的中心点为基点，如图 5-10 所示。然后追踪 120×50 矩形的中心点为位移目标点，如图 5-11 所示，点击左键，矩形被移动到中心位置。

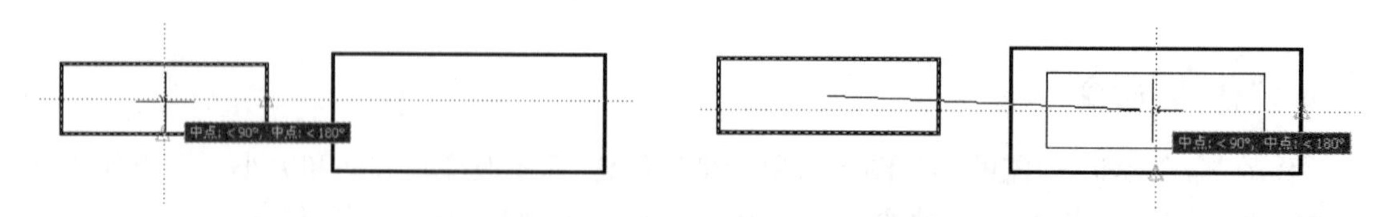

图 5-10　追踪小矩形的中心为基点　　　　图 5-11　追踪大矩形的中心点为位移目标点

(3) 启用“移动”命令，选择 90×30 和 120×50 两矩形为移动对象，捕捉 120×50 矩形上边的中心点为基点，如图 5-12 所示。然后追踪并点击 150×160 矩形上边线的中心点为追踪点，向下追踪，如图 5-13 所示。然后，输入“24”为追踪距离，回车，图形被移动到正确位置。

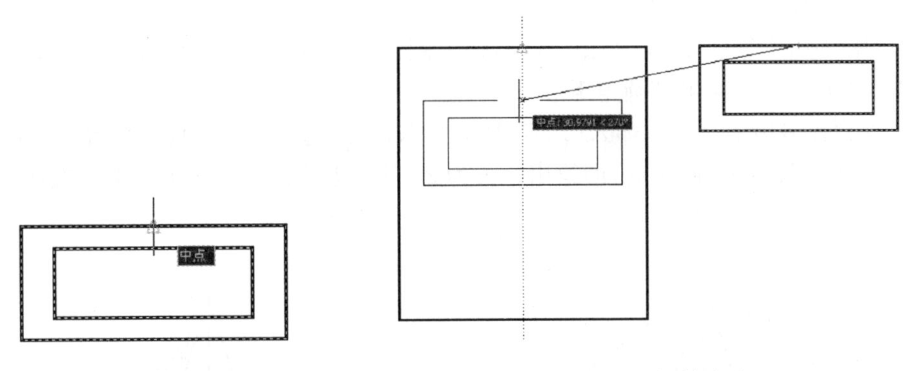

图 5-12　捕捉基点　　　　图 5-13　极轴追踪

(4) 启用"移动"命令，选择 $R20$ 的长圆弧为移动对象，追踪并点击长圆弧的中心点为基点，然后追踪 150×160 矩形下边线的中心点为追踪点，用鼠标指引向上追踪，如图 5-14 所示，输入追踪距离"40"，按回车键，图形被移动到正确位置。

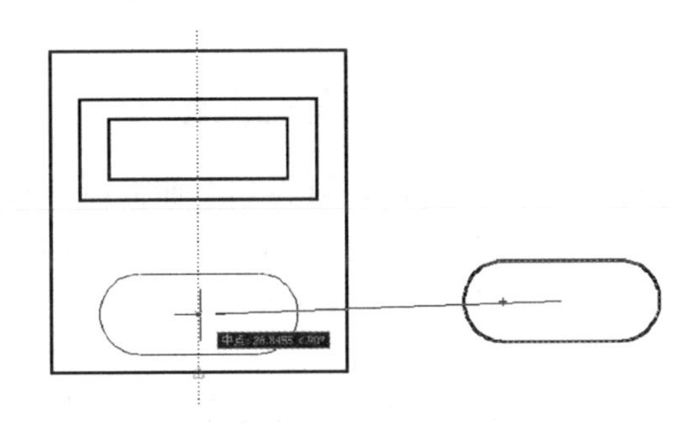

图 5-14　从矩形下边的中点向上追踪

2. 实训任务二

绘制图 5-15 所示的"模板"平面几何图形，图形绘制参考时间 7～15 分钟。

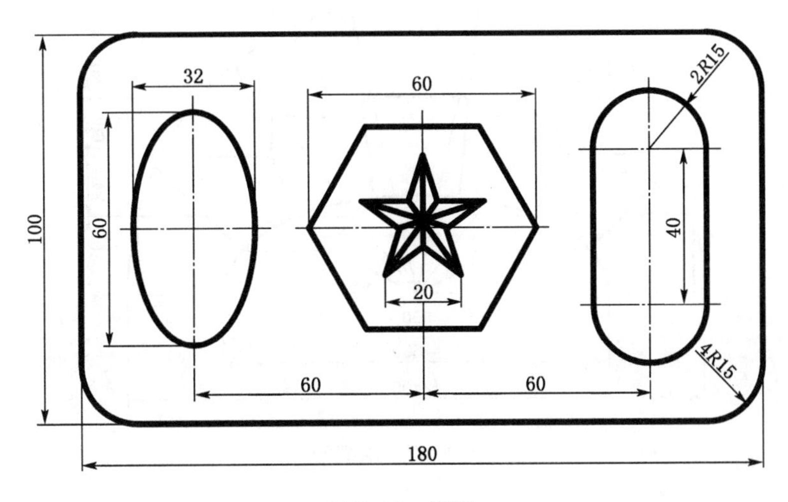

图 5-15　模板

绘图实训指导：

(1) 启用“矩形”命令，选择“圆角”选项，输入圆角半径为 15。用鼠标指定角部起点，输入“@180,100”，回车后即绘出带圆角矩形。

(2) 启用“正多边形”命令，输入边的数目为“5”，选择“边”选项，在任意位置用鼠标指定 20 边的起点，输入边长“20”，回车后，即绘出边长为 20 的正五边形。将正五边形依次连接为如图 5-16(a)所示的正五角星，然后用“删除”“修剪”命令整理图形，如图 5-16(b)所示。

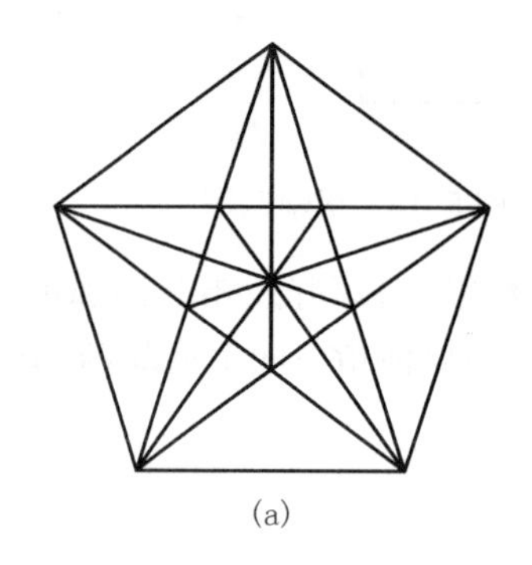
(a)

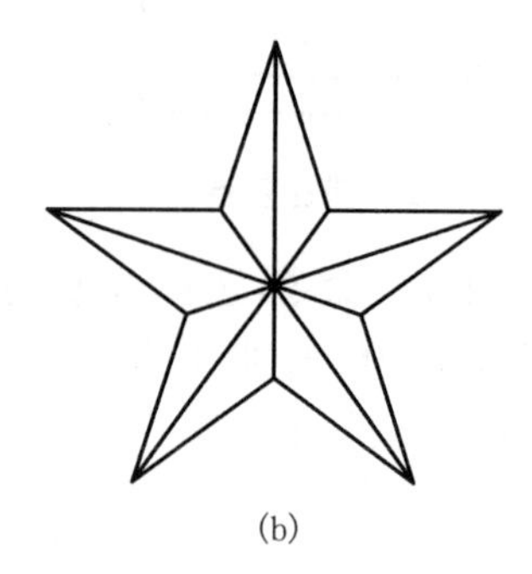
(b)

图 5-16　正五角星的绘制

(3) 再次启用“正多边形”命令，输入边的数目为“6”，捕捉矩形的中心点为正多边形的中心点，选择“内接于圆”选项，输入正六边形的外接圆半径“60”，回车后，即绘出正六边形。

(4) 启用“椭圆”命令，鼠标指定长轴的起点，输入长轴尺寸“60”，再输入短半轴尺寸“16”，绘出椭圆。

(5) 启用“多段线”命令，在任意位置绘制右端的长圆弧，方法同例 4-1。

(6) 启用“移动”命令，依次移动各图定位于正确位置。

3. 实训任务三

绘制图 5-17 所示“景观桥”平面几何图形，图形绘制参考时间 10～18 分钟。

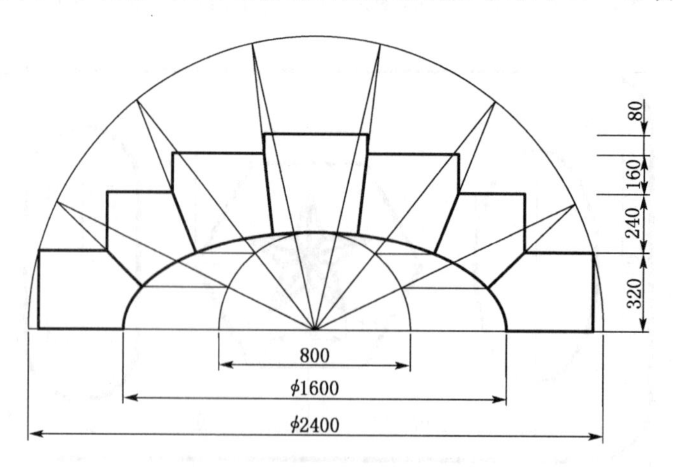

图 5-17　景观桥

绘图实训指导：

(1) 启用“点”命令中的“定数等分”功能，将外圆七等分，绘制图形如图 5-18 所示。

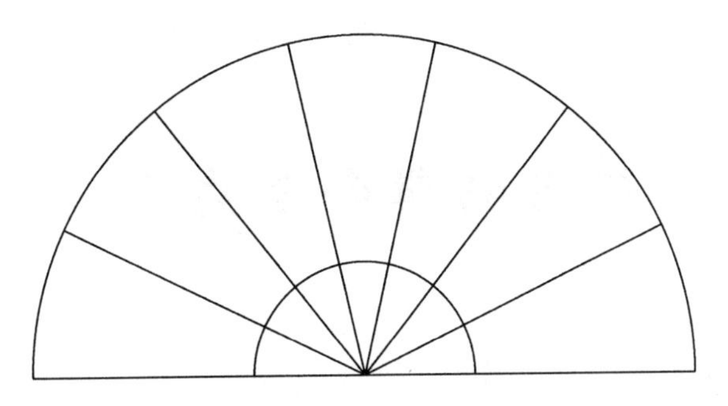

图 5-18　七等分圆周

(2) 绘制椭圆弧，并连接线段如图 5-19 所示。

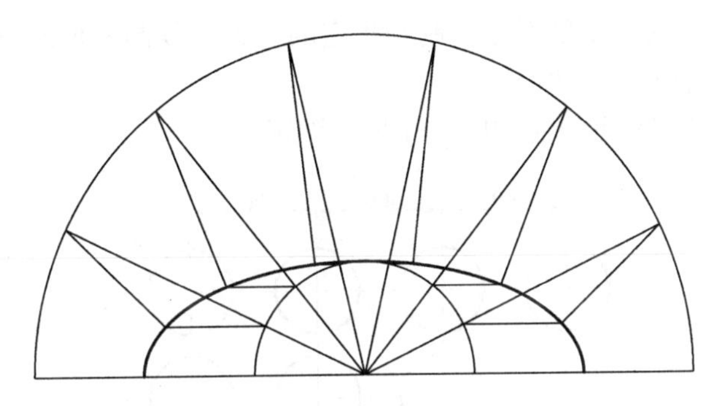

图 5-19　绘制椭圆弧并连接线段

(3) 利用捕捉追踪功能绘制线段如图 5-20 所示。

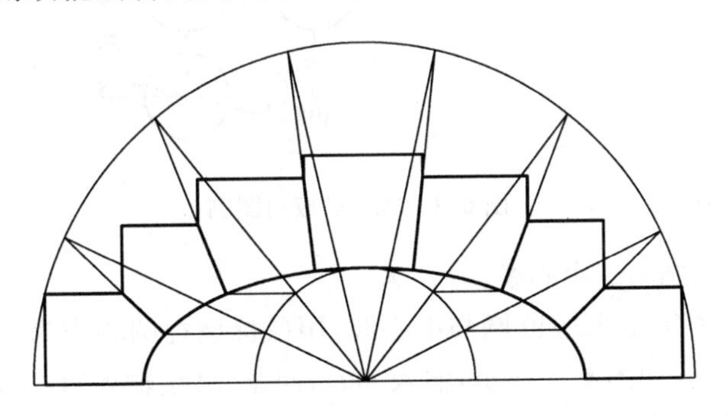

图 5-20　连接作图

任务六 图形编辑命令应用

一、基础知识

1. “复制”命令

“复制”命令(Copy)将选定的对象复制到指定的位置。复制图形时,合理地选择“基点”是重要的环节,以便图形能够正确地定位。

【例 6-1】 用“复制”命令绘制如图 6-1 所示图形。

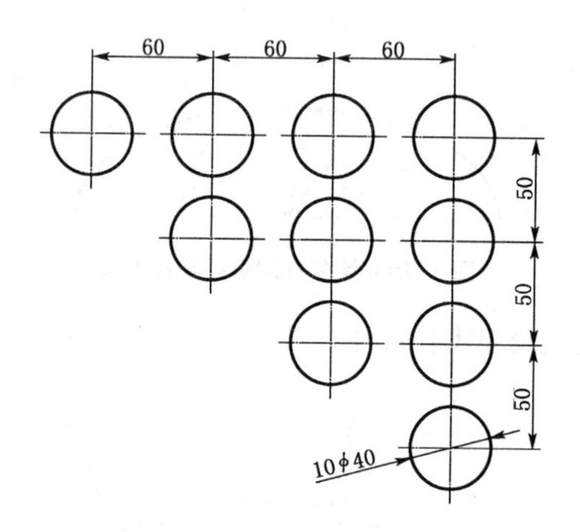

图 6-1 “复制”应用图例

(1) 绘制出 ϕ40 的圆与圆中心线。

(2) 启用“复制”命令,选择 ϕ40 圆与中心线,用鼠标捕捉圆心作为复制对象的“基点”,用鼠标极轴追踪水平方向,如图 6-2 所示,输入“60”,回车;继续输入“120”,回车;输入“180”,回车,复制出最上一排四个圆。

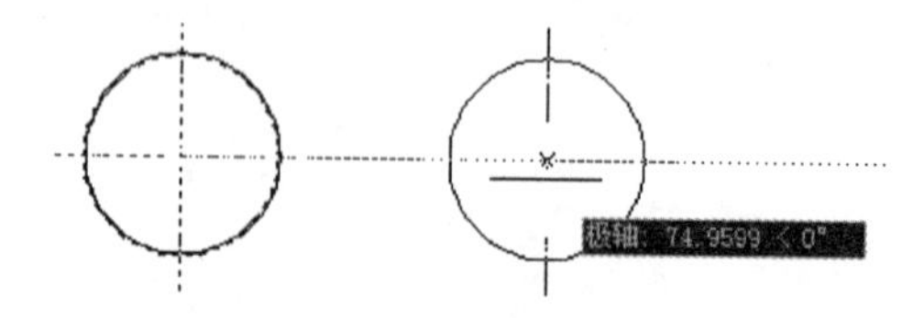

图 6-2 极轴追踪水平方向

(3) 接着用鼠标从上一排圆的圆心方向竖直向下极轴追踪,如图 6-3 所示,输入“50”,回车，这样的方法可复制出所有的圆。

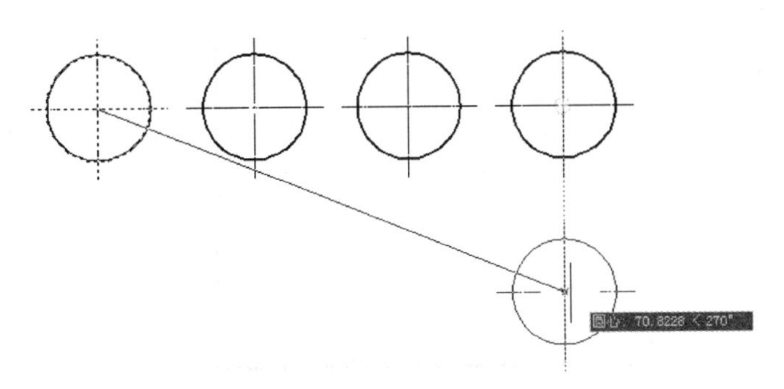

图 6-3　极轴追踪竖直方向

注意：选择复制"基点"后，也可以通过输入坐标值后回车来定位圆心的位置。如本例可输入"@60,0"、"@120,0"等相对坐标确定新圆的位置。

2. "阵列"命令

"阵列"命令（Array）可以矩形或环形（圆形）排列同时复制多个对象。对于矩形阵列，可以控制行和列的数目以及它们之间的距离。对于环形阵列，可以控制对象的数目并决定是否旋转对象。对于创建多个固定间距的对象，应用"阵列"命令比应用"复制"命令绘图速度快。

【例 6-2】 用"阵列"命令绘出图 6-4 所示平面图形。

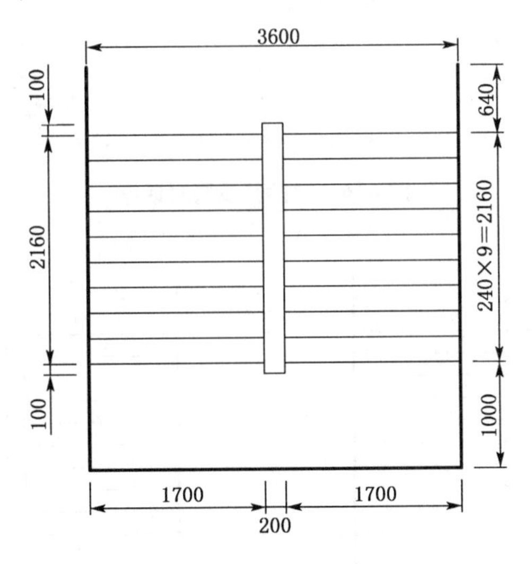

图 6-4　"阵列"应用图例

操作步骤：

(1) 先画出平面图的外框线和一条台阶线，如图 6-5 所示。

(2) 启用"阵列"命令，弹出"阵列"对话框，在该对话框中单击"选择对象"按钮，这时"阵列"对话框临时关闭，选择已绘制的台阶线为要阵列的对象，选中后按回车键或空格键，"阵列"对话框自动弹出，再从中设置阵列 10 行 2 列，行偏移 240，列偏移－1900（向 X 的反方向偏

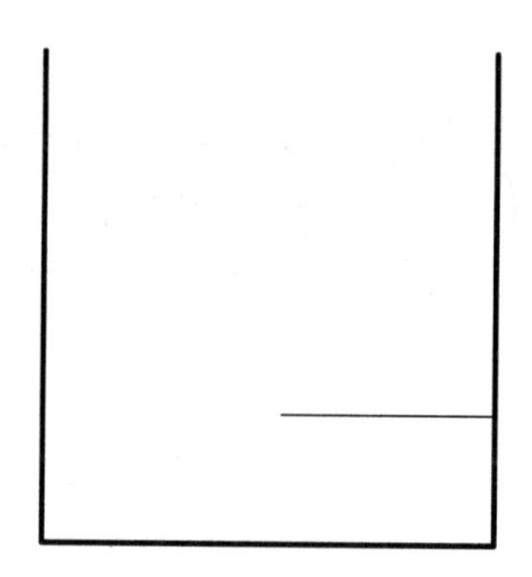

图 6-5　画外框线和一条台阶线

移)，如图 6-6 所示，单击“确定”按钮，则阵列完成，如图 6-7 所示。

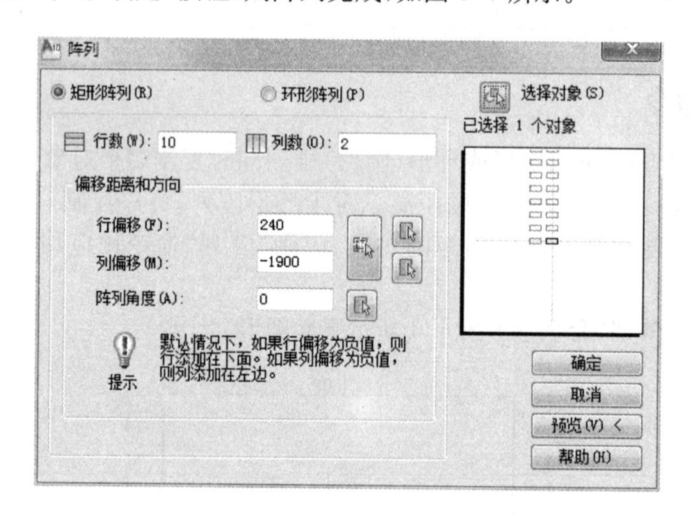

图 6-6　“阵列”设置对话框

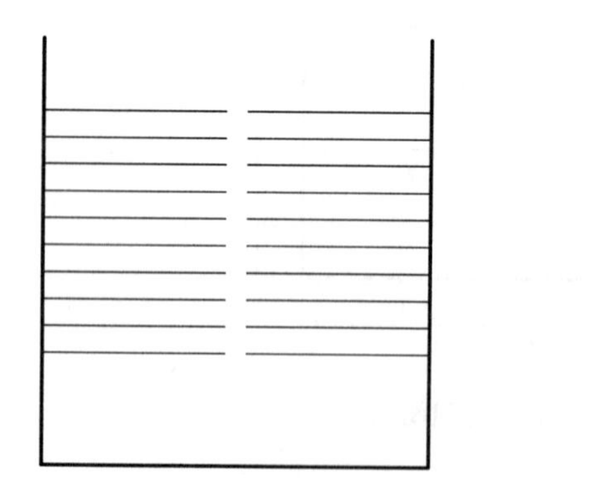

图 6-7　阵列图形

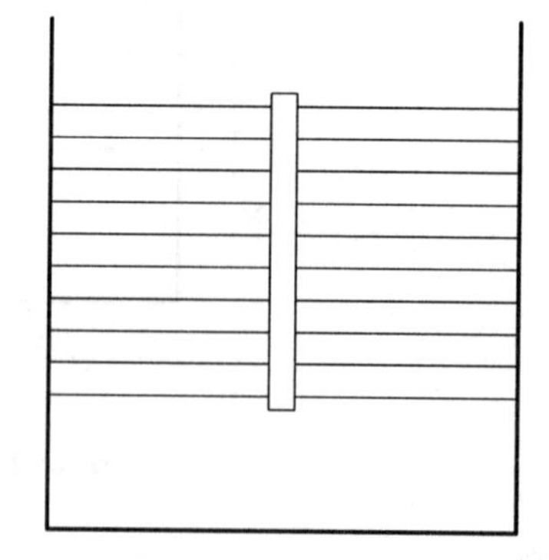

图 6-8　画扶手栏杆

(3) 直接画出楼梯中间的扶手栏杆，如图 6-8 所示。

【例 6-3】　利用“环形阵列”功能，按尺寸作出图 6-9 所示的图形。

(1) 绘出 ϕ160 的圆及十字中心线，再绘出上部 ϕ10 的小圆及竖直中心线，如图 6-10 所示。

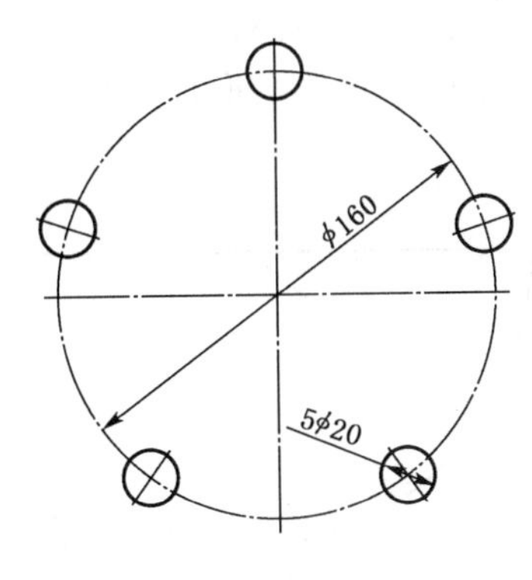

图 6-9　阵列图例

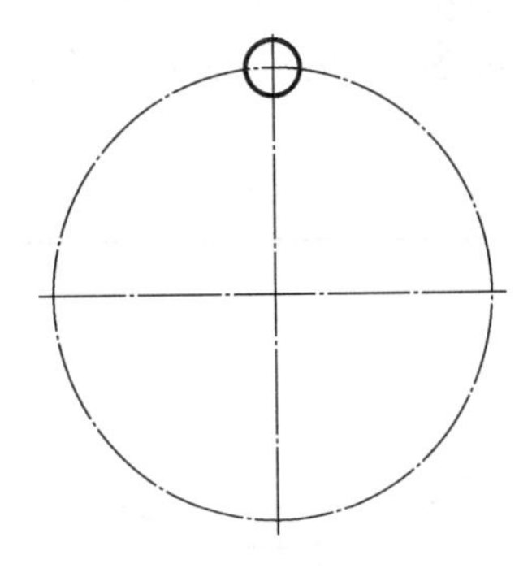

图 6-10　绘制部分图形

(2) 启用“阵列”命令，单击“中心点”输入框右边的按钮，鼠标拾取 φ160 的圆心为阵列中心点，再单击“选择对象”按钮，鼠标拾取选择小圆和小圆的中心线为阵列对象，设置阵列对象的“项目总数”为 5，如图 6-11 所示。然后，单击“确定”，图形被绘出。

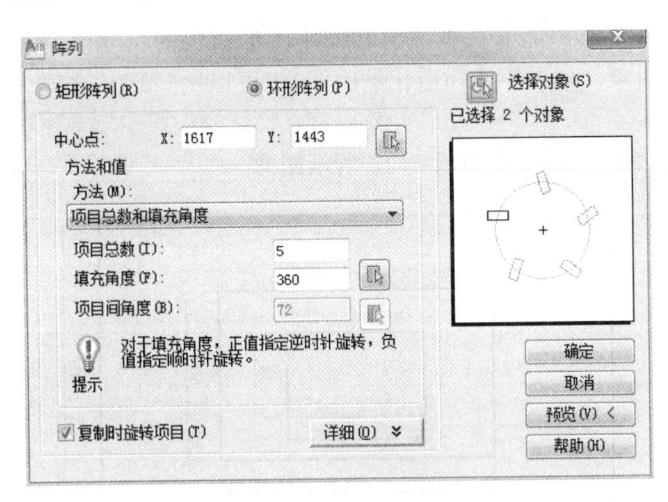

图 6-11　“阵列”对话框设置

3. “旋转”命令

“旋转”命令(Rotate)的功能是绕指定点旋转对象。通常是选择基点和输入相对或绝对的旋转角来旋转对象。也可以旋转并复制选项定的对象。

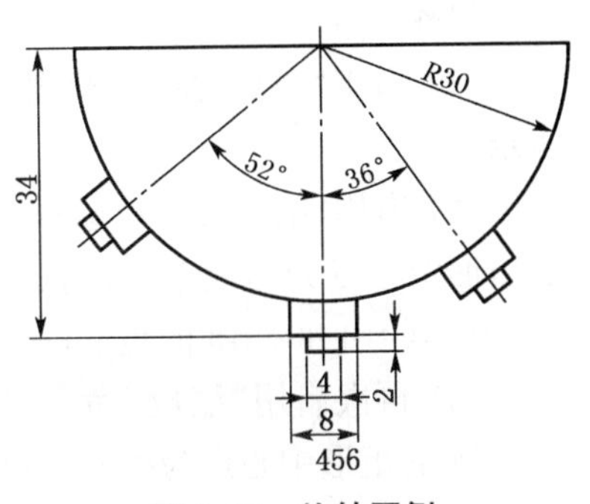

图 6-12　旋转图例

【例 6-4】　用“旋转”等命令，绘制图 6-12 所示图形。

(1) 绘制 $R30$ 的半圆弧和最下部的矩形部分，如图 6-13 所示。

(2) 启用“旋转”命令，选择下部矩形图形和中心线为旋转对象，选择半圆的圆心为旋转基点，再选取“复制”选项，输入旋转角度“36”，回车后则选择的对象被复制旋转。

(3) 再次启用“旋转”命令，选择下部矩形图形和中心线为旋转对象，选择半圆的圆心为旋转基点，再选取“复制”选项，输入旋转角度“-52”，回车后选择的图形被旋转复制，如图 6-14 所示。

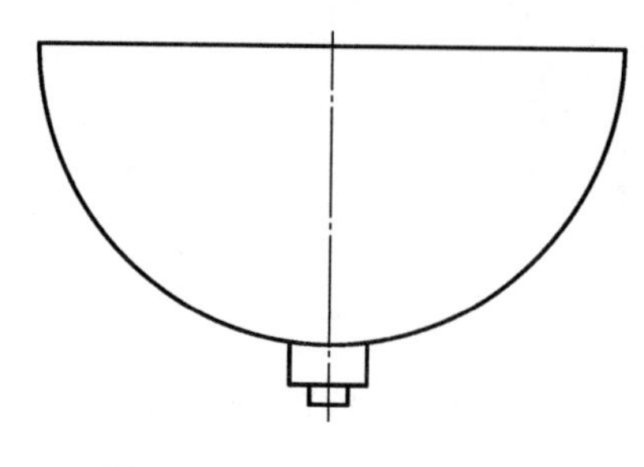

图 6-13　绘半圆和下部矩形

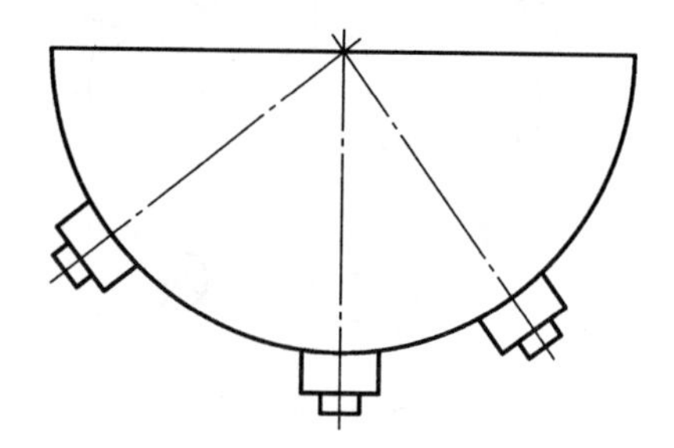

图 6-14　旋转并复制图形

4. “缩放”命令

使用“缩放”命令(Scale)能够精确放大和缩小图形对象的尺寸值。通常是指定基点并输入比例因子来缩放对象。如果不能知道比例因子，也可以用“参照”选项为对象指定新长度来缩放对象。

【例 6-5】 用“缩放”命令，绘制图 6-15 所示图形。

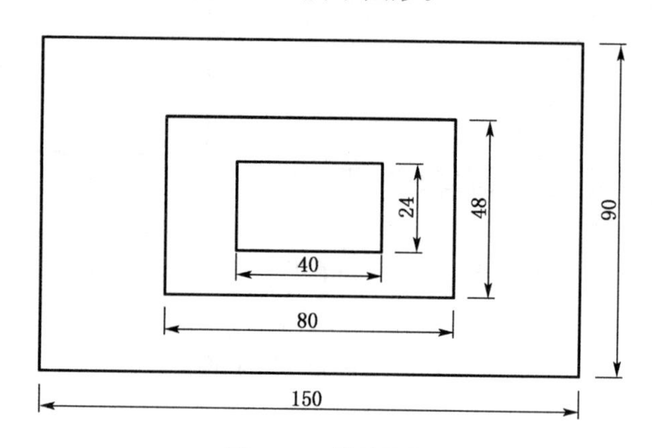

图 6-15　缩放图例

操作步骤：

(1) 启用“矩形”命令，绘出 40×24 的矩形并标注尺寸，如图 6-16 所示。

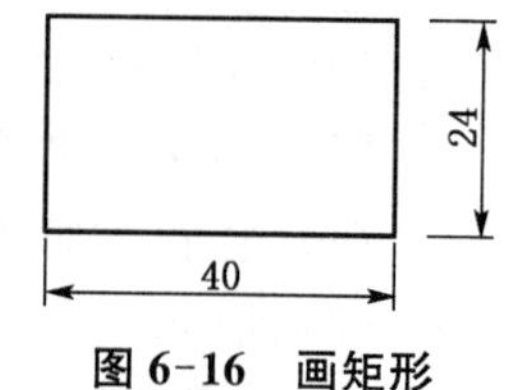

图 6-16　画矩形

(2) 启用“缩放”命令，选取 40×24 的矩形为缩放对象，选中 40×24 的矩形中心点为缩放基点，再选用“复制”功能，最后输入“缩放比例因子”为 2，绘出 80×48 的矩形，给矩形标注尺寸，如图 6-17 所示。

(3) 再次启用“缩放”命令，选取 40×24 的矩形为缩放对象，选中 40×24 的矩形中心点为缩放基点，选用“复制”功能，再选用“参照”功能，输入“指定参照长度”为 40，输入“指定新的长度”为 150，绘出 150×90 的矩形，给矩形标注尺寸，如图 6-15 所示。

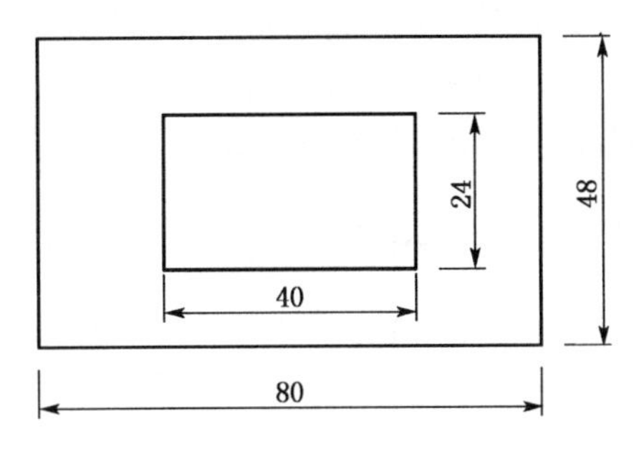

图 6-17　比例缩放图形

5. “拉伸”命令

“拉伸”命令(Stretch)的功能是将选中的图框、线段、尺寸标注等对象拉长或压缩一定的长度,它是一个图形修改命令,执行“拉伸”命令,必须用“交叉窗口方式”选择实体。

【例 6-6】 用“拉伸”命令,将图 6-18(a)所示已绘制的草图修改为图 6-18(b)所示要求的图形。

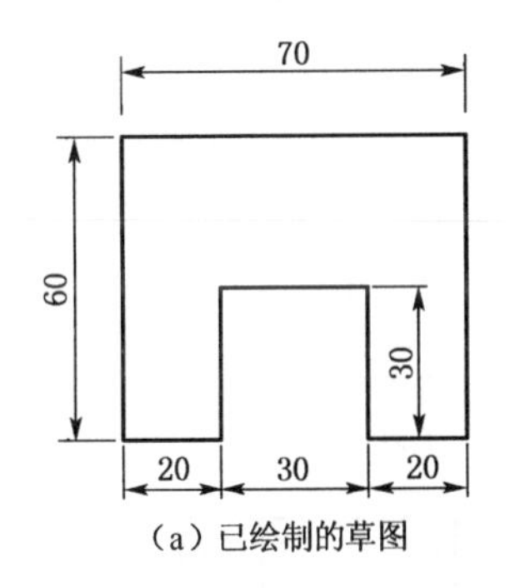

(a) 已绘制的草图

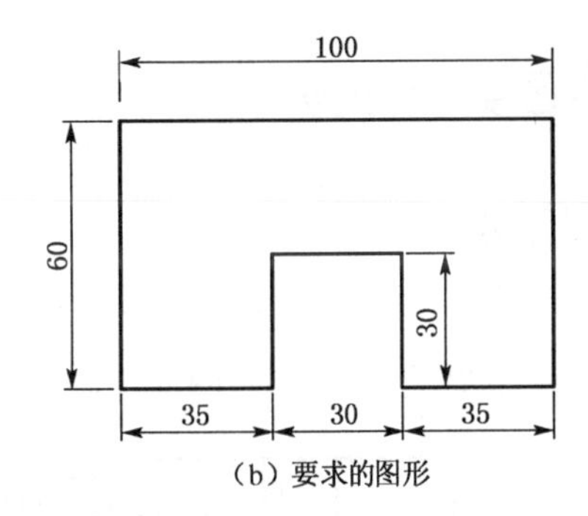

(b) 要求的图形

图 6-18　“拉伸”命令应用图例

(1) 启用“拉伸”命令,用交叉窗口方式选取左边 A、B 两角点为拉伸对象,如图 6-19 所示;然后鼠标单击选中 B 点为基点,鼠标极轴追踪水平向右方向,输入 30 后回车,则 70 长拉伸增长到 100 长度,如图 6-20 所示。

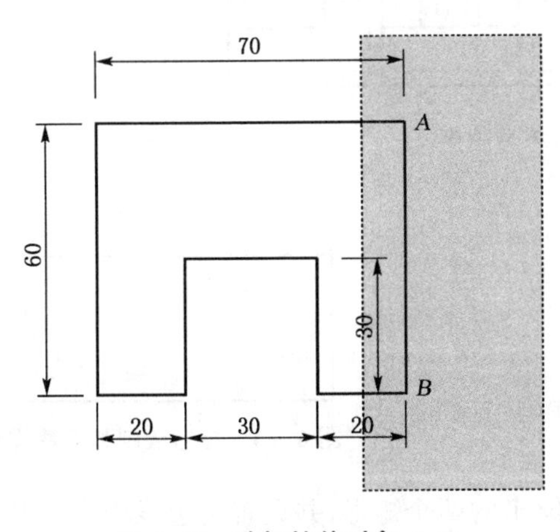

图 6-19　选择拉伸对象 A、B

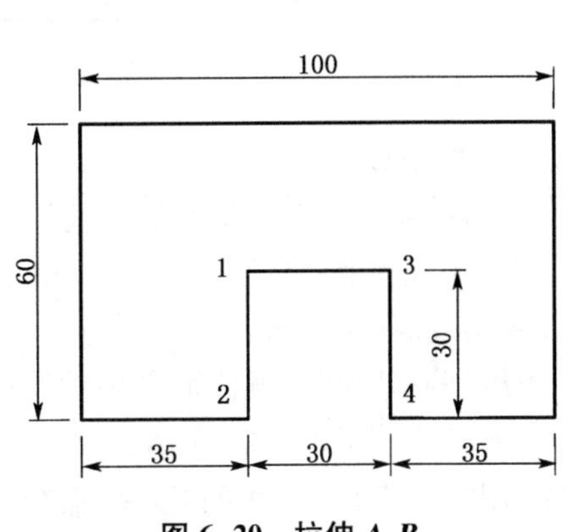

图 6-20　拉伸 A、B

（2）再启用“拉伸”命令，用交叉窗口方式（鼠标从右向左拉窗口）选取中下部1、2、3、4四个角点为拉伸对象，如图6-21所示，然后鼠标单击任意点为基点，鼠标极轴追踪向右水平方向，输入15后回车，则中间部分向右移动15，位于图形的正中间，如图6-21所示。

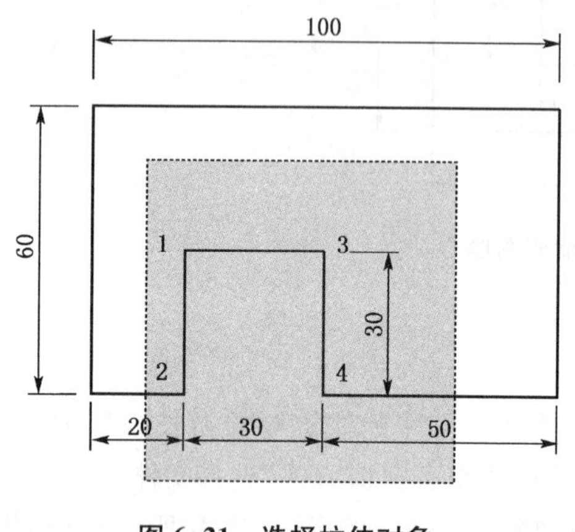

图6-21 选择拉伸对象

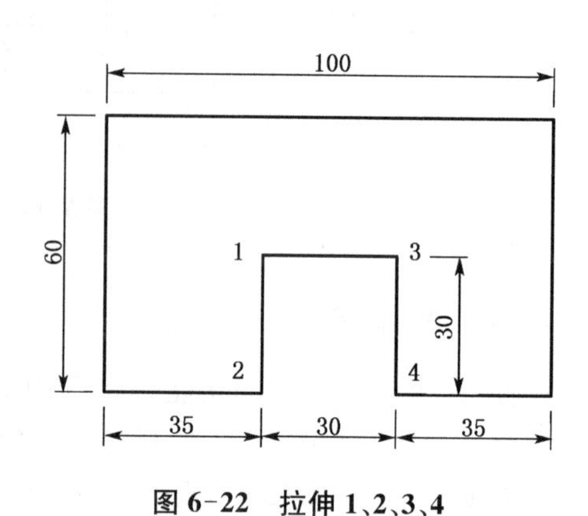

图6-22 拉伸1、2、3、4

二、绘图实训任务

1. 实训任务一

绘制图6-23所示平面几何图形（图中粗实线矩形的原始尺寸长和宽为60×25，细实线矩形的原始尺寸长和宽为48×13），图形绘制参考时间6～13分钟。

图6-23 图形编辑练习图例一

绘图实训指导：

（1）设置“粗实线”和“细实线”图层。

（2）将粗实线图层设为当前层，用绘制“矩形”命令绘出60×25粗实线矩形线框。

（3）用“偏移”命令，偏移距离6，绘出内矩形线框，并将其修改成细实线线框，如图6-24所示。

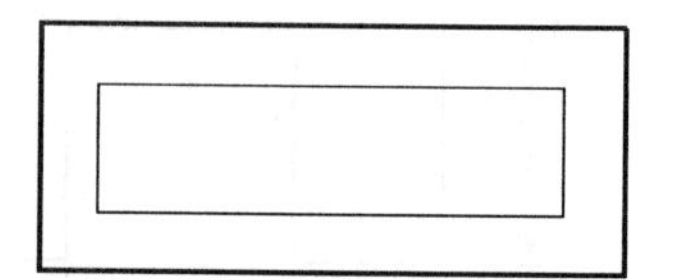
图6-24 矩形绘制和偏移操作

（4）用“修改”工具栏中的“复制”命令，复制已绘出的两个矩形，并设置短边线中点为基点，捕捉原图形的长边线“中点”将复制的图形放置到图6-25所示位置。

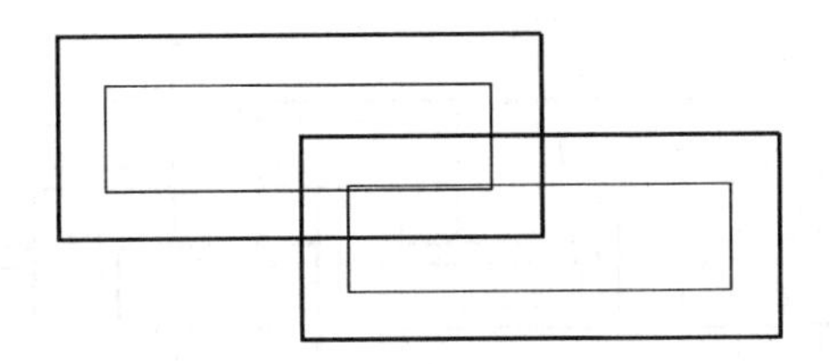

图 6-25　复制操作

(5) 用“修改”工具栏中的“旋转”命令，选择刚复制出的图形，旋转到图 6-26 所示的位置。

(6) 选取已绘出的图形，用“复制”命令将其复制到如图 6-27 所示的位置。

(7) 用“修改”工具栏中的“旋转”命令，将刚复制出的图形旋转到图 6-28 所示位置。

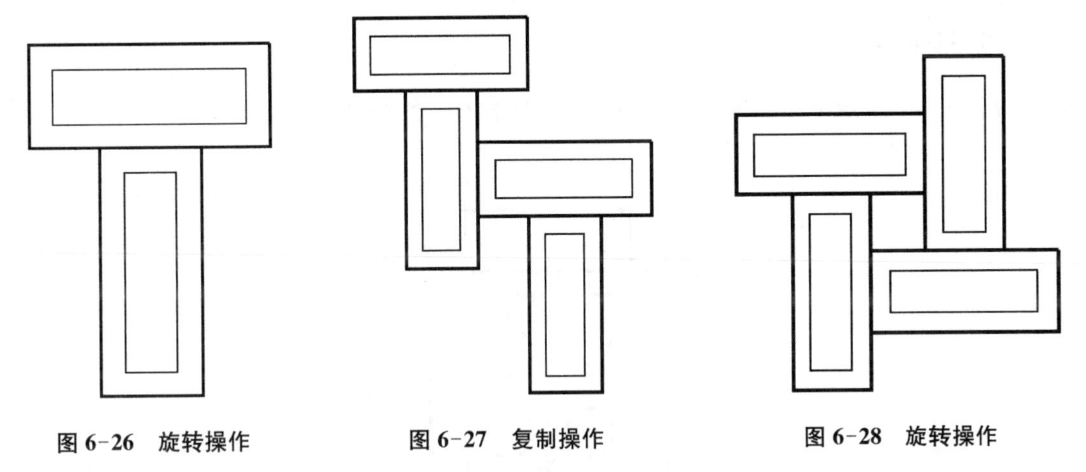

图 6-26　旋转操作　　图 6-27　复制操作　　图 6-28　旋转操作

(8) 用“修改”工具栏中的“阵列”命令，按 2 行 4 列，用鼠标拾取行间距和列间距，得到如图 6-29 所示图形。

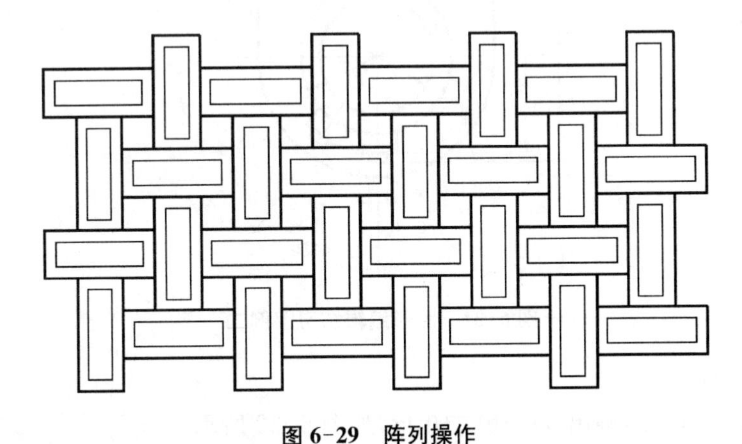

图 6-29　阵列操作

(9) 用“修改”工具栏中的“拉伸”命令，选取上部突出的部分，用鼠标拖动收缩，捕捉到端点点击确认。如图 6-30 所示。

(10) 对四周突出的全部采用同样的“拉伸”命令操作，得到结果如图 6-23。

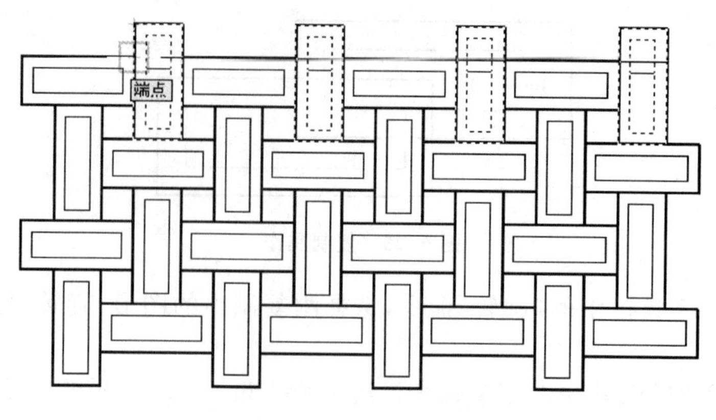

图 6-30　拉伸操作

2. 实训任务二

绘制图 6-31 所示平面图形，图形绘制参考时间 10～22 分钟。

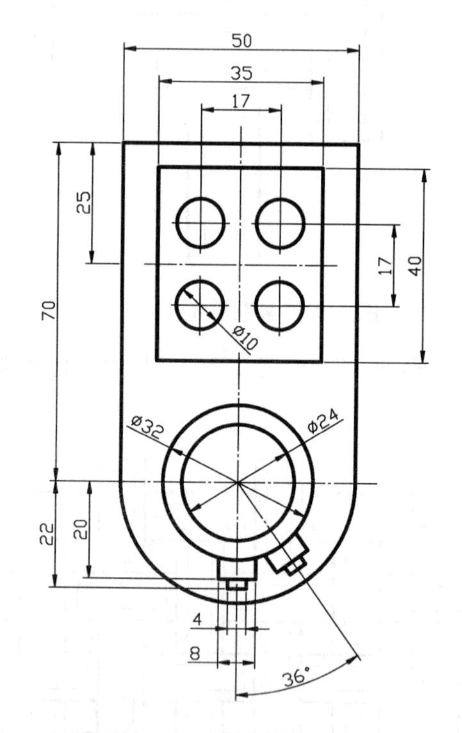

图 6-31　图形编辑练习图例二

绘图实训指导：

(1) 启用“矩形”命令，画出 35×40 的矩形，如图 6-32 所示。

(2) 启用“圆”命令，画出 10 的圆，并绘制圆中心线。然后启用“复制”命令，复制四个圆，如图 6-33 所示。

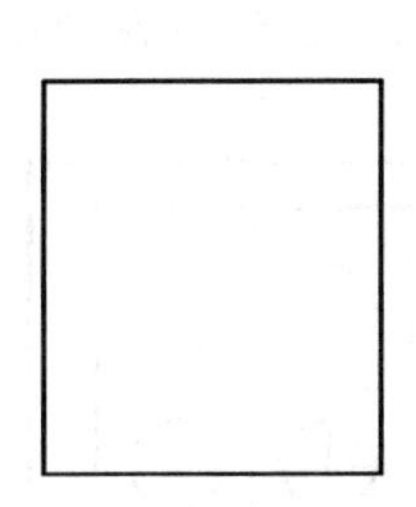
图 6-32　绘制矩形框

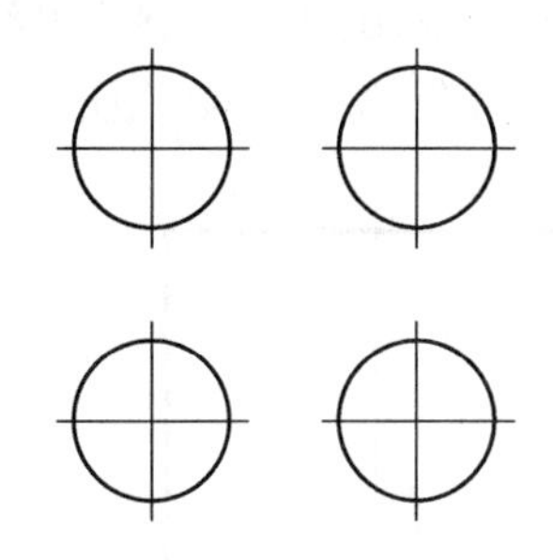
图 6-33　绘制小圆及中心线

(3) 启用“直线”命令，按“Shift”键和鼠标右键，弹出右键快捷菜单，从中单击“两点之间的中点”选项，然后分别点击上、下圆中心线相对应的端点，画出水平对称线。用同样的方法画出竖直对称线，如图 6-34 所示。

(4) 启用“平移”命令，将矩形中点平移到与四个圆的中间点对齐，如图 6-35 所示。

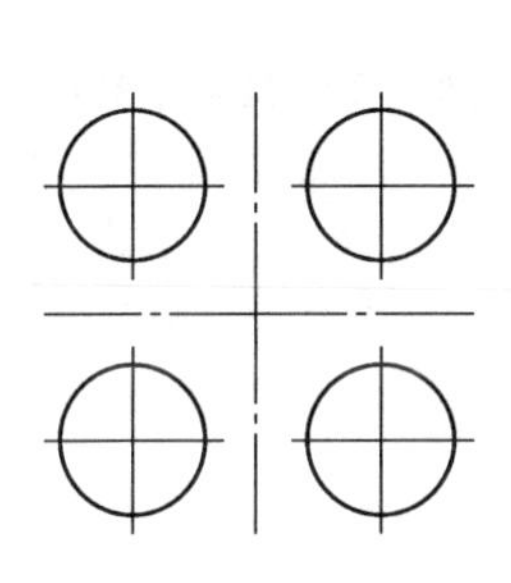
图 6-34　绘制对称线

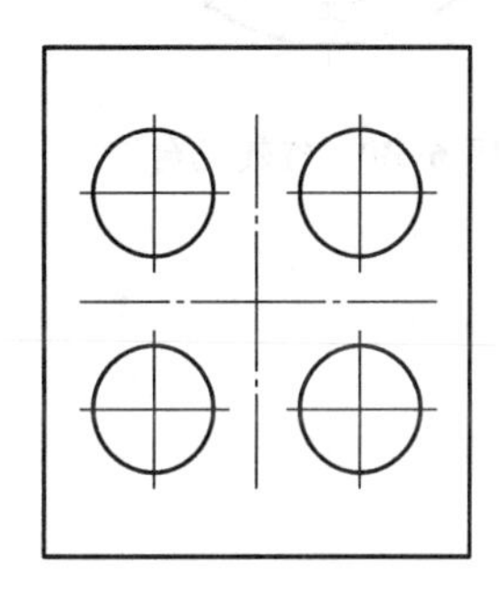
图 6-35　移动对中图形

(5) 启用“多段线”命令，绘制多段线图形，并画出多段线的中心线，如图 6-36 所示。

(6) 启用“圆”命令，以多段线半圆弧的圆心为圆心，绘制 32 和 24 的圆，然后绘制圆下方尺寸为 4 和 8 的凸台，如图 6-37 所示。

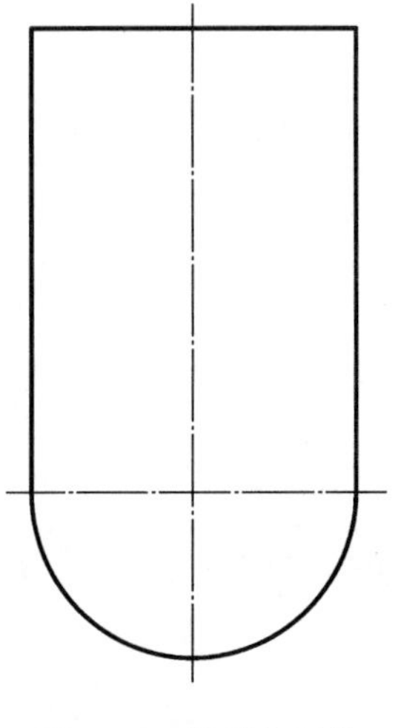
图 6-36　绘制多段线

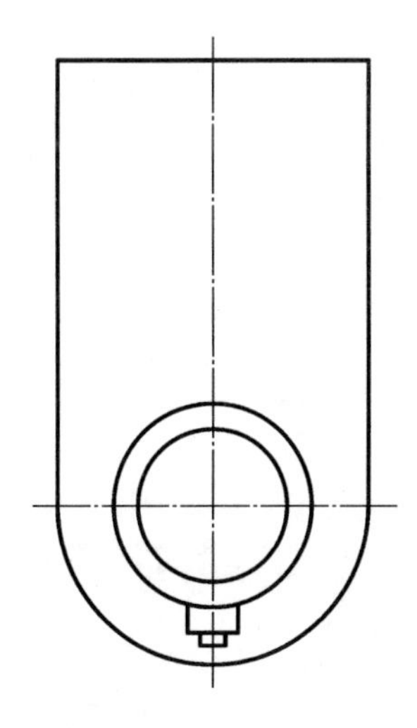
图 6-37　绘制圆及凸台

(7) 启用“旋转”命令，旋转并复制凸出部分，如图 6-38 所示。

(8) 启用“移动”命令，将 35×40 矩形按尺寸移动到多段线定位对齐，如图 6-39 所示。

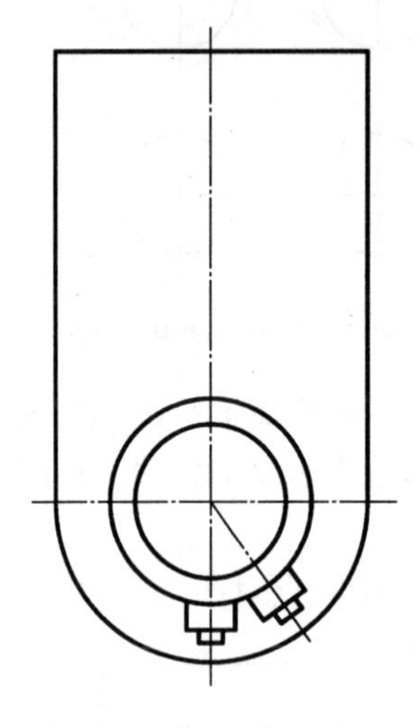

图 6-38　旋转凸台

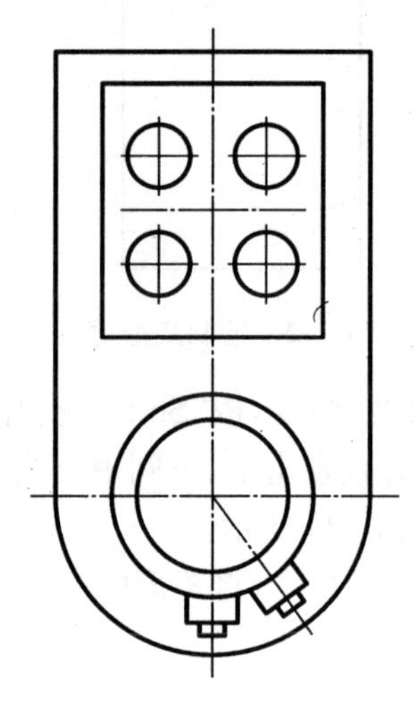

图 6-39　矩形框对正

任务七

建筑平面图绘制

一、基础知识

1. “多线”命令

“多线”命令(Mline)可以一次画多条互相平行的直线。常用来绘制建筑工程图中的墙线。

(1) 新建和修改“多线”样式对话框

多线的每条平行线到基准零线的距离称偏移量。通过创建或修改多线样式,可以设置每个元素的偏移量、颜色、线型,以及多线的封口类型。但多线的线宽只能是相同的。

从“格式”菜单中选择“多线样式”,则弹出“多线样式”设置对话框,如图 7-1(a)所示。从中单击“修改”按钮,弹出“修改多线样式”对话框,如图 7-1(b)所示。

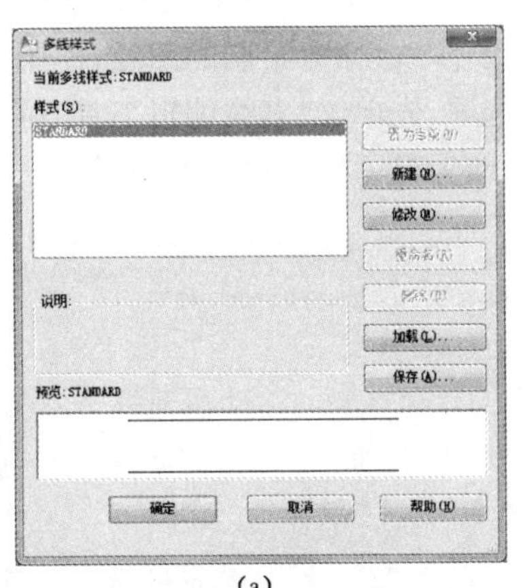

(a)

(b)

图 7-1 “多线样式”设置对话框

在绘制建筑工程图中的墙线时，一般将多线设置为“起点”“端点”直线封口，其余不用修改。

(2) 绘制墙线时的设置方法

① 启用“多线”命令，这时命令区提示：

当前设置：对正＝上，比例＝20.00，样式＝STANDARD

指定起点或[对正(J)/比例(S)/样式(ST)]：

② 输入字符“J”，设置“对正”选项，命令区提示：

输入对正类型[上(T)/无(Z)/下(B)]〈上〉：

对正类型根据尺寸标注基准选择，用多线画墙线时，尺寸以墙轴线为基准，如果墙轴线为墙的正中间，多线对正类型应选“无”，表示多线的基准点和光标中心对齐。

③ 输入字符“S”，设置“比例”选项，命令区提示：

输入多线比例〈20.00〉：

“比例”用来控制多线的全局宽度，多线的宽度等于多线的偏移量乘上该设置比例。在用多线画墙线时，默认情况下输入墙的厚度数值为多线比例，如240或380。

④ 输入“ST”，输入新建的样式名，如果是默认样式，则不需要此项设置。

2. 多线编辑工具

从“修改”菜单中的“对象”次级菜单中，选择“多线”，则打开“多线编辑工具”对话框，如图7-2所示。

“多线编辑工具”只针对于用“多线”命令绘制的图线，使用方法是根据多线图线的形状，对照“多线编辑工具”对话框中的选项，先单击“多线编辑工具”对话框中的选项，再点击多线线段相应的部分，多线线段马上被修改为对话框中对应的图形。

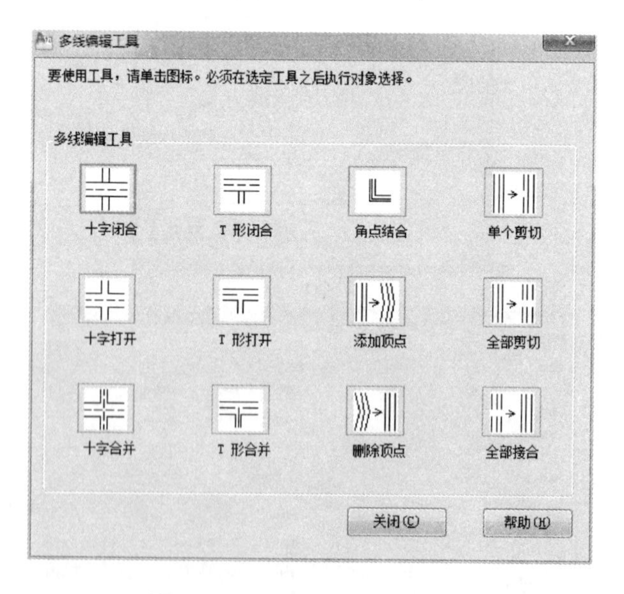

图7-2 “多线编辑工具”对话框

如图7-3(a)为多线绘制的墙线图形，要将图7-3(a)修改为图7-3(b)，则使用“多线编辑工具”中的“十字合并”和“T 形合并”。

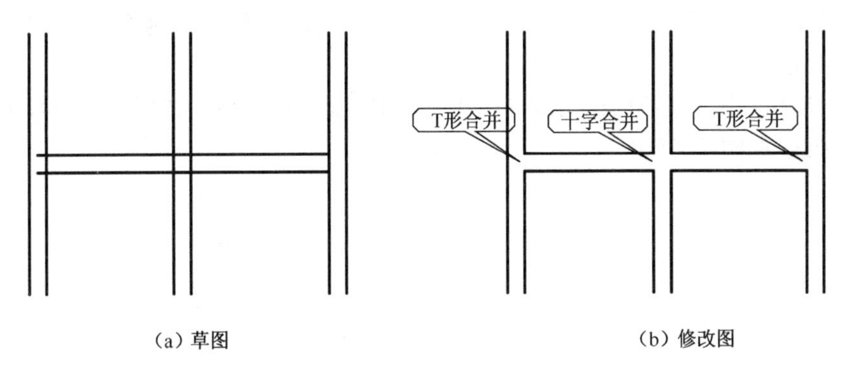

（a）草图　　　　（b）修改图

图 7-3　多线编辑示例

二、绘图实训任务

1. 实训任务一

绘制如图 7-4 所示住宅楼建筑平面图，图形绘制参考时间 60～100 分钟。

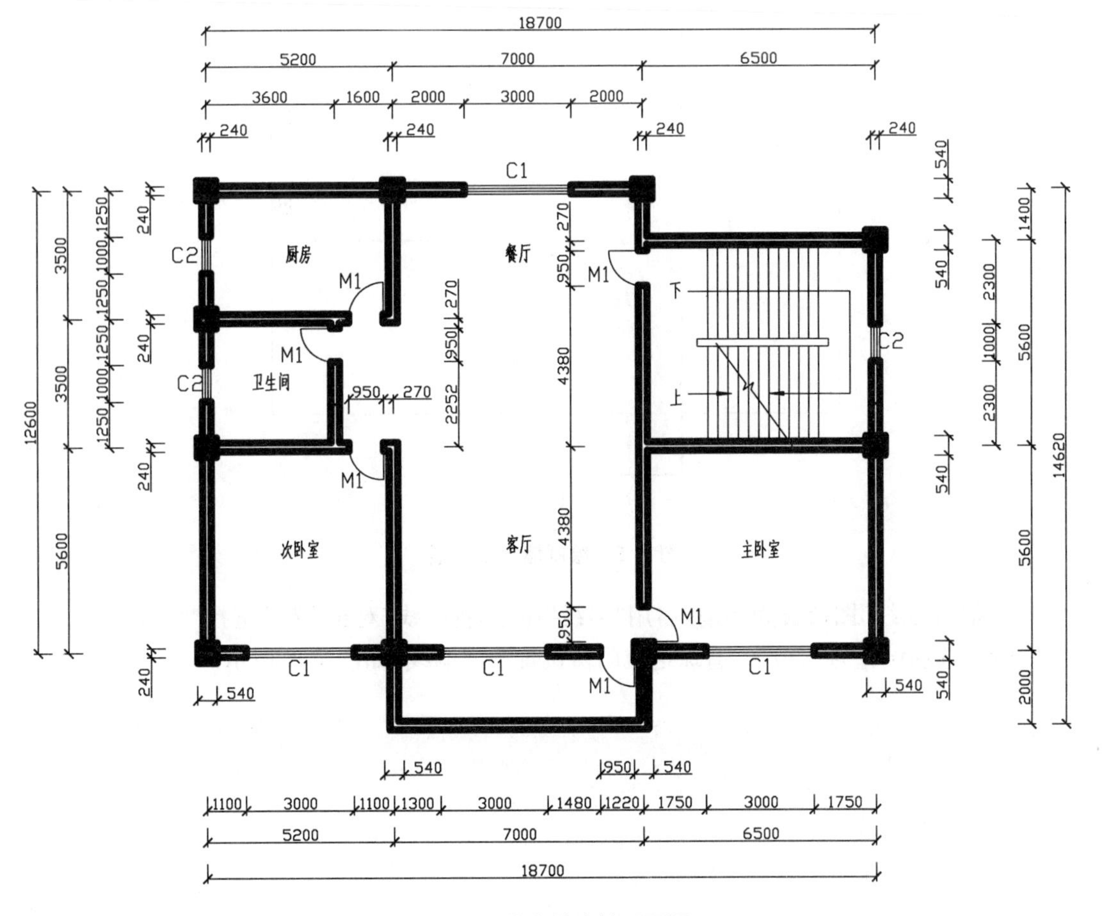

图 7-4　住宅楼建筑平面图

绘图实训指导：

（1）设置“图形界限”为20000、15000。设置“线型全局比例因子”为50，设置“粗实线”“点画线”和“细实线”图层。

（2）将“点画线”图层置为当前层，按尺寸完成定位轴网的绘制，如图7-5(a)，再修剪掉不需要的定位轴线，如图7-5(b)。

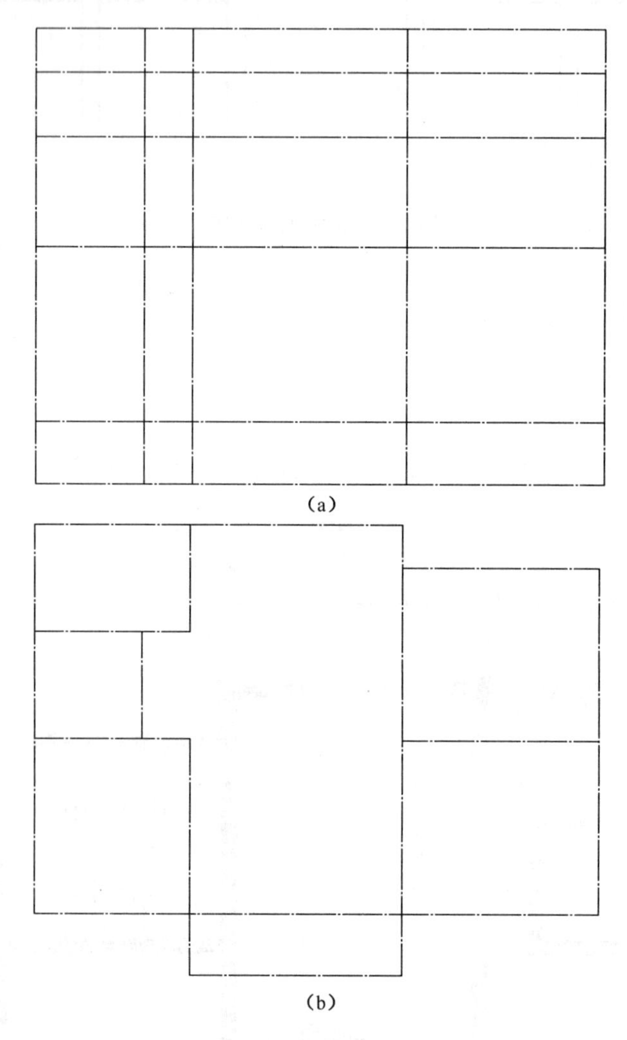

(a)

(b)

图7-5　绘制墙定位轴线

（3）将“粗实线”图层置为当前，启用“多线”命令，将多线“对正”选项选择“无”，“比例”选项设置为“240”。追踪定位门窗位置绘出墙线，如图7-6所示。

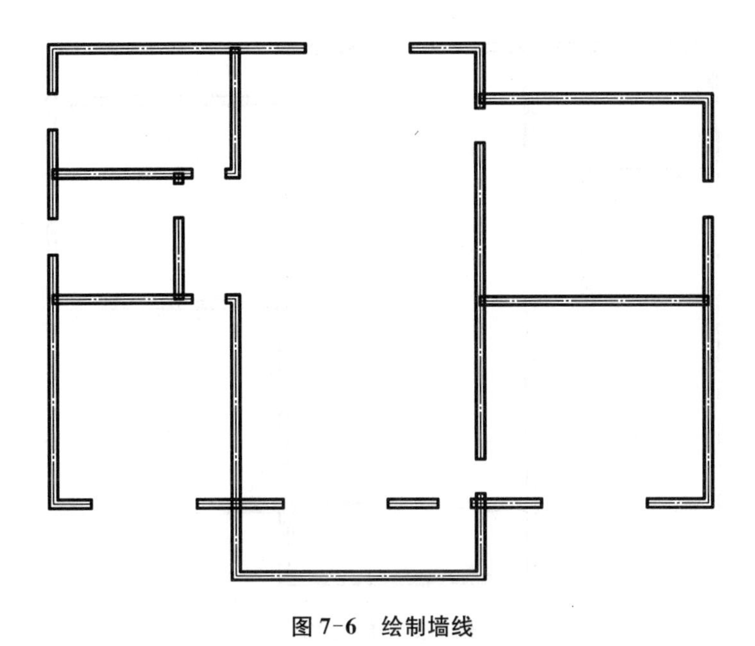

图 7-6　绘制墙线

(4) 用“多线编辑工具”编辑墙线，如图 7-7 所示。

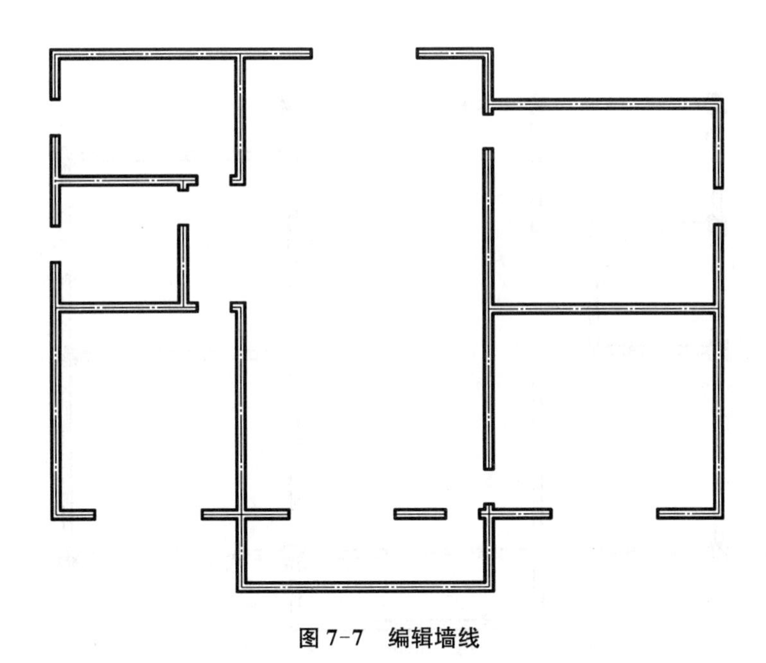

图 7-7　编辑墙线

(5) 将“细实线”图层置为当前层，绘制门和窗的图例，如图 7-8 所示。

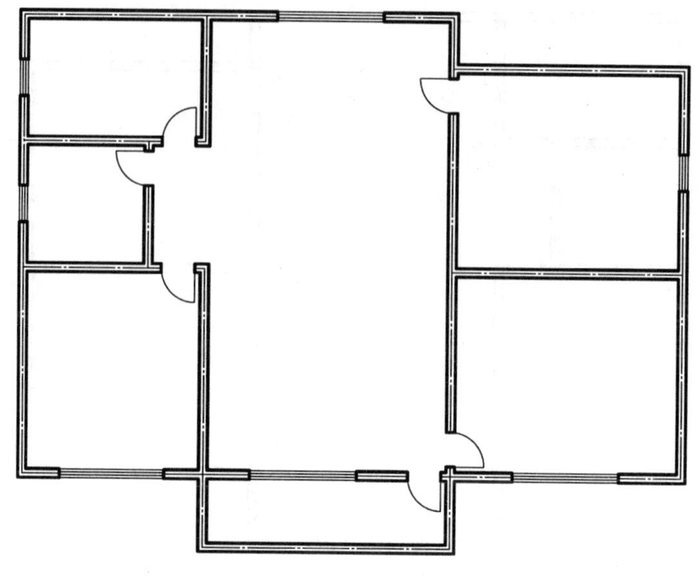

图 7-8　绘制门窗

(6) 绘制矩形墙柱的单个图形并填充，然后复制墙柱插入到墙轴线的交叉点，如图 7-9 所示。

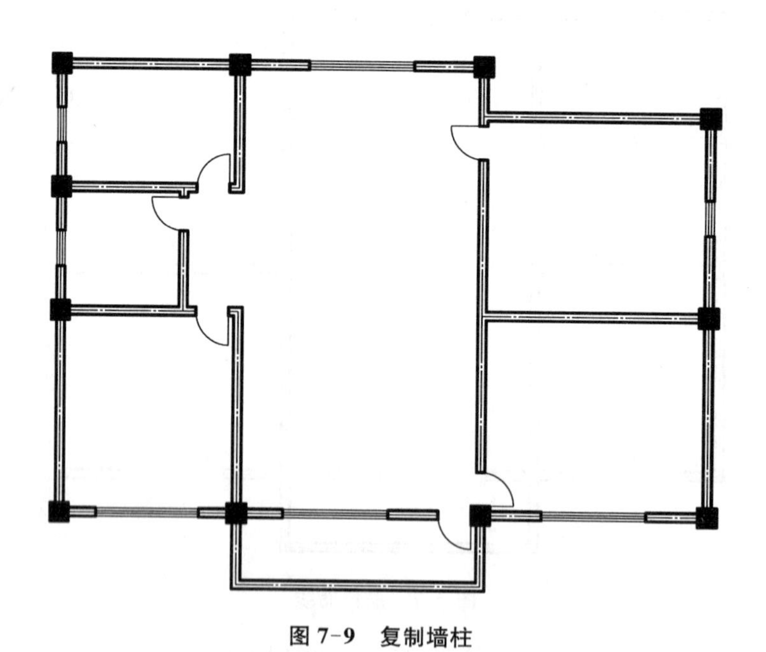

图 7-9　复制墙柱

(7) 绘出楼梯平面图，如图 7-10 所示。

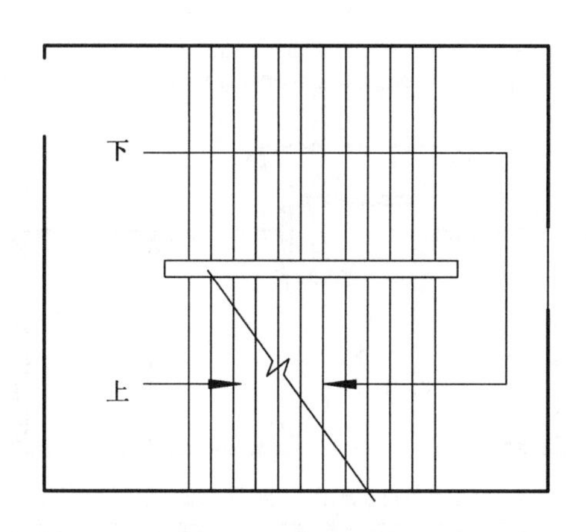

图 7-10　绘制楼梯

(8) 注写文字,如图 7-11 所示。

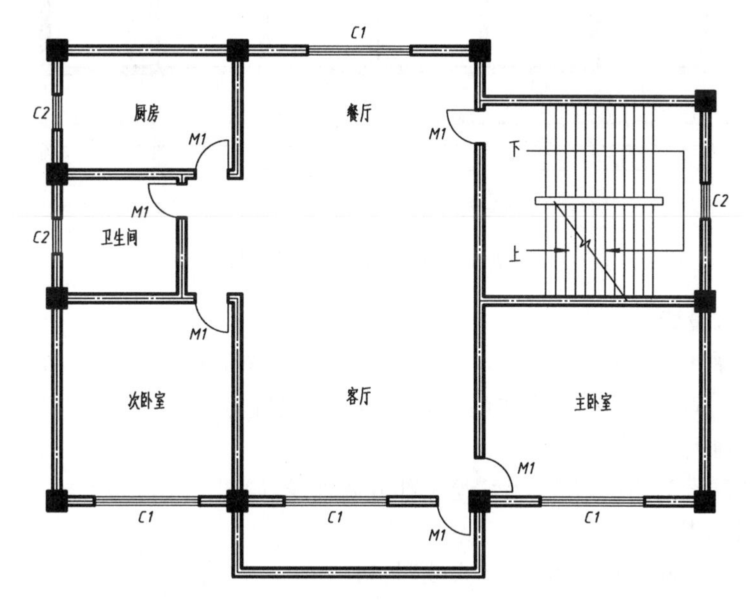

图 7-11　注写文字

(9) 修改尺寸标注样式:勾选“固定长度的尺寸界线”,“长度”设为 5;将箭头修改为建筑标记;使用全局比例设置为 100。依次对全图标注尺寸,如图 7-4 所示。

2. 实训任务二

绘制图 7-12 所示的学生宿舍二层平面图,绘图参考时间 60～100 分钟。

绘图实训指导:

(1) 图形界限设置

图形总长为 21840,总宽为 15010,故设置图形界限为 22000、16000。

(2) 图层设置

新建三个图层,可命名为墙线层、墙轴线层、尺寸层。其中墙线层线宽设为 0.6;墙轴线层线宽设为 0.15,线型设为 JIS-08-15;尺寸层线宽为 0.2。

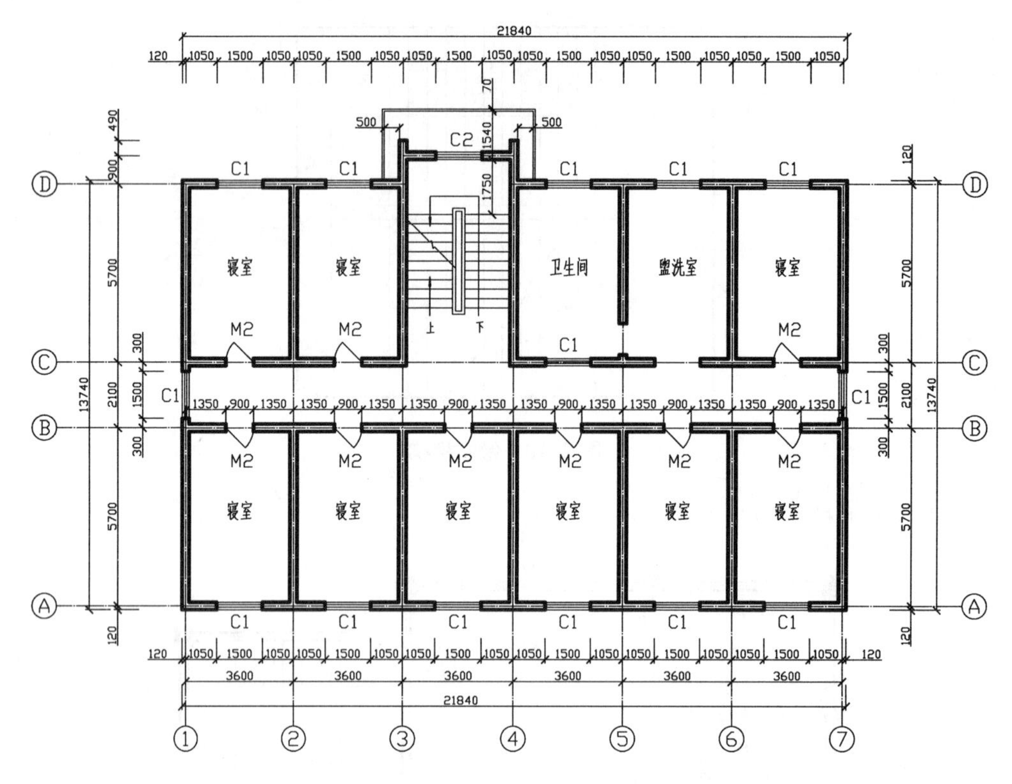

图 7-12 学生宿舍二层平面图

(3) 线型比例设置

由于点画线采用 JIS-08－15，A3 图纸打印，故线型全局比例因子设置为 60。(22000÷420≈60)，如采用 A1 图幅打印，则线型全局比例因子设置为 30(22000÷841≈30)。

(4) 绘制墙轴线

将墙轴线图层设为当前层，按尺寸绘出部分墙轴线，如图 7-13 所示。

(5) 修改“多线样式”

将“封口”选择为起点和端点均为“直线”封口。

(6) 绘制墙线

将墙线设为当前层，用“多线”命令，设置“对正”为“无”，设置“比例”为 240。先绘制部分墙线，如图 7-14 所示。

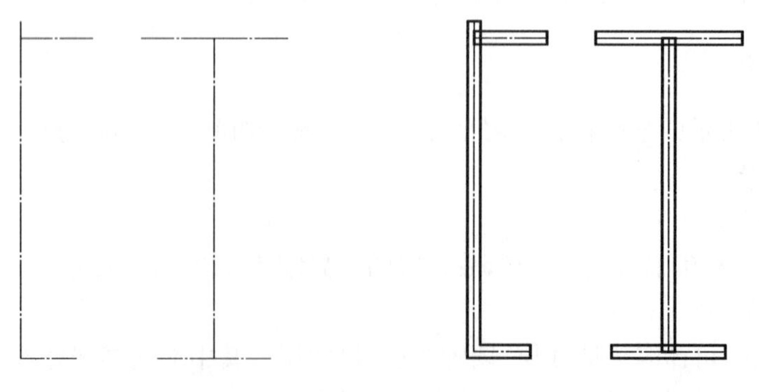

图 7-13 绘制墙轴线　　图 7-14 绘制墙线

(7) 编辑墙线

用“多线编辑工具”修改已绘制的墙线,如图 7-15 所示。

(8) 绘制门、窗线

将“门窗线图层”置为当前图层,绘制出门和窗的示意图,如图 7-16 所示。

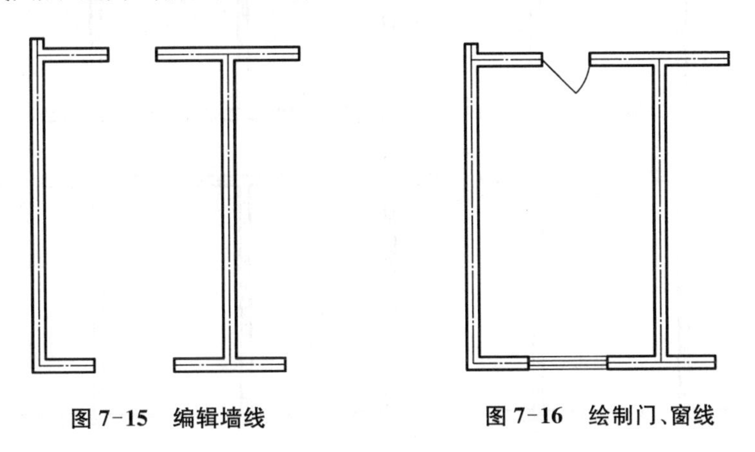

图 7-15　编辑墙线　　　　图 7-16　绘制门、窗线

(9) 阵列图形

用“矩形阵列”命令,阵列已绘出的中间墙线和门、窗线,如图 7-17 所示。

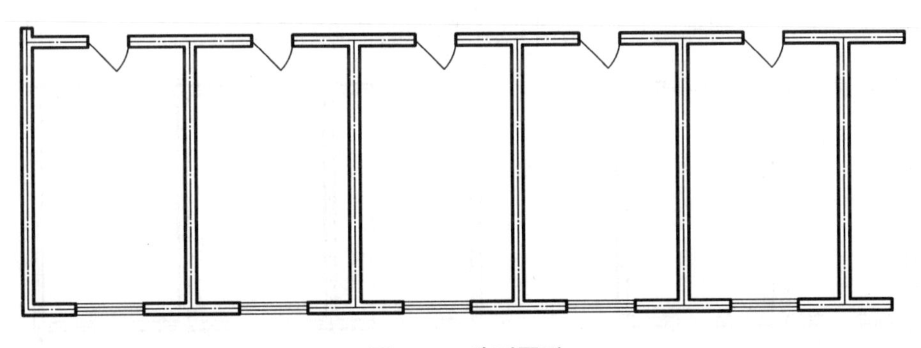

图 7-17　阵列图形

(10) 镜像边墙

用“镜像”命令,镜像边墙线,并复制出最后一个房间的门、窗线,如图 7-18 所示。

图 7-18　镜像边墙

(11) 镜像已绘制图形

用“镜像”命令,镜像已绘制的图形,如图 7-19 所示。

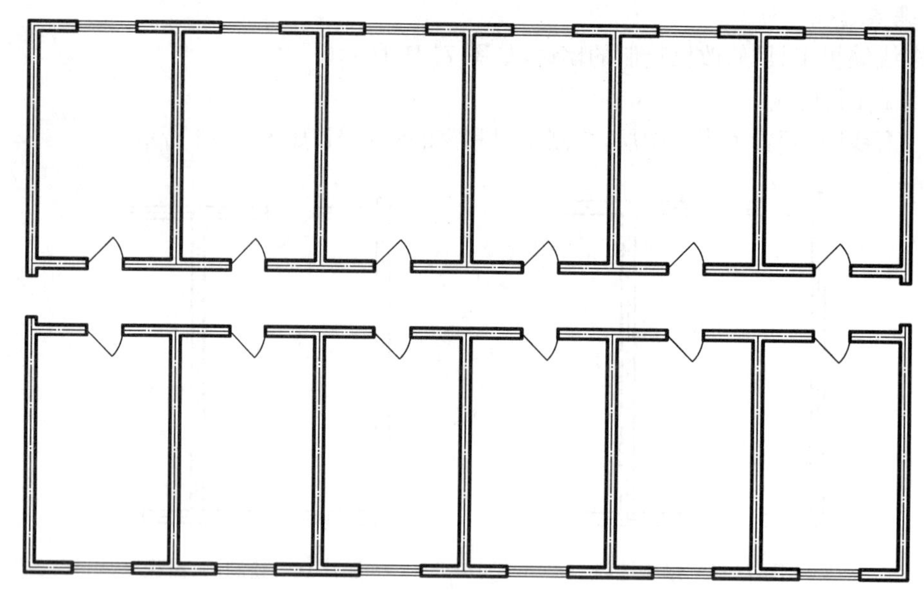

图 7-19　镜像图形

(12) 拉伸修改

用"拉伸"命令,修改楼梯、卫生间等处的多线,如图 7-20 所示。

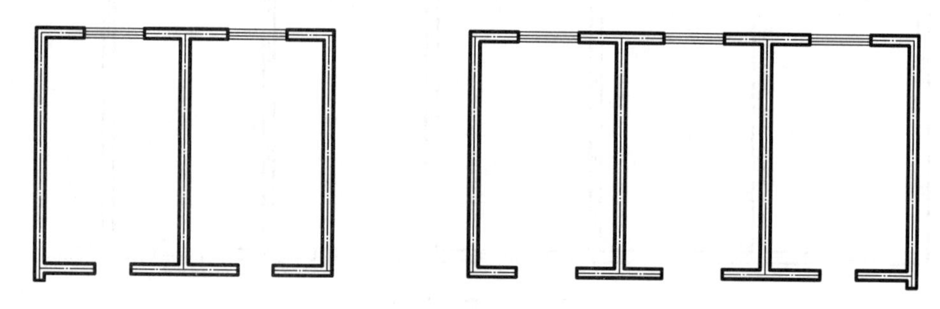

图 7-20　拉伸修改图形

(13) 绘制楼梯间进口

绘制并编辑楼梯间进口处的墙轴线、墙线和窗线,如图 7-21 所示。

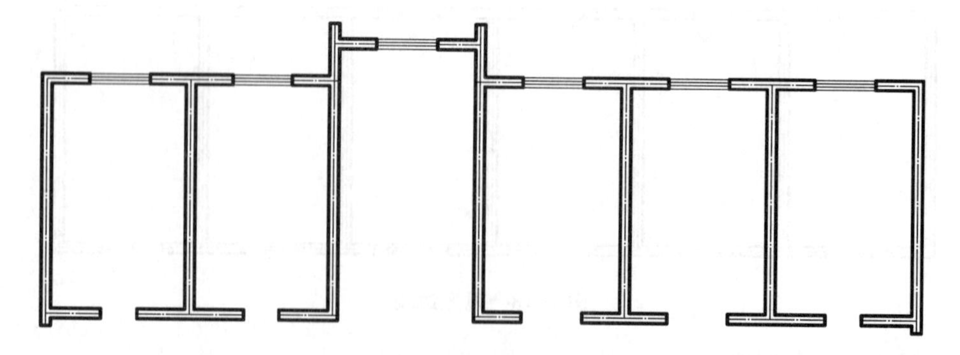

图 7-21　绘制楼梯间进口

(14) 绘制踏步和扶手

将“门窗线图层”置为当前图层，绘制楼梯踏步和扶手等线，如图 7-22 所示。

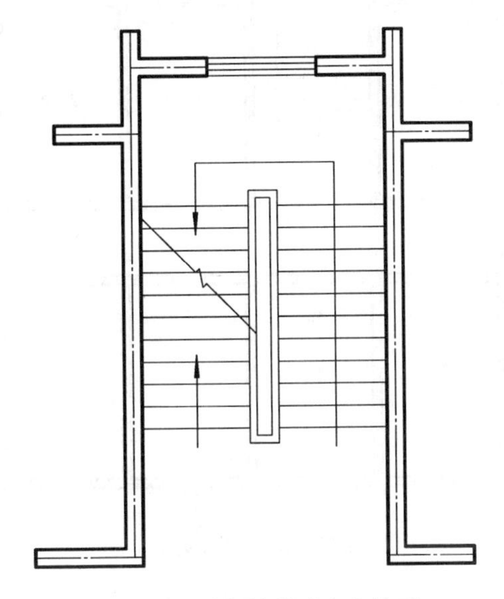

图 7-22　绘制楼梯踏步和扶手

(15) 整理图形

绘制窗线和雨篷线，绘制卫生间的内门，复制房间门，合并墙轴线，如图 7-23 所示。

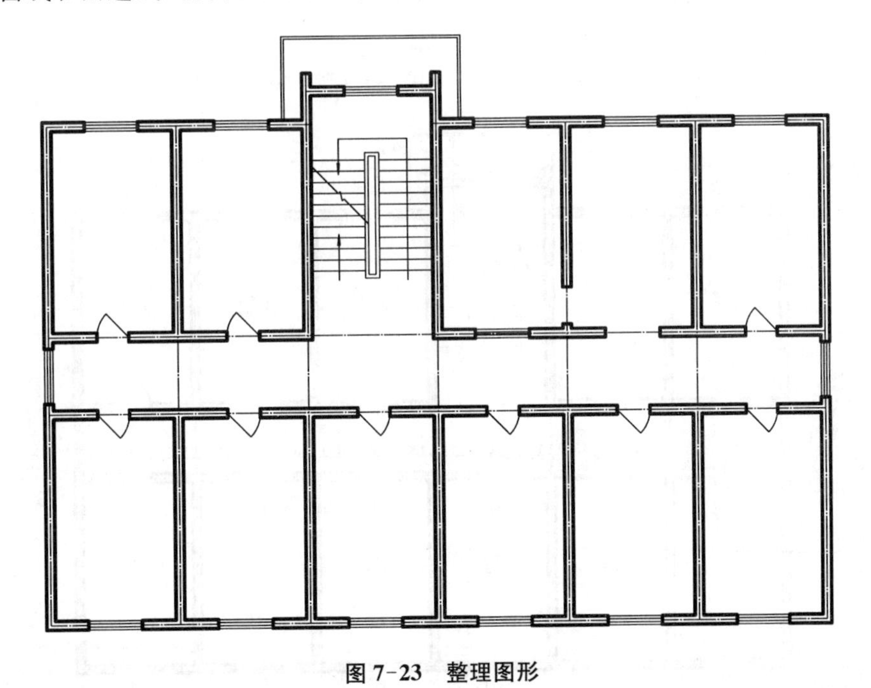

图 7-23　整理图形

(16) 注写文字

注写文字和门窗代号(文字高度设为 600，字母高度设为 400)，如图 7-24 所示。

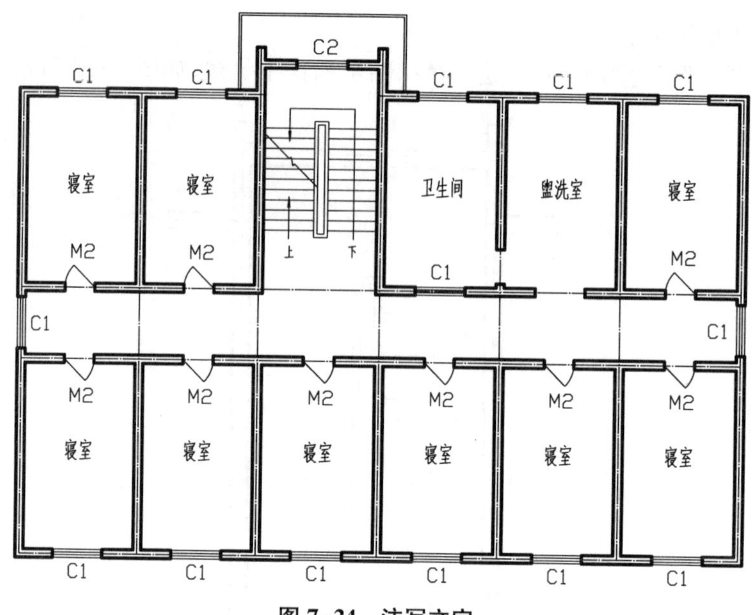

图 7-24　注写文字

(17) 标注尺寸

调出“标注”工具栏,修改“标注样式”,将尺寸箭头改为“建筑标记”,勾选“固定长度的尺寸界线”,其“长度”设为 7,在“标注特征比例”选项区,设置“使用全局比例”为 80。使用“线性标注”和“连续标注”命令,标注全图尺寸,如图 7-25 所示。

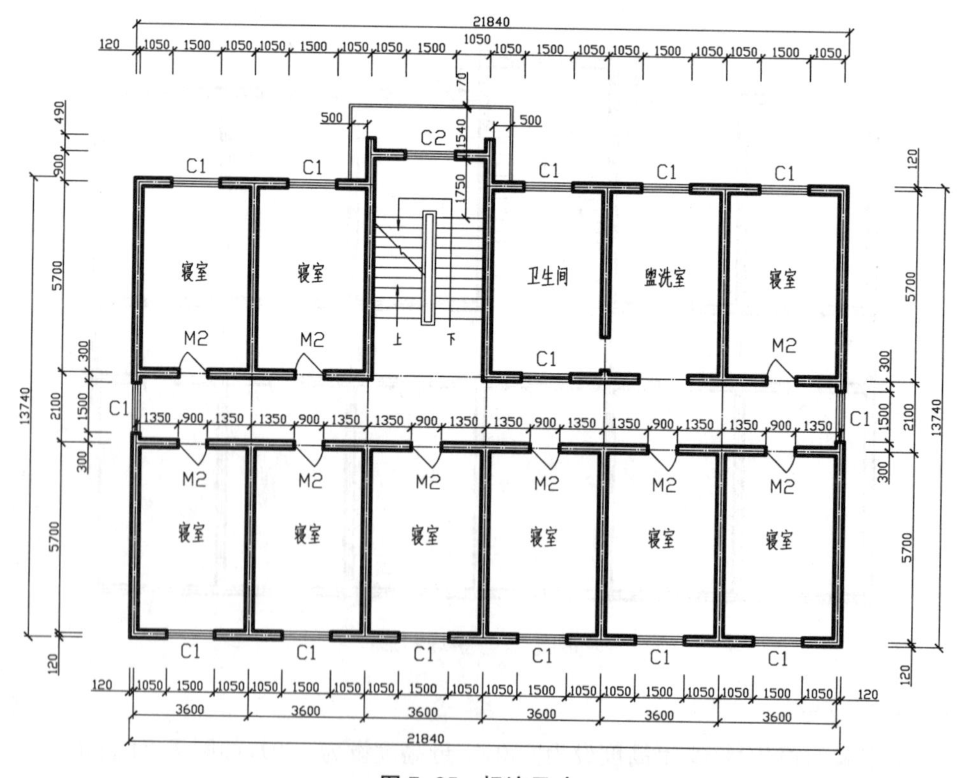

图 7-25　标注尺寸

(18) 绘制墙轴线标记符号

绘制墙轴线标记符号(圆直径 800,字高 450),如图 7-26 所示。

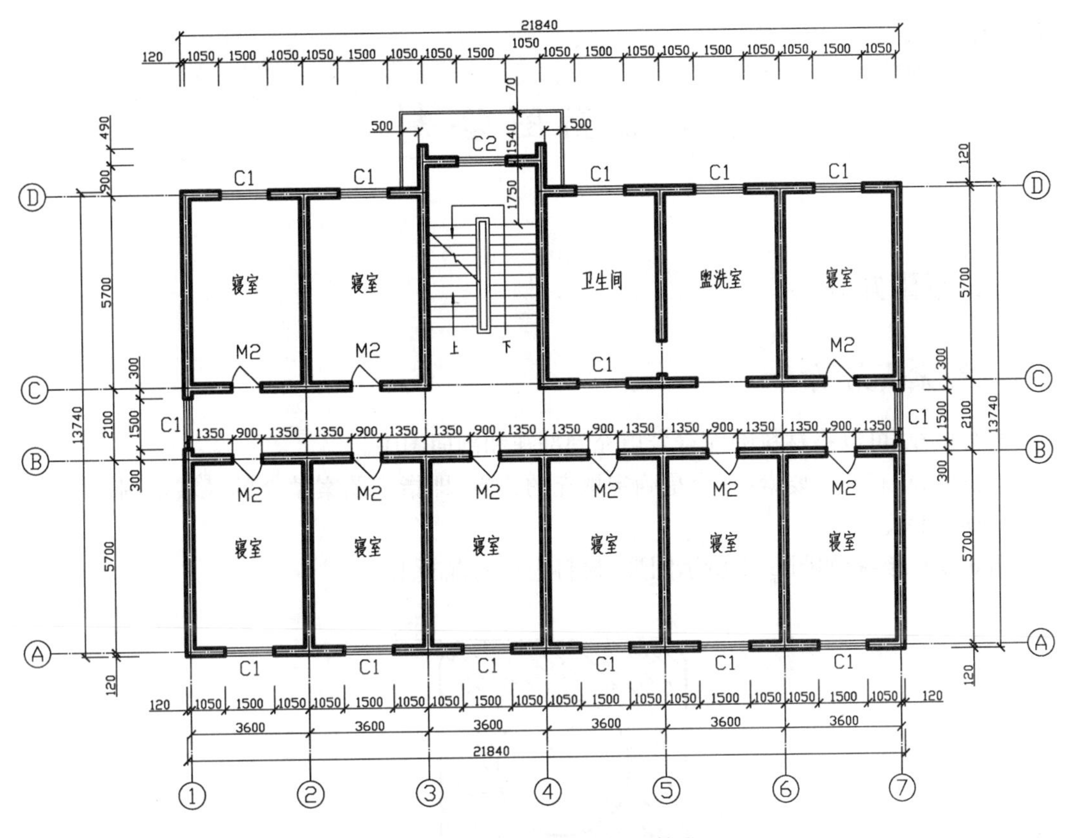

图 7-26　绘制墙轴线标记符号

任务八

建筑立面图绘制

一、基础知识

1. “图案填充”命令

“图案填充”可以将材料剖面符号填充到剖视和剖面图中。

“图案填充”有两个要素:一个是确定填充的边界,即指定图案填充的区域范围;另一个是选择填充的图案。

【例 8-1】 绘制如图 8-1 所示图形,材料为钢筋混凝土。

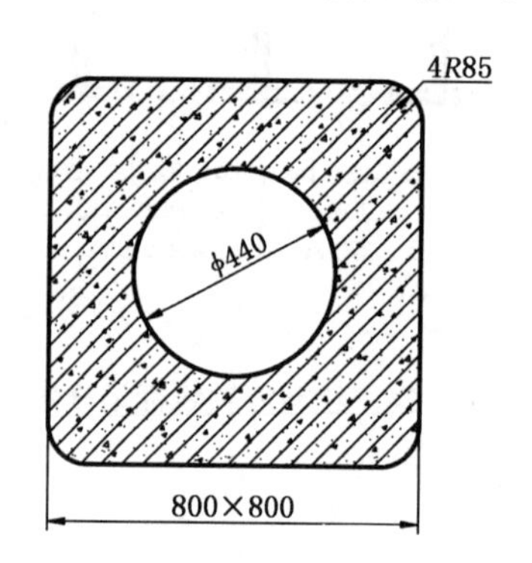

图 8-1 “钢筋混凝土”填充图例

作图步骤:

(1) 按尺寸绘出图形的轮廓图。

(2) 启用“图案填充”命令,选择填充区域,填充“ANSI31”图案,如图 8-2(a)所示。

(3) 再次启用“图案填充”命令,选择相同的填充区域,填充“AR - CONC”图案,如图 8-2(b)所示。

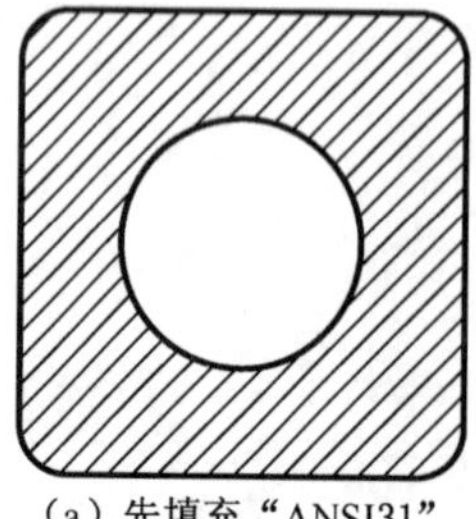

(a) 先填充“ANSI31”

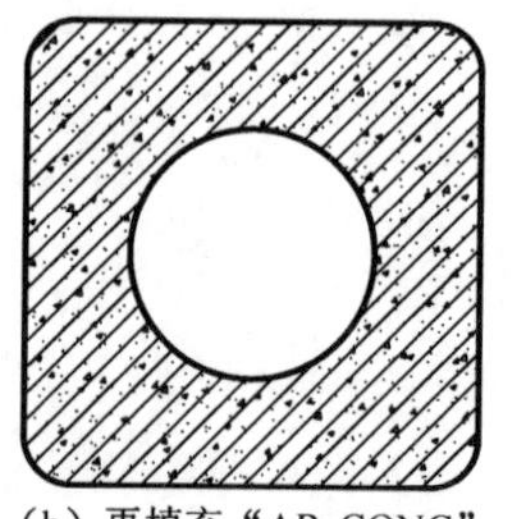

(b) 再填充“AR-CONC”

图 8-2 “钢筋混凝土”图案填充

2. “创建块”与“插入块”命令

(1) “创建块”命令

创建图块的对应命令有两个：“BLOCK”和“WBLOCK”。“BLOCK”命令创建附属图块；“WBLOCK”命令创建独立图块。二者保存方式不同，附属图块随创建图块的图形保存，本图使用方便，其他图形不好寻找。独立图块以一个独立的图形文件保存，其他图形能方便地寻找并插入使用。

启用“BLOCK”命令，将弹出“块定义”对话框，如图 8-3 所示；启用“WBLOCK”命令，弹出的是“写块”对话框，如图 8-4 所示。启用命令后在相应的对话框中设置图块的名称、插入基点，选择创建为块的对象，然后单击“确定”。

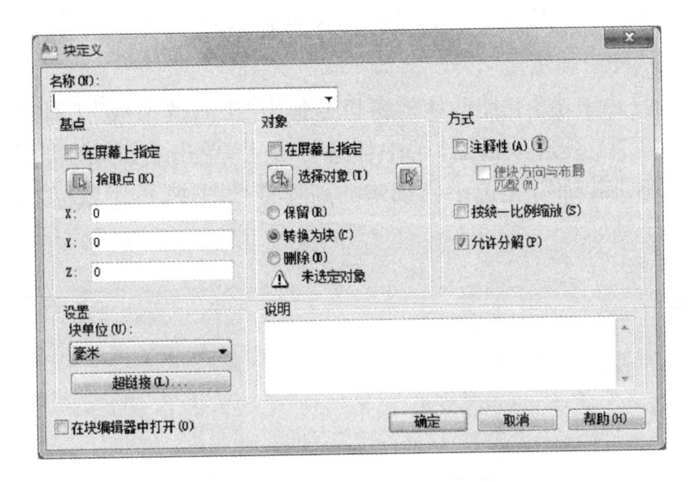

图 8-3　创建附属图块对话框

图 8-4　创建独立图块对话框

可以看出创建附属图块和独立图块的对话框基本相同，都包括给块命名、选择组块的对象、确定块插入时的基点、设置块单位等选项。所不同的是独立图块要选择图块保存的路径，以便“块插入”时根据这个路径找到这个图块。

(2)“插入块”命令

“插入块”命令是在当前图形中的指定位置插入已创建的附属图块或独立图块。另外，“工具选项板”是插入系统预置图块的方便工具。

【例 8-2】 绘制如图 8-5 所示的“高程符号”图形，将其创建成附属图块命名保存，并拖放到工具选项板。

操作步骤：

(1) 把“0”图层置为当前，按尺寸绘出图 8-5 所示图形。

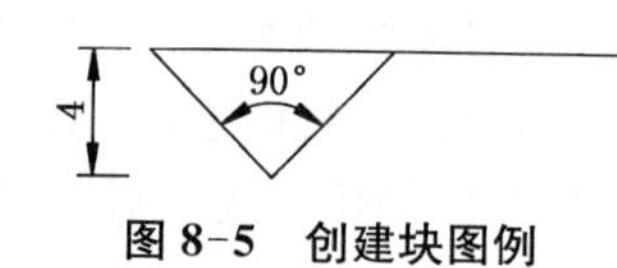

图 8-5　创建块图例

(2) 启用“创建块”命令，弹出“块定义”对话框，点击“拾取点”按钮，单击图形的下角点作为基点，点击“选择对象”按钮，拾取图形符号，按右键确认，再单击“确定”。

(3) 从“标准”工具栏单击“工具选项板窗口”，弹出“工具选项板”工具栏，如图 8-6 所示。

(4) 将鼠标放置于“工具选项板窗口”中任意标签上，单击右键，在快捷菜单中选择“新建选项板”，并命名为“建筑装饰”，先选中已创建的高程符号图块，再用鼠标左键或右键拖放于工具选项板上，如图 8-7 所示。

图 8-6　工具选项板

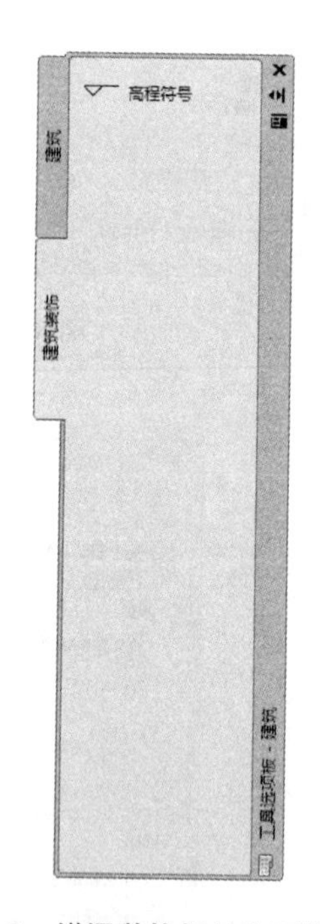

8-7　增添装饰标签和图块

二、绘图实训任务

1. 实训任务一

绘制如图 8-8 所示住宅楼建筑立面图(与任务七中的实训任务二为同一建筑物的图纸，可参考尺寸),图形绘制参考时间 50～90 分钟。

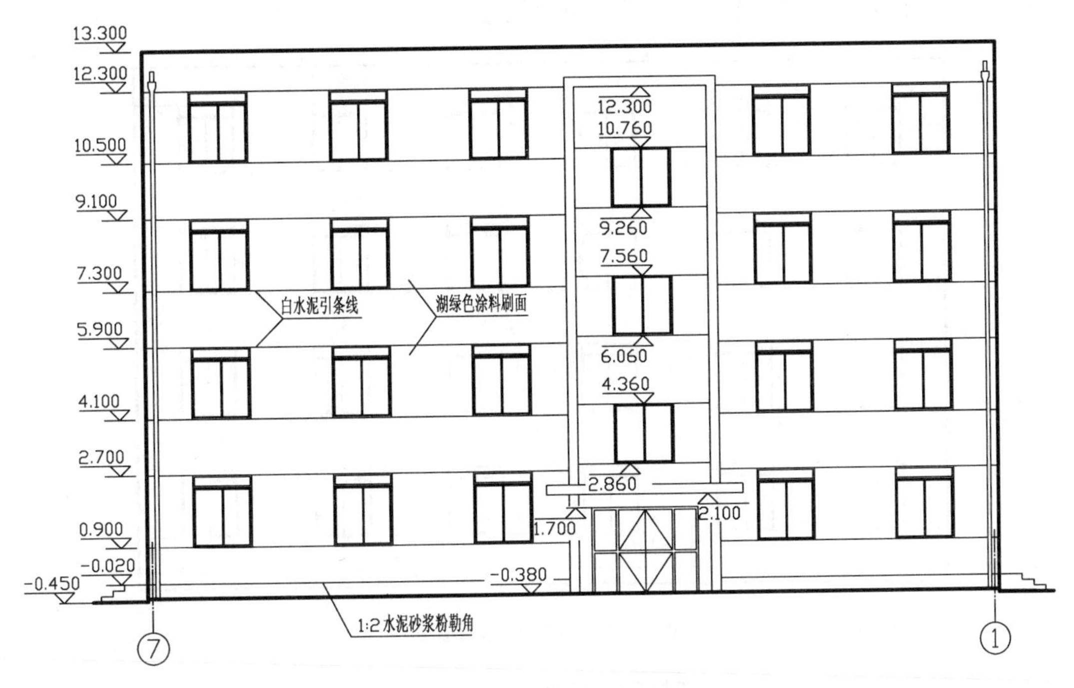

图 8-8　学生宿舍北立面图

绘图实训指导:

(1) 打开实训十中绘制的学生宿舍楼建筑平面图,以读取必要的尺寸。

(2) 在世界坐标系零高度的位置上,用细实线画出一条 0 高程的基准直线,长度为 21840(建筑平面图读取),用“复制”命令,绘制出所有的高程线,再用中粗实线绘出楼房的外轮廓线,如图 8-9 所示。

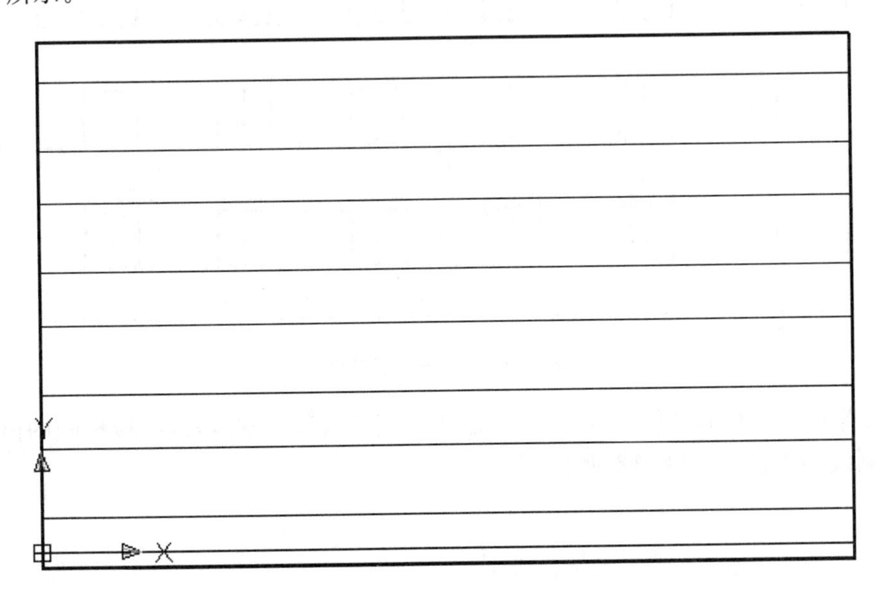

图 8-9　绘制高程线

(3) 从“工具选项板”插入窗子的立面图形并加以修改，参照建筑平面图定位第一个窗子，再用“阵列”命令，绘出所有的窗子，如图 8-10 所示。

图 8-10　绘制并阵列窗子

(4) 参照平面图的位置，绘制楼梯间的墙线，如图 8-11 所示。

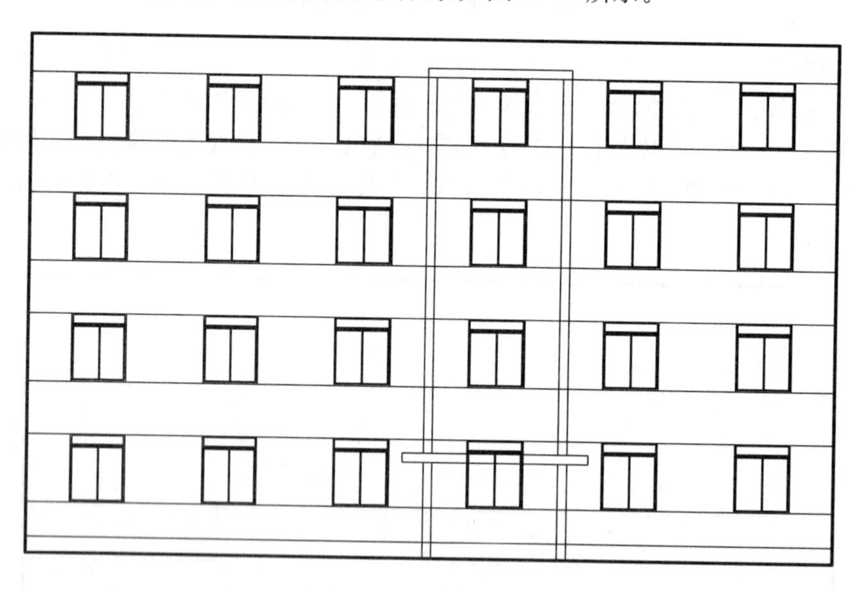

图 8-11　画楼梯间墙线

(5) 先修剪掉楼梯间的原高程线，再绘制楼梯间的高程控制线，修改楼梯间的窗子，移动到高程控制线的位置，如图 8-12 所示。

图 8-12　绘制楼梯间高程线和窗子

(6) 绘制楼门与雨水管，如图 8-13 所示。

图 8-13　镜像立面图

(7) 新建标注样式，设置“使用全局比例”为 80，设置“文字位置”“从尺寸线偏移”为 3.5，测量单位比例因子设置为“0.001”，标注精度设为“0.000”。应用“坐标标注”命令自动生成各处高程标高数值，标注在线下的尺寸需分解后再镜像，如图 8-14 所示。

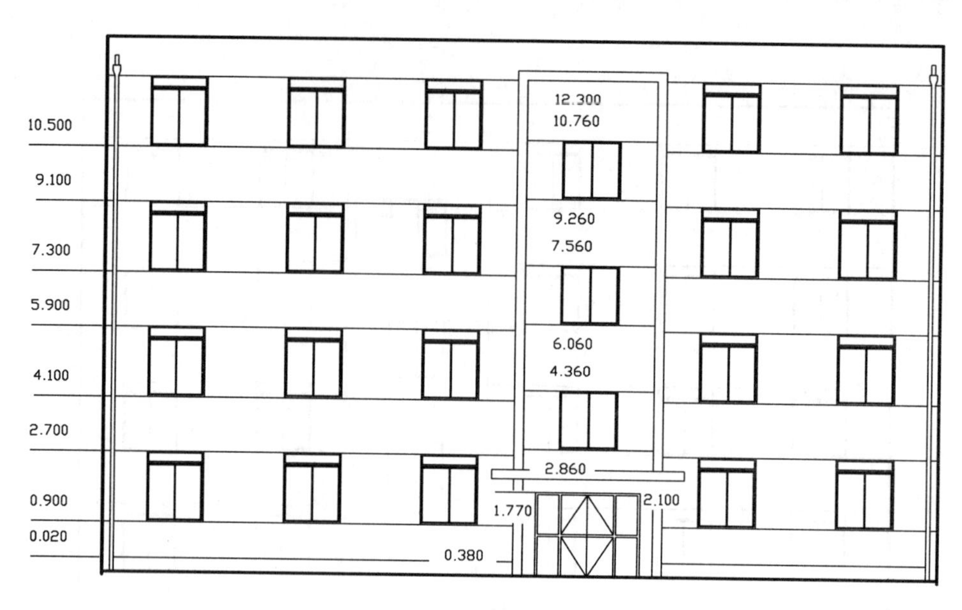

图 8-14　坐标标注

(8) 绘制高程符号，尺寸高度定为 300，将其复制到各个标高尺寸下。绘制踏步并标注高程，注写文字，绘制 1 和 7 墙轴线符号，如图 8-15 所示。

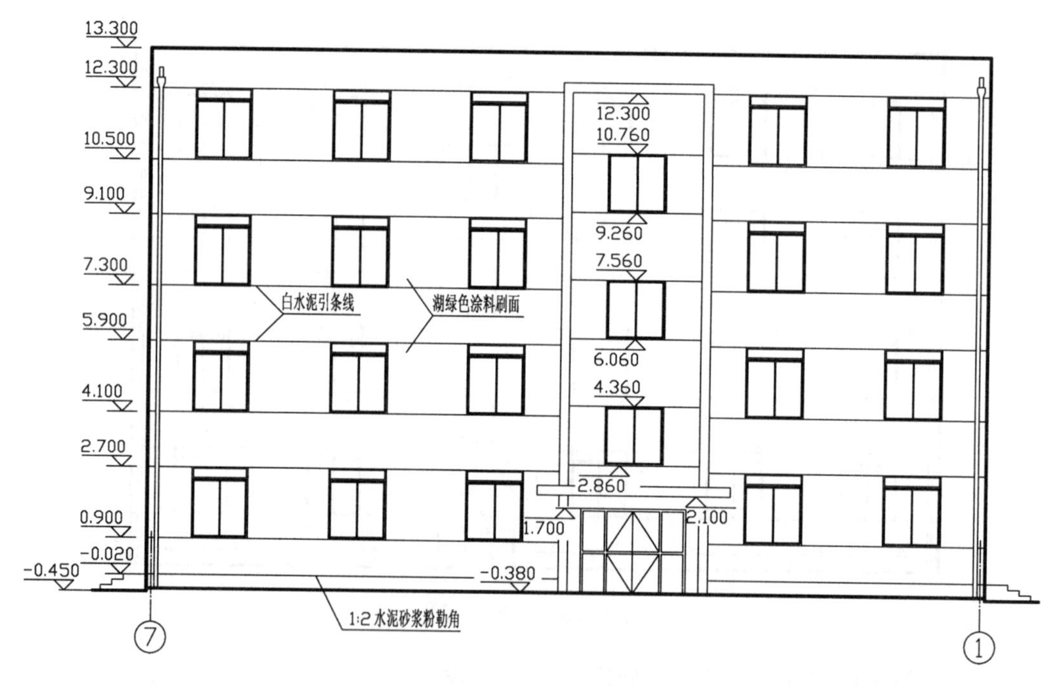

图 8-15　整理图形

2. 实训任务二

绘制图 8-16 所示学生宿舍剖立面图(与实训任务一为同一建筑物的图纸)，图形绘制参考时间 60～100 分钟。

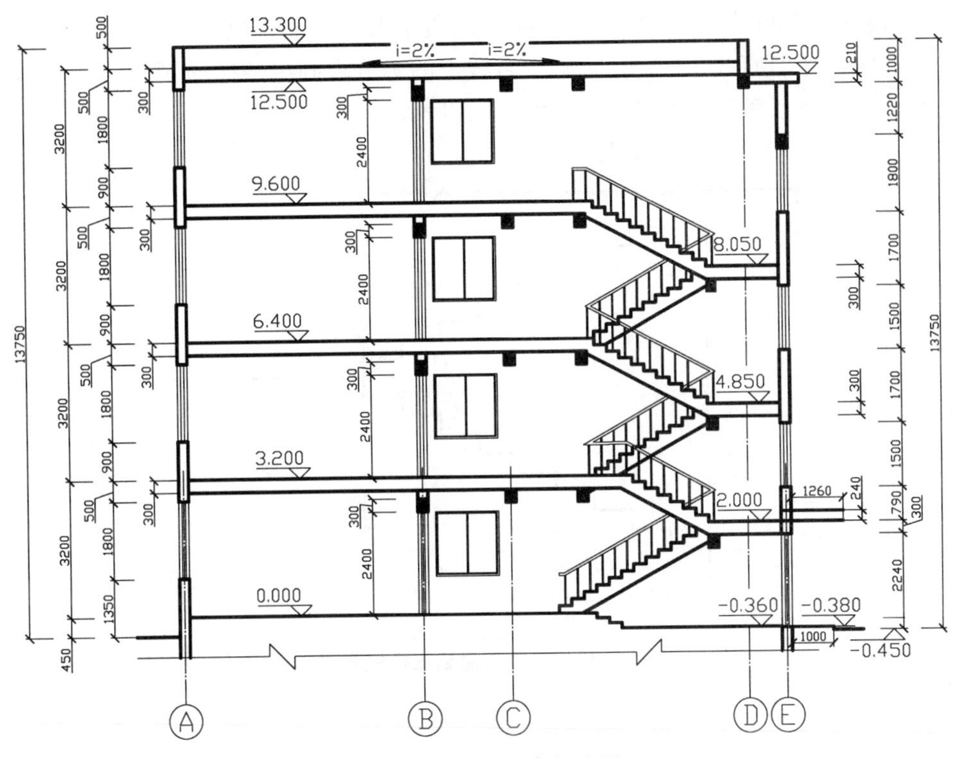

图 8-16　学生宿舍剖面图

绘图实训指导：

(1) 在世界坐标系零高度的位置上，画出一条零高程的基准直线，用“复制”命令，复制出各高程直线，再对照平面图的位置或尺寸绘制墙轴线，如图 8-17 所示。

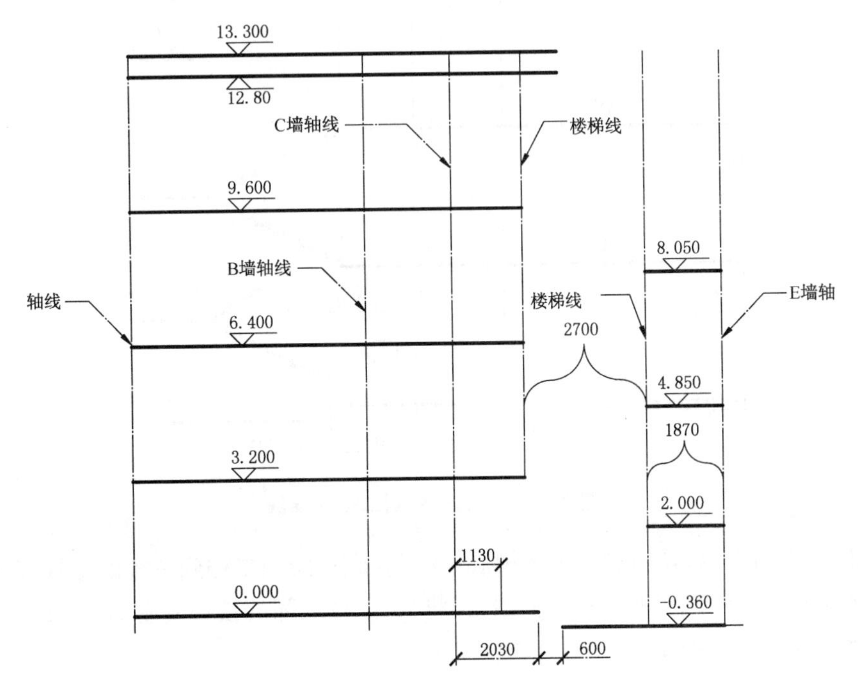

图 8-17　绘制高程线和墙轴线

(2) 在楼梯线之间,绘出二楼到三楼的楼梯水平长度和竖直高度辅助直线,将水平直线用"点"命令9等分,竖直直线10等分,追踪两直线上的等分点画出楼梯,如图8-18所示。再用同样的方法,绘制一楼到二楼的楼梯线,如图8-19所示。

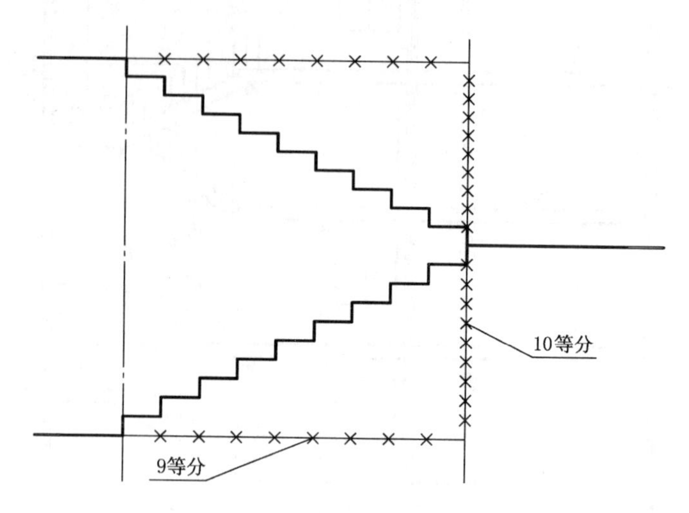

图8-18 绘制二楼到三楼楼梯线

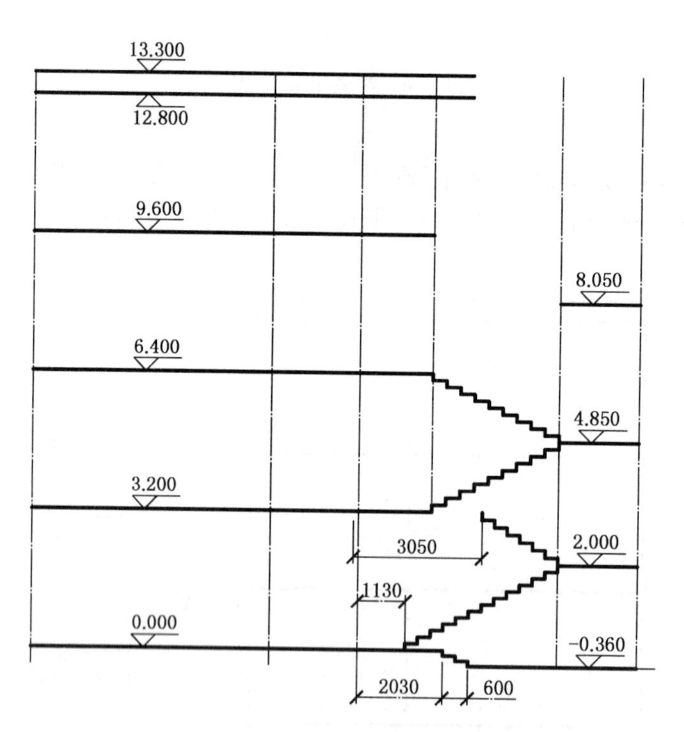

图8-19 绘制一楼到二楼楼梯线

(3) 图8-20所示 A、B 两点作为楼梯底面线的起点,绘制二楼到三楼的楼梯底面直线,用同样的方法绘制一楼到二楼的楼梯底面线,再将二、三楼之间的楼梯复制到三、四楼之间,并整理楼梯图形,如图8-21所示。

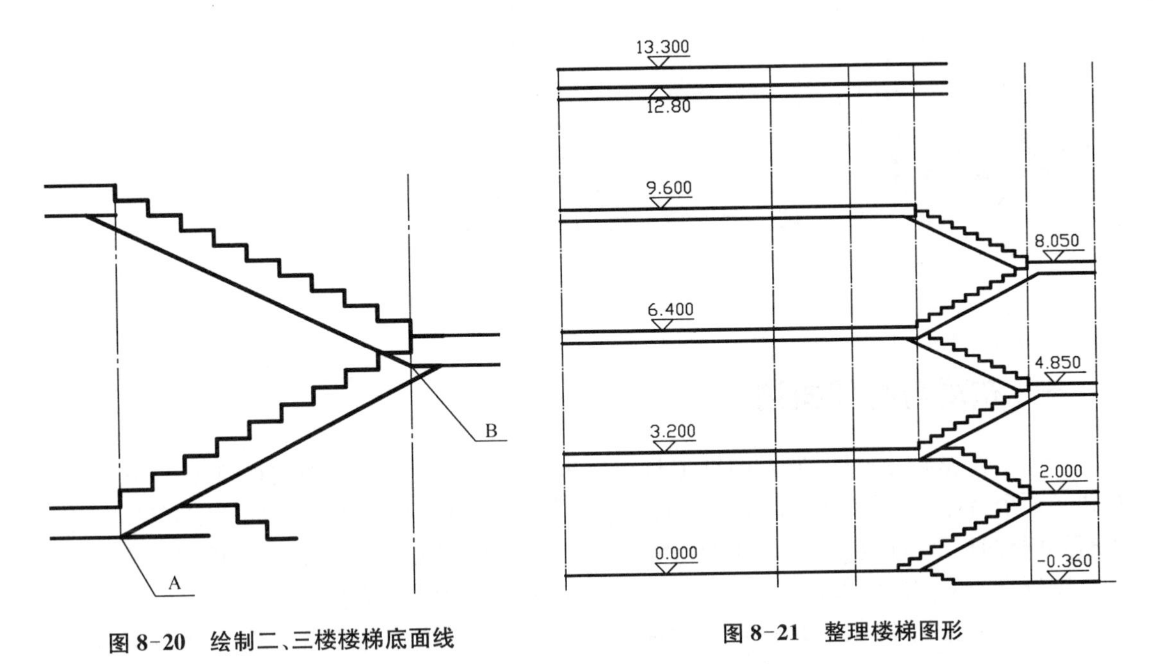

图 8-20　绘制二、三楼楼梯底面线

图 8-21　整理楼梯图形

(4) 用“阵列”或“复制”的方法，绘制扶手栏杆(尺寸目测)；再打开“工具选项板”，插入“铝窗”图块，整理图形，如图 8-22。

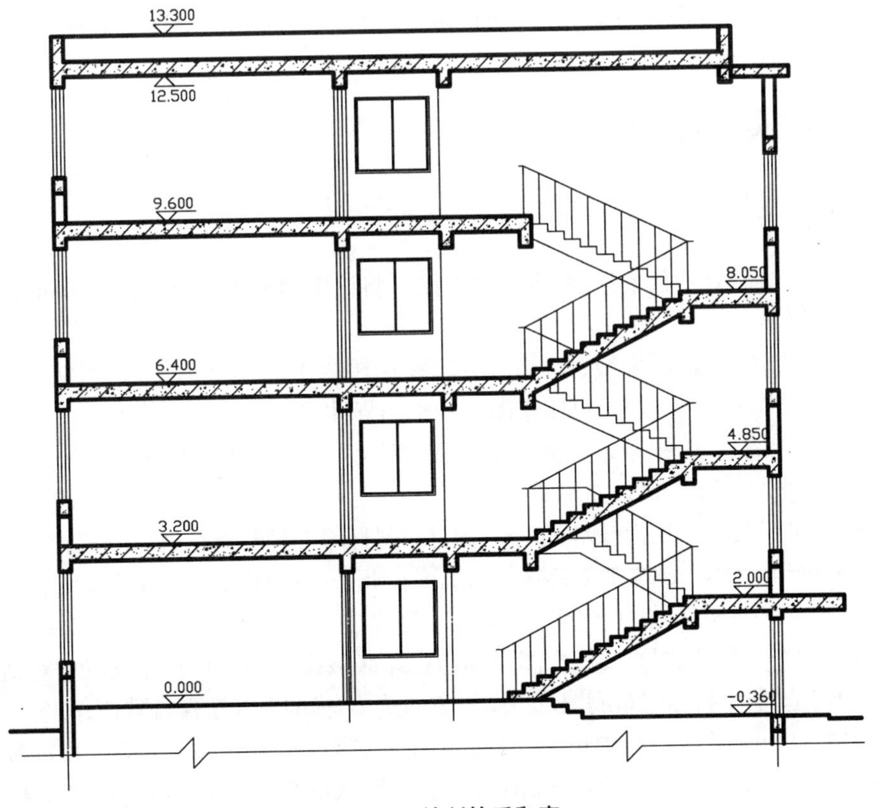

图 8-22　绘制扶手和窗

任务九

平面图布局与打印

一、布局与打印概述

绘图工作完成后，将图形在图纸上打印出来，是CAD绘图中最重要的环节。AutoCAD提供了两个打印对象的空间，即模型空间和布局空间。一般我们在模型空间按实际尺寸绘图，即打印图形时，既可以从模型空间打印图形，也可以创建布局从布局空间打印图形。

图纸打印的方法较多，下面通过实训任务介绍较常用的三种方法：

(1) 从模型空间直接打印图形，这种打印方法与常用的文本打印相似，即先进行页面设置然后再预览打印，所以易于掌握，但不利于保存打印设置。

(2) 利用布局将要打印的图形设置保存，可随时打印和修改，也可集中打印和发布图纸，是较常用的打印方法。

(3) 利用设置颜色相关打印样式关联打印，这种方法有利于CAD图纸标准化，专业设计公司较多采用这种方法。

二、打印实训任务

1. 实训任务一

图9-1是已绘制好的住宅楼“标准层平面图”，将该图形从模型空间用A图纸打印。

打印实训指导：

(1) 绘制A3图幅线、图框线、标题栏，并填写标题栏中的文字信息，如图9-2。本例采用学生用标题栏样式，尺寸为参考，打印布图时均不用标注尺寸。

(2) 用“缩放”命令将图幅线、图框线、标题栏放大100倍(图纸比例1∶100)，用“移动”命令将平面图移动到图框内布图，如图9-3。

(3) 从“标准工具栏”单击“打印”命令图标，打开“打印-模型”对话框，在对话框中设置“打印机”“名称”为“DWF ePlot. pc3”(如果连接打印机可在此选择打印机型号)；设置图纸尺寸为“ISO A3(420.00×297.00)；设置“打印范围”为“窗口”，此时“打印-模型”对话框自动消失，这时用鼠标单击图幅线的两个对角，以图幅线框内图形作为打印区域窗口，此时“打印-模型”对话框自动恢复显示；从中勾选“居中打印”“布满图纸”；图形方向选为“横向”，其余保持默认，如图9-4。

(4) 从“打印-设置”对话框中单击“预览”按钮，图形打印预览如图9-5。预览看出打印的图纸图幅线外有较大的页边距，不符合国家标准对图纸的要求，所以还需通过调整“打印机”“特性”消除。

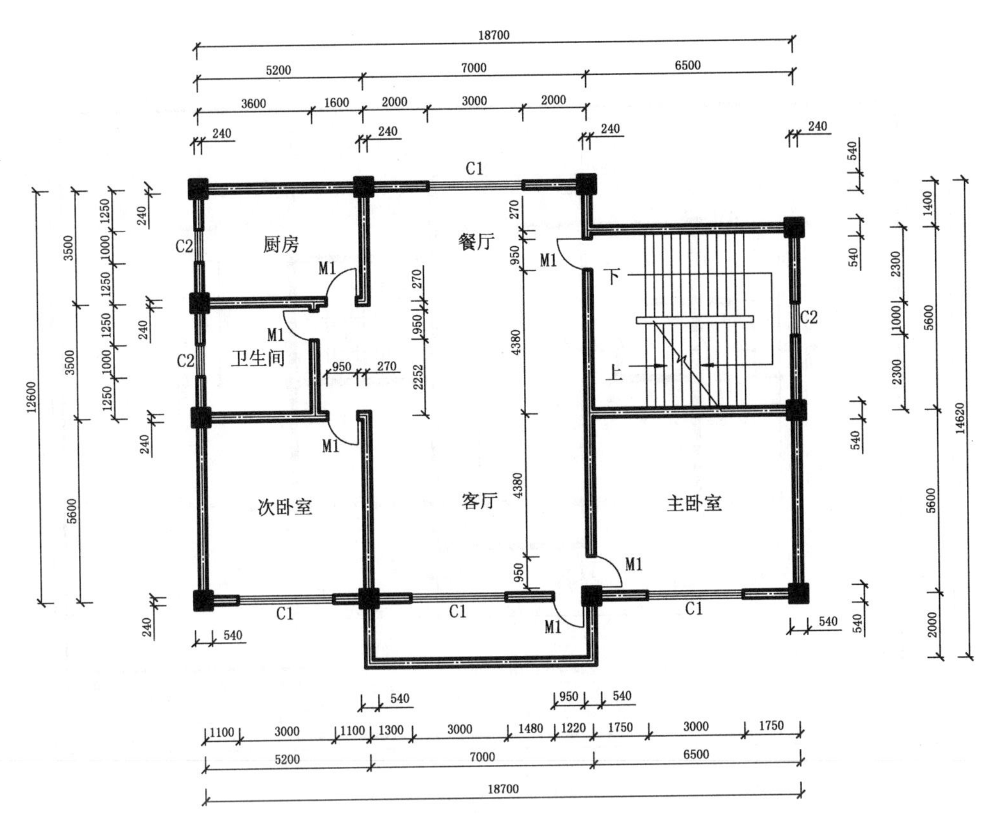

图 9-1　标准层平面图

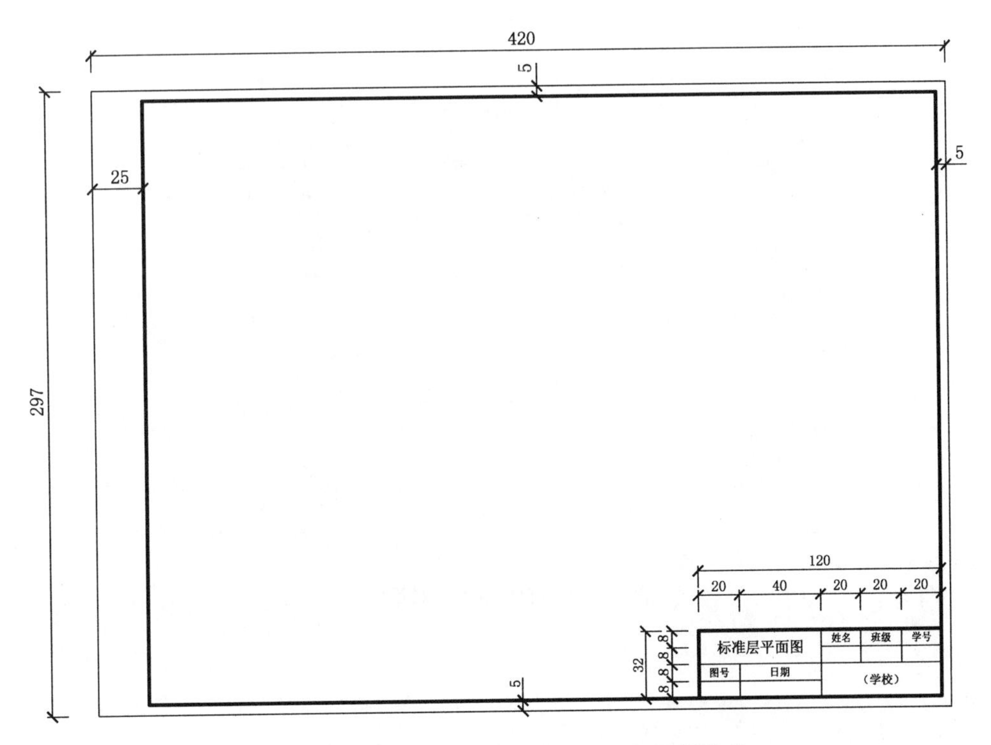

图 9-2　学生用 A3 图幅线、图框线、标题栏样式

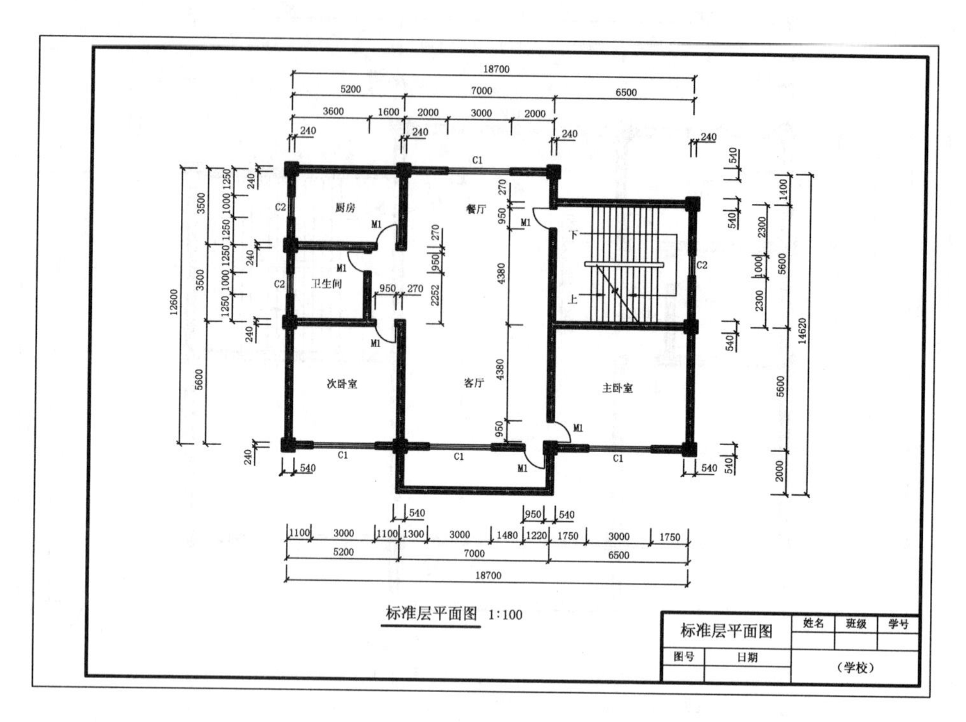

图 9-3 布图

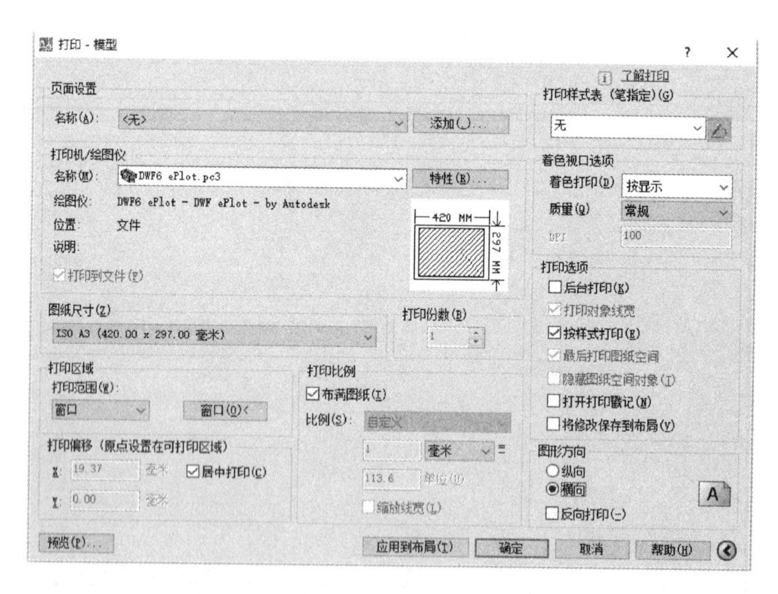

图 9-4 “打印-模型”对话框

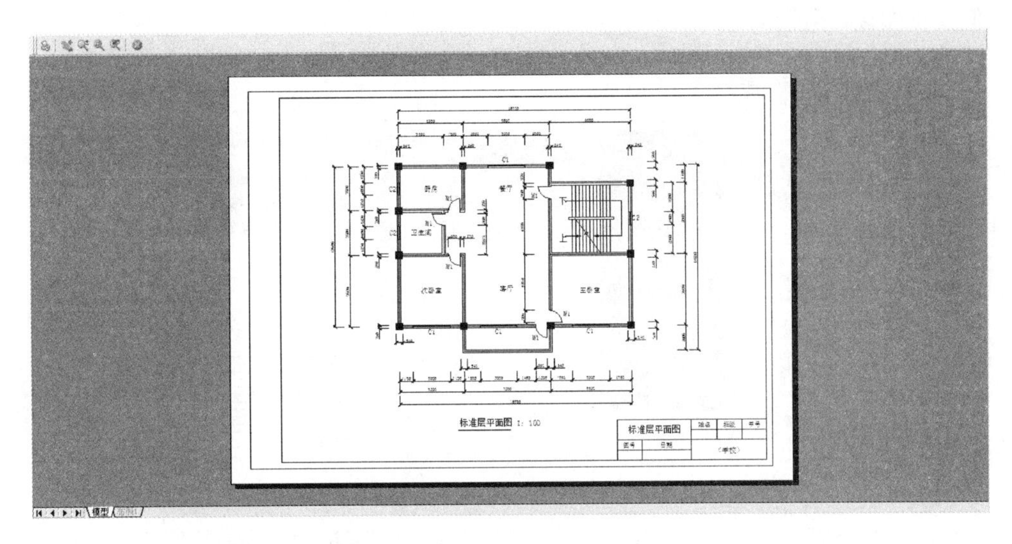

图 9-5　打印预览

（5）关闭预览窗口，返回“打印-模型”对话框，单击“打印机”选择框右边的“特性”按钮，弹出“绘图仪配置编辑器”对话框，在上部窗口选中“修改标准图纸尺寸（可打印区域）”，在下部“修改标准图纸尺寸”列表中选中图纸“ISO A3(420.00×297.00)”，如图 9-6。

（6）单击“绘图仪配置编辑器”对话框中“修改”按钮，弹出“自定义图纸尺寸-可打印区域”对话框，如图 9-7，在该对话框中将上、下、左、右文本框中的数字均改为“0”，如图 9-8。

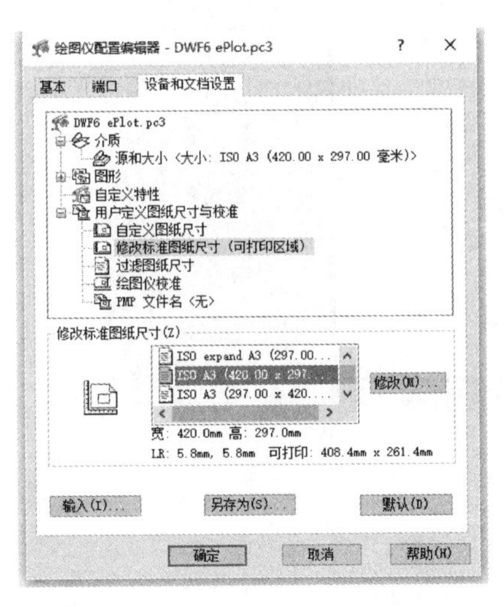

图 9-6　“绘图仪配置编辑器”对话框

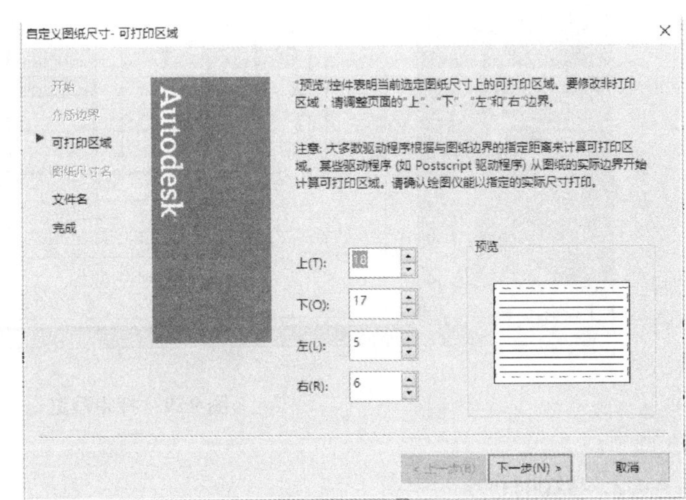

图 9-7　“自定义图纸尺寸-可打印区域”对话框

（7）在“绘图仪配置编辑器”对话框中修改“打印区域”后，连续单击“下一步”“完成”“确定”等按钮，返回到“打印-模型”对话框，再次单击“预览”按钮，预览打印图形如图 9-9，预览图形符合国家标准要求。

（8）单击“打印预览”中的“打印机”图标命令，如果连接打印机则直接执行打印作业，如果没有连接打印机，则弹出“浏览打印文件”对话框，从中设置文件的保存名称和保存路径，单击“保存”后，文件以“DWF”格式保存到指定位置。保存的文件可以拷贝打印，也可以用于上传网页，但仅供阅读，不能修改。

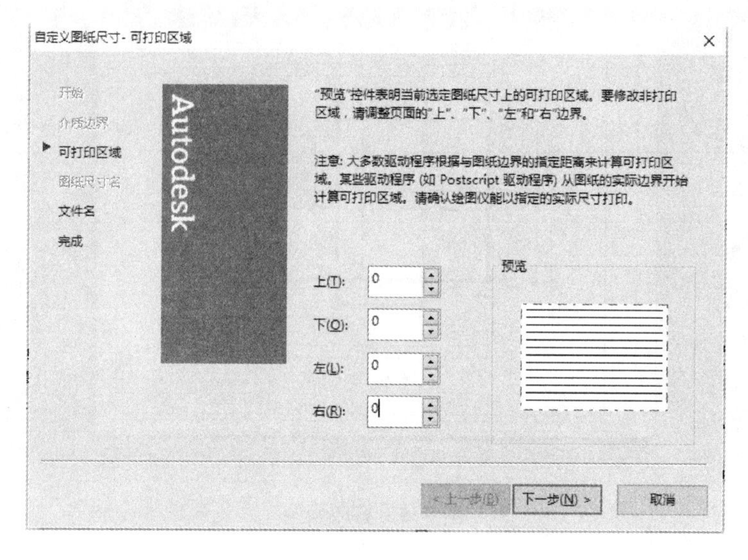

图 9-8　修改图纸页边距数值

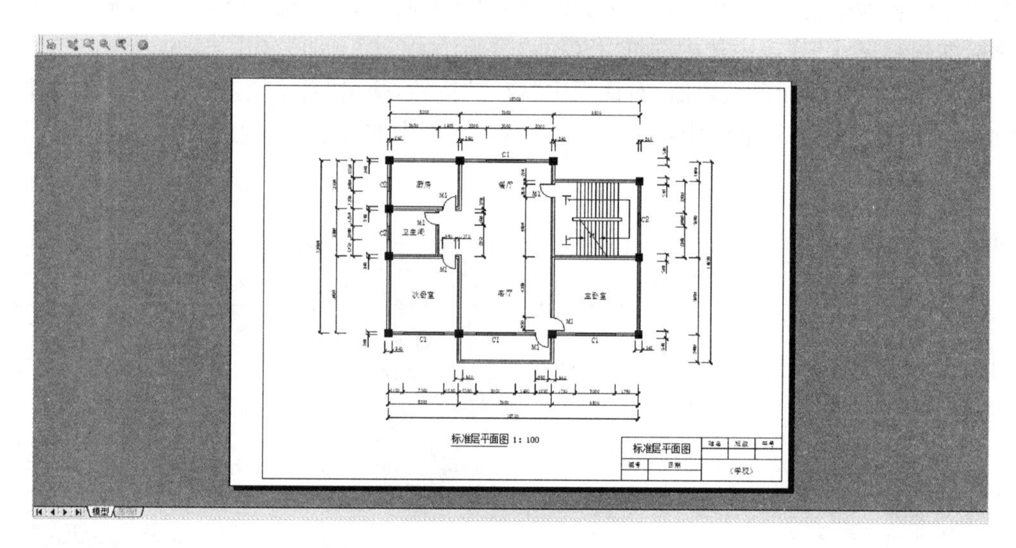

图 9-9　打印预览

2. 实训任务二

已经绘制完成"宿舍二层平面图""宿舍北立面图""宿舍 A－A 剖面图"三个图形文件，如图 9-10、图 9-11、图 9-12。将三张图纸从"布局"空间打印，并发布为一个 DWF 格式文件。

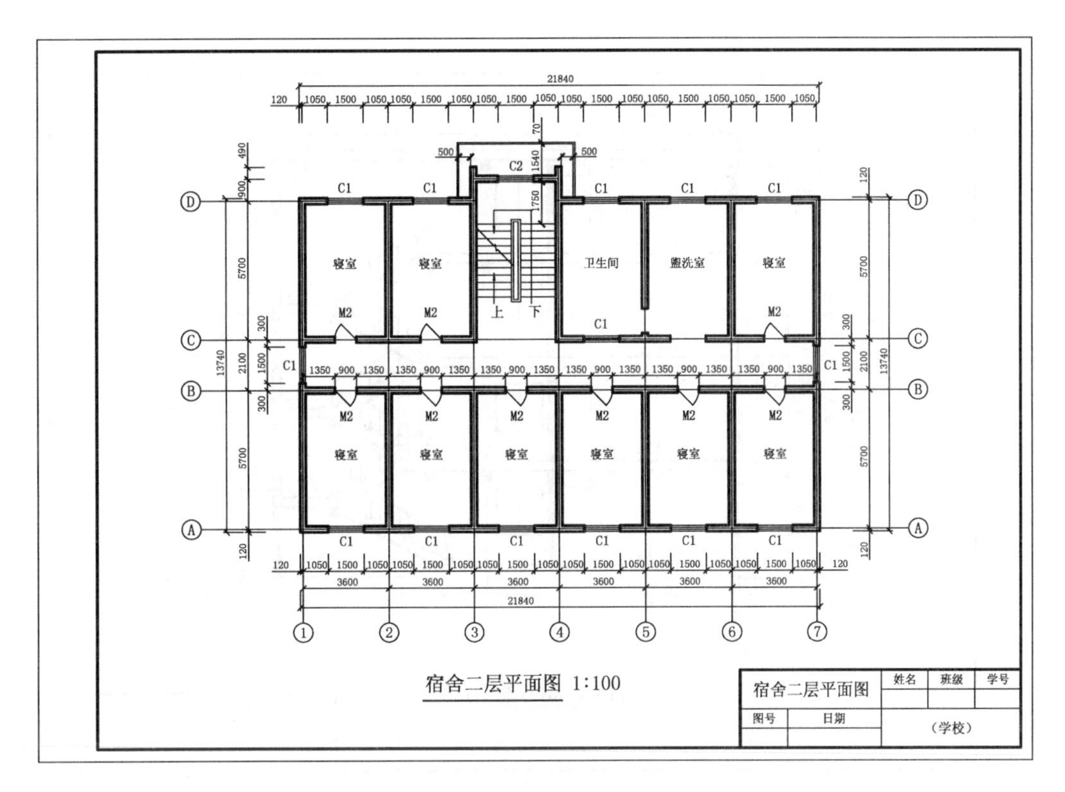

图 9-10　宿舍二层平面图

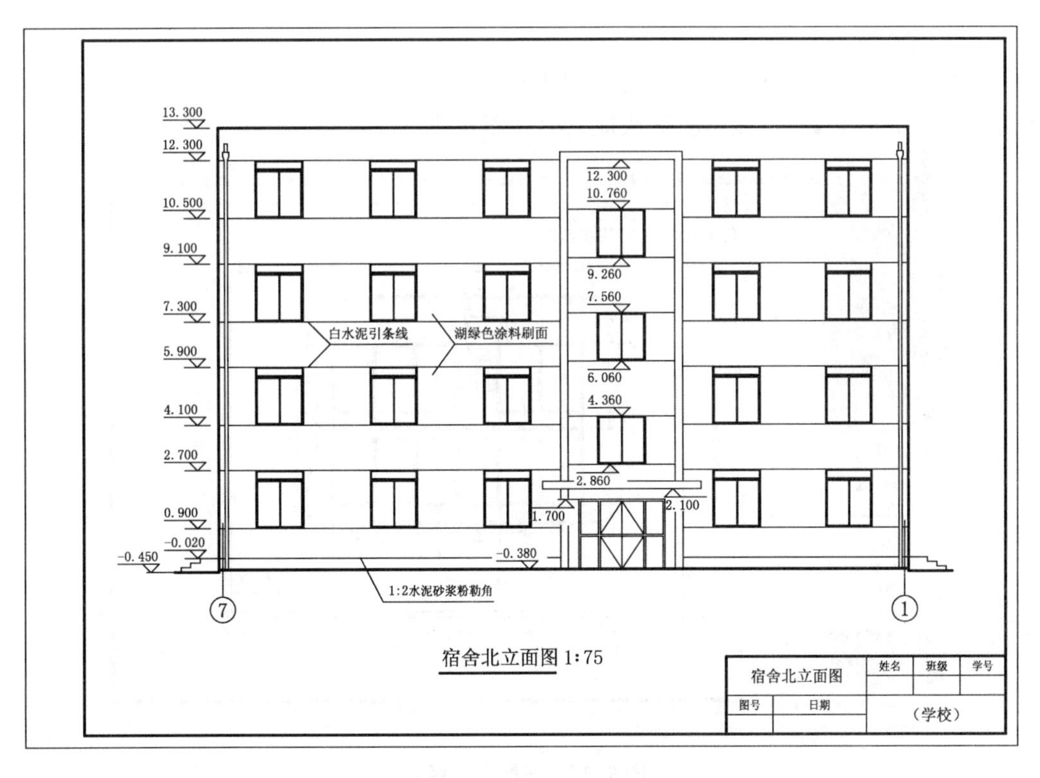

图 9-11　宿舍北立面图

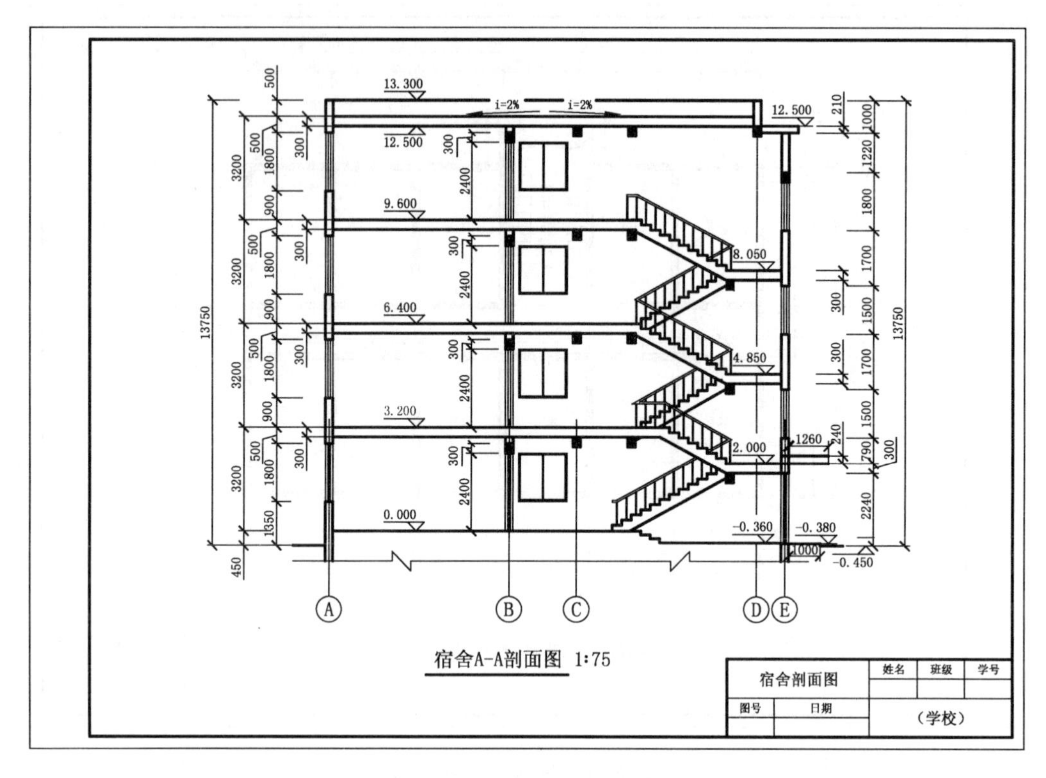

图 9-12　宿舍 A－A 剖面图

绘图实训指导:

(1) 打开图 9-10“宿舍二层平面图”,单击绘图窗口左下端的“布局 1”选项卡,再在“布局 1”选项卡上单击鼠标右键,显示右键快捷菜单如图 9-13。

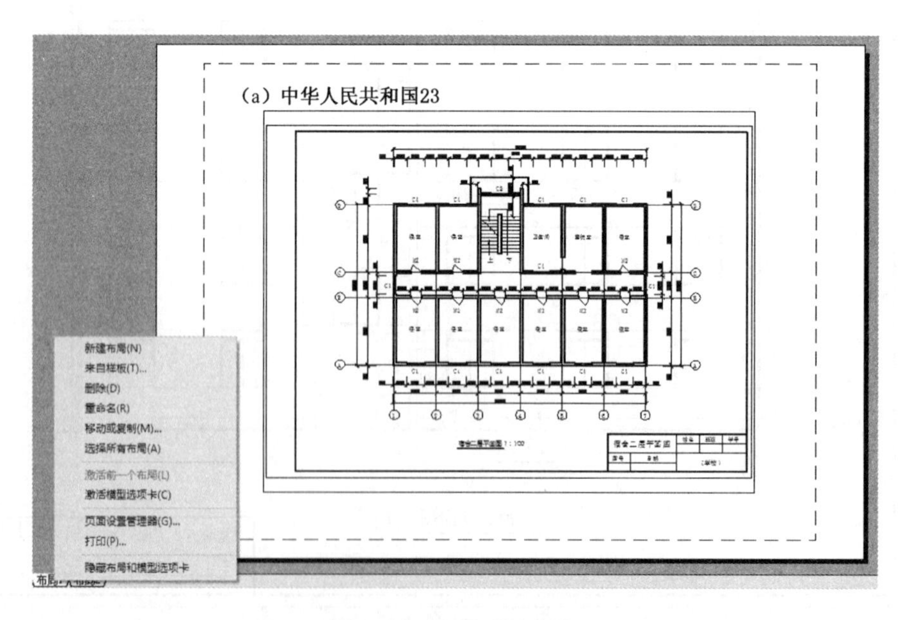

图 9-13　布局右键菜单

(2) 单击右键菜单中“页面设置管理器”,弹出“页面设置管理器”对话框,如图 9-14,单击“修改”按钮,弹出“页面设置-布局 1”对话框,按照任务一中的“打印-模型”对话框方法进行打印设置,如图 9-15 所示。

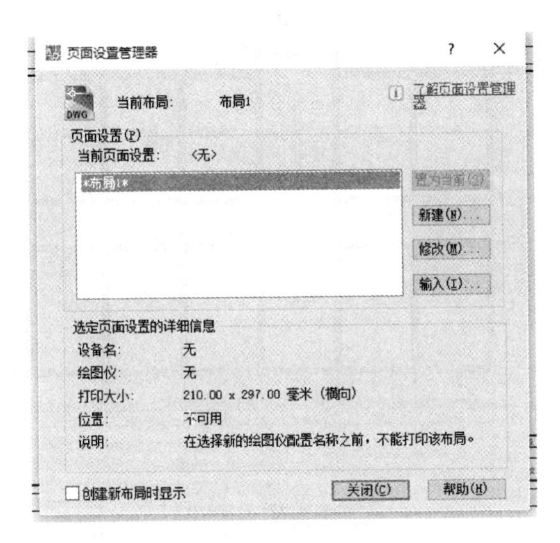

图 9-14　“页面设置管理器”对话框

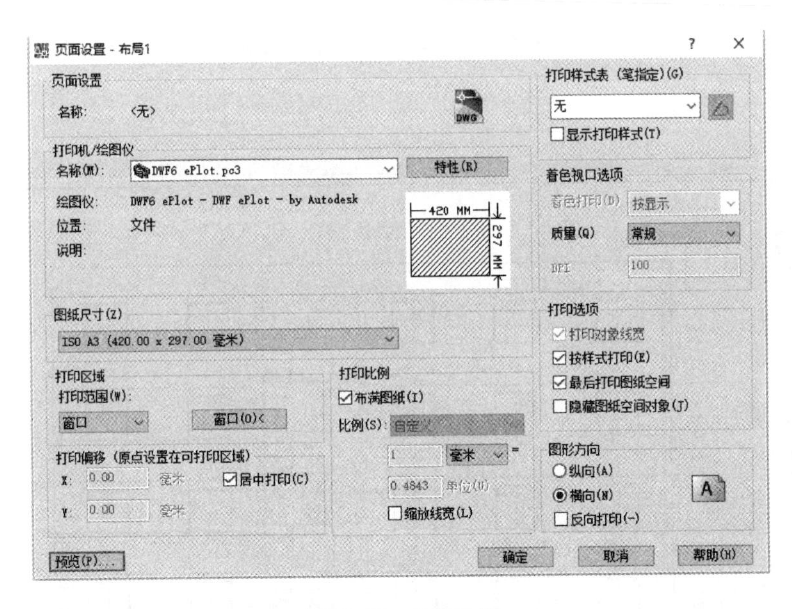

图 9-15　打印设置

(3) 设置完成并预览无误后,单击“确定”按钮,再关闭弹出的“页面设置管理器”布局 1 打印页面设置完成,如图 9-16。

(4) “宿舍二层平面图”“布局 1”设置完成后,将“布局 1”重命名“宿舍二层平面图”,保存并关闭图形。

如果该文件不止一个图形,可用同样的方法设置布局 2,也可以新建布局 3 等多个布局。

(5) 用同样的方法设置“宿舍北立面图”和“宿舍 A - A 剖面图”布局,重命名后保存,如

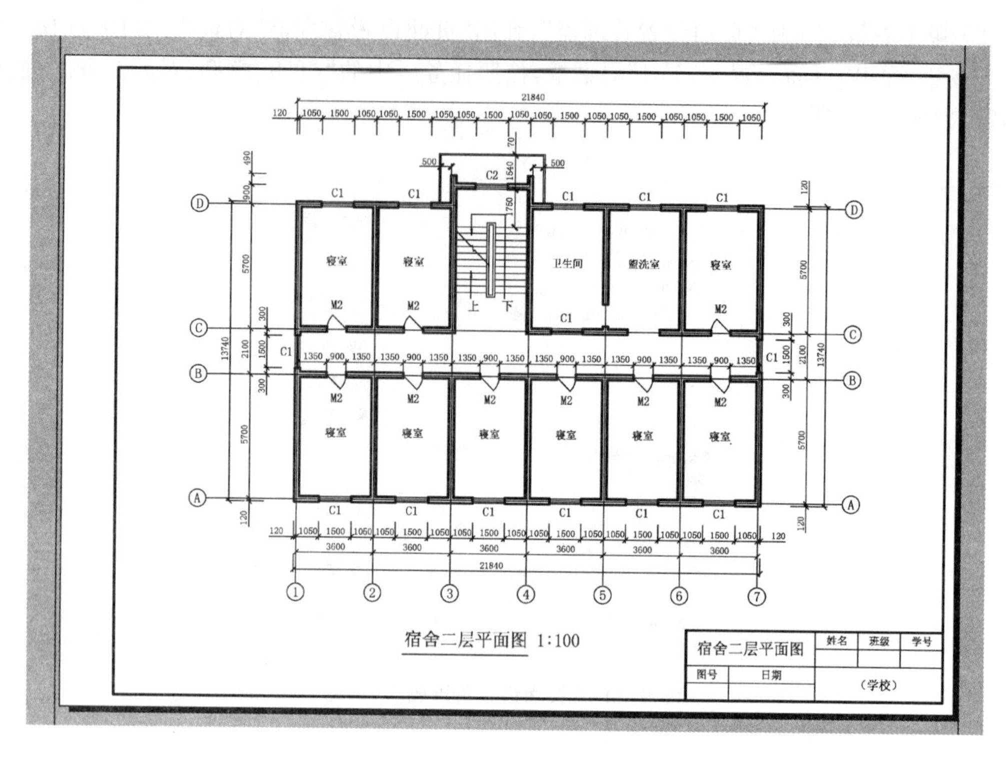

图 9-16　宿舍二层平面图布局预览

图 9-17、图 9-18 所示。

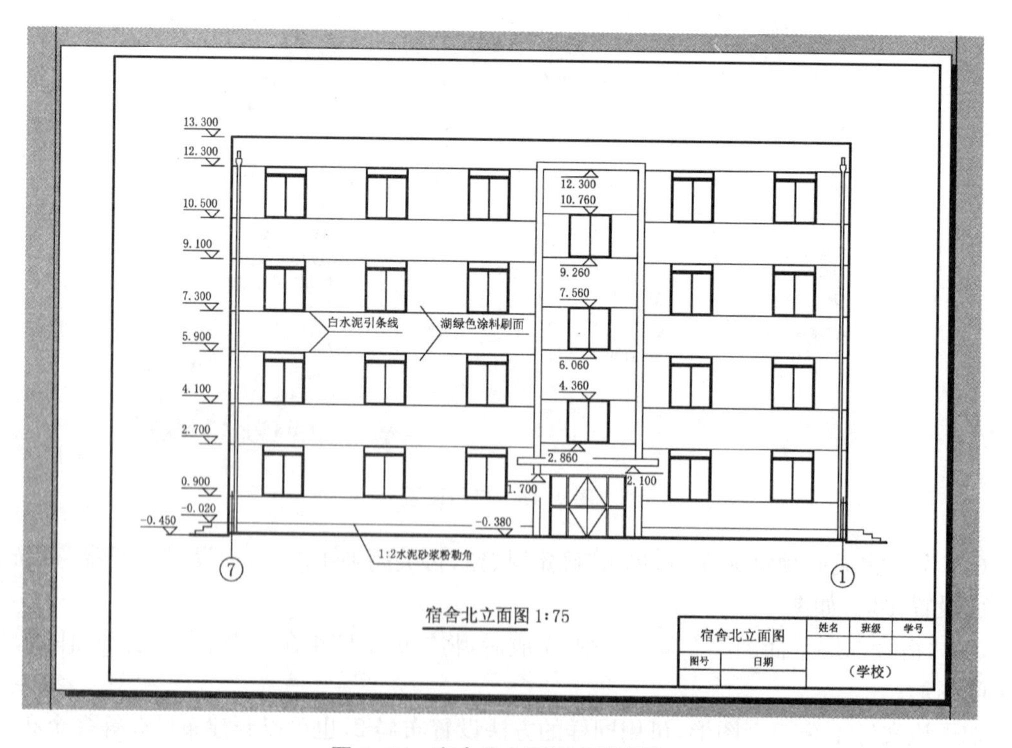

图 9-17　宿舍北立面图布局预览

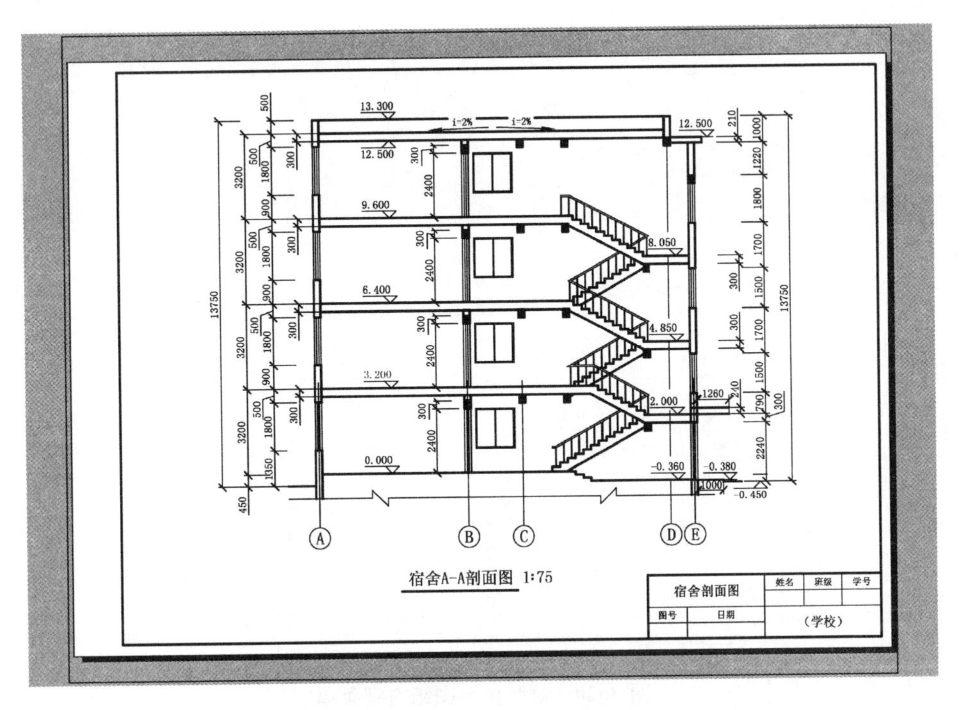

图 9-18　宿舍 A－A 剖面图布局预览

(6) 打开建筑平面图，从文件菜单中启用“发布”命令，弹出“发布”对话框，如图 9-19 所示，“要发布的图纸”列表中显示有“模型”“布局 1”“布局 2”三个文件。“布局 2”文件没有进行页面设置，所以显示“?”和“!”号，表明不能打印。“模型”文件能打印，但同样没有页面设置，会打印出错误的图纸。用鼠标选中“模型”和“布局 2”文件，单击右键，在右键快捷菜单中将其删除，如图 9-20 所示。也可直接按“删除”键或单击图纸列表框上部的“删除”按钮删除多余的图纸。

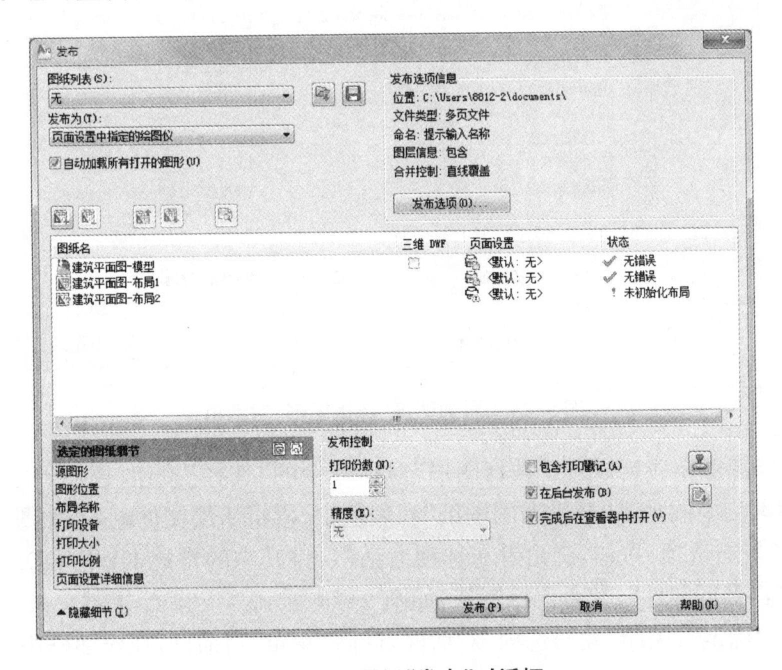

图 9-19　图纸“发布”对话框

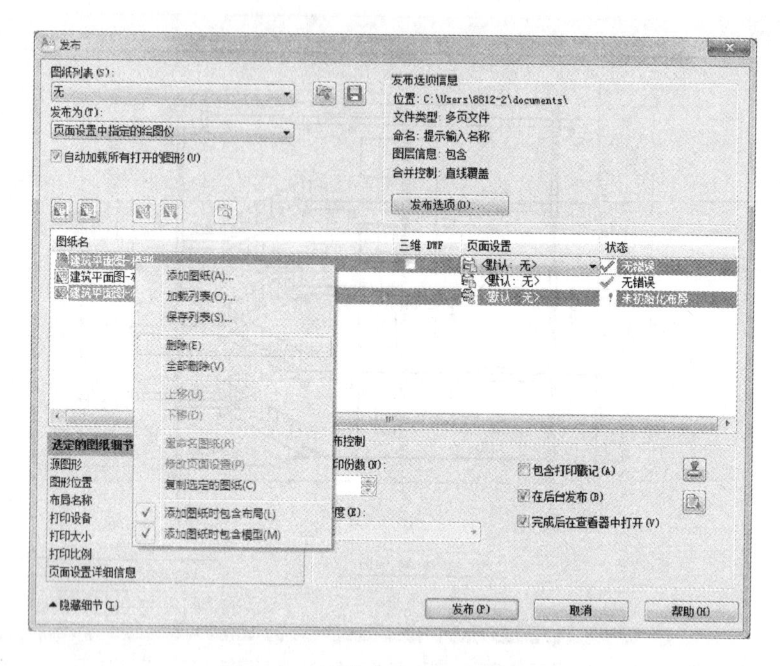

图 9-20　删除多余图纸右键菜单

(7) 单击“发布”对话框中“要发布的图纸”列表框上面左起第一个“添加图纸”按钮，弹出“选择图形”对话框，如图 9-21，选择“建筑剖面图”和“建筑立面图”两个图形文件。

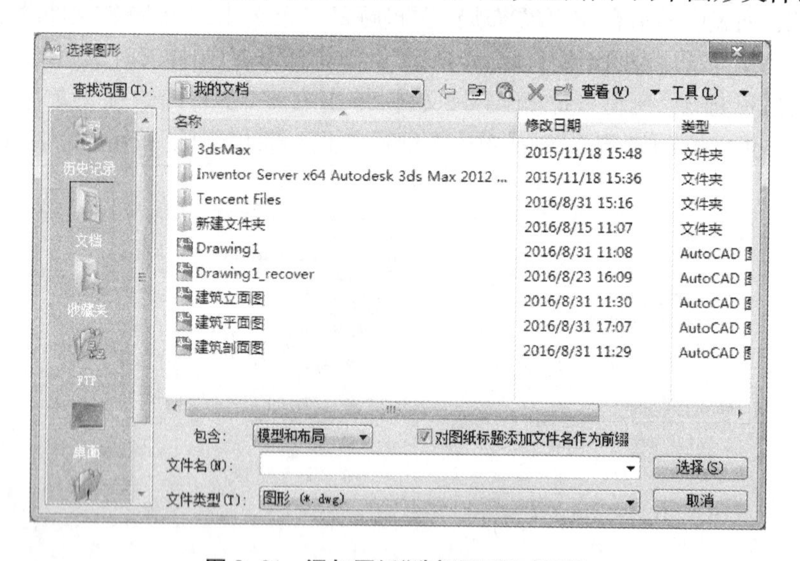

图 9-21　添加图纸“选择图形”对话框

(8) 在选择图形完成后，单击“选择图形”对话框中的“选择”按钮，返回到“发布”对话框，则这两个文件都集中添加进“要发布的图纸”列表框中，再将错误文件删除，如图 9-22。

(9) 单击“发布选项”按钮，弹出发布选项对话框，将其中的常规 DWF/ODF 选项下的“类型”选择框设为“多页文件”，其余保持默认，如图 9-23 所示。

(10) 单击“确定”，关闭“发布选项”对话框，返回“发布”对话框，在对话框中单击“发布”按

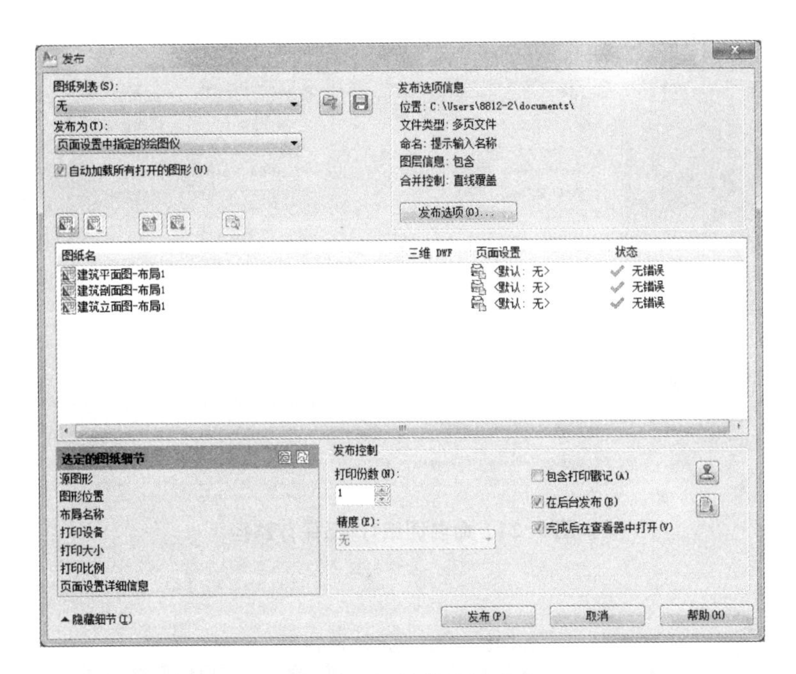

图 9-22　添加的图纸列表

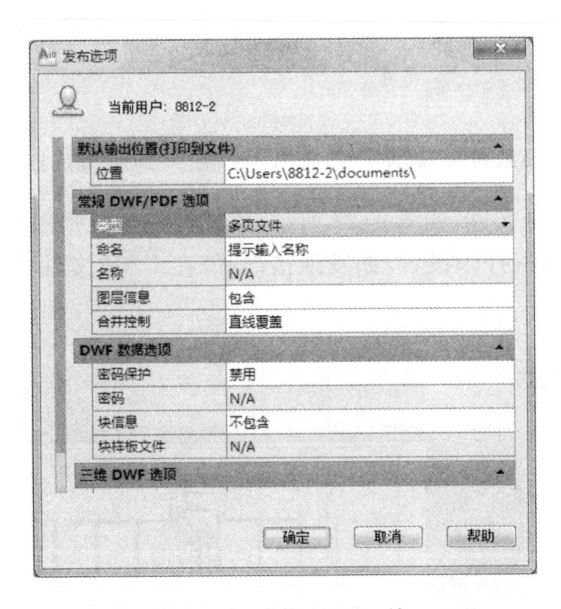

图 9-23　选择“多页文件”

钮，弹出选择 DWF 文件对话框，在对话框中输入文件名“宿舍楼建筑图”，选择保存路径，如图 9-24。

(11) 单击“选择”，弹出是否“保存图纸列表”提示框，如图 9-25。单击“否”，提示框消失，系统开始发布图纸，CAD 界面右下角有活动的打印机进度标记，完成后打印机标记上弹出“完成打印和作业发布”通知，如图 9-26 所示。

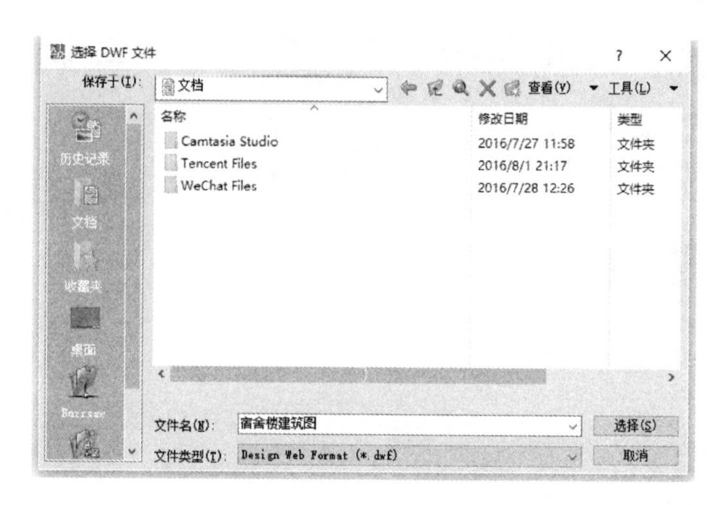

图 9-24　命名图纸，选择保存路径

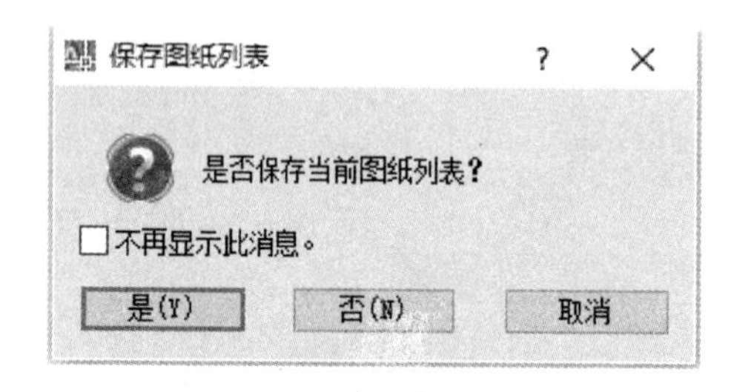

图 9-25　“保存图纸列表”提示

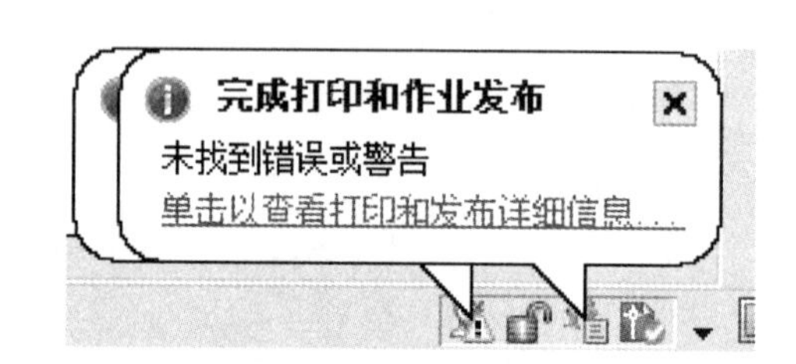

图 9-26　“完成打印和作业发布”通知

(12) 打开发布的图纸文件，如图 9-27 所示，该文件包含三张图纸，可随时连接打印机打印，但不能修改图纸内容和打印设置，如发现错误，需在 CAD 文件中修改后，重新发布新的文件。

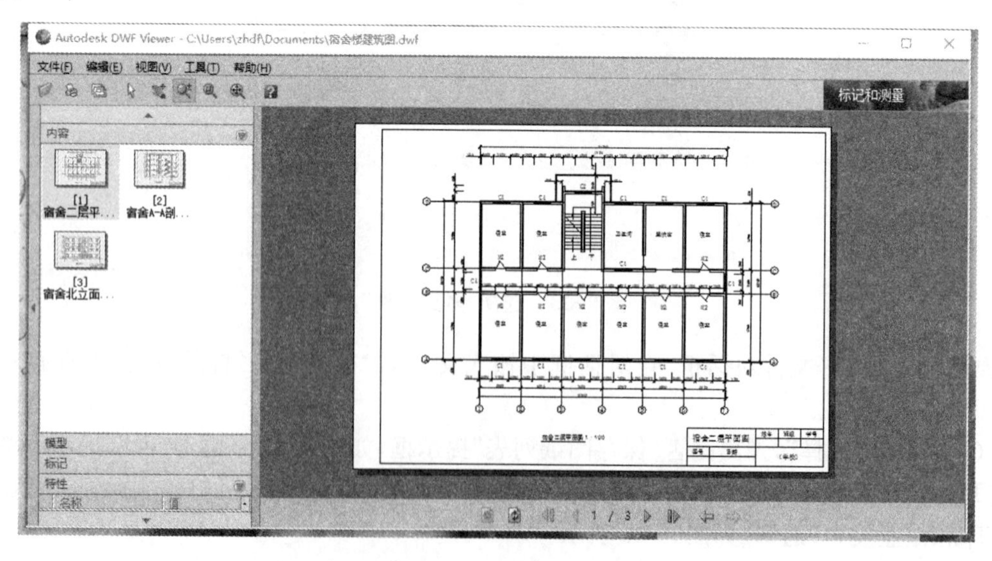

图 9-27　DWF 格式图纸

3. 实训任务三

创建“颜色相关打印样式表”，绘制图 9-28 所示建筑平面图，并进行“颜色相关”打印设置。

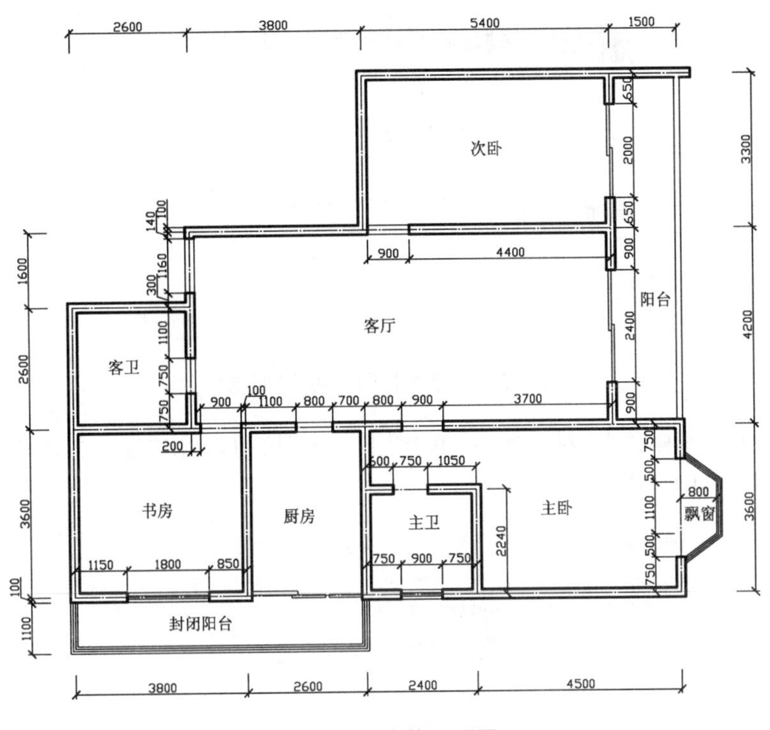

图 9-28 建筑平面图

绘图实训指导：

(1) 单击“文件”菜单中“打印样式管理器”命令，弹出“打印样式管理器”对话框，如图 9-29 所示。

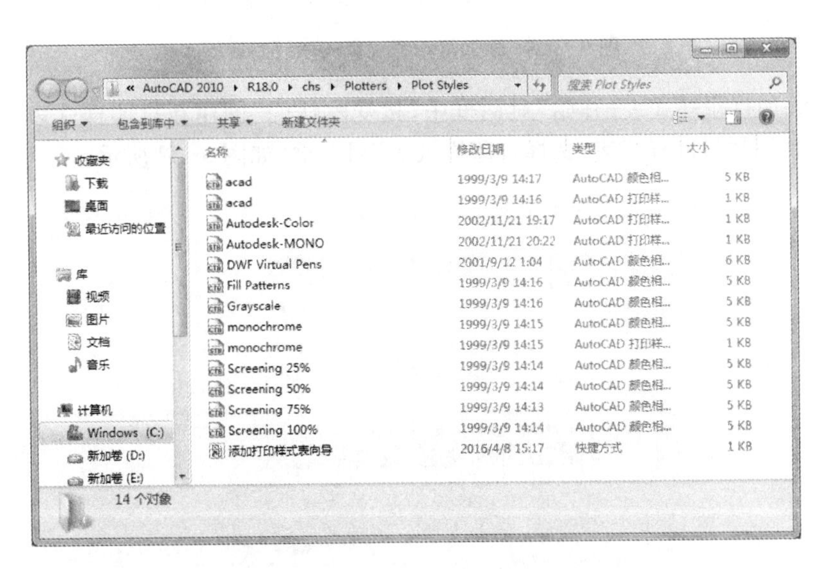

图 9-29 “打印样式管理器”对话框

（2）在“打印样式管理器”对话框中，双击“添加打印样式表向导”图案，弹出“添加打印样式表”对话框，如图 9-30 所示。

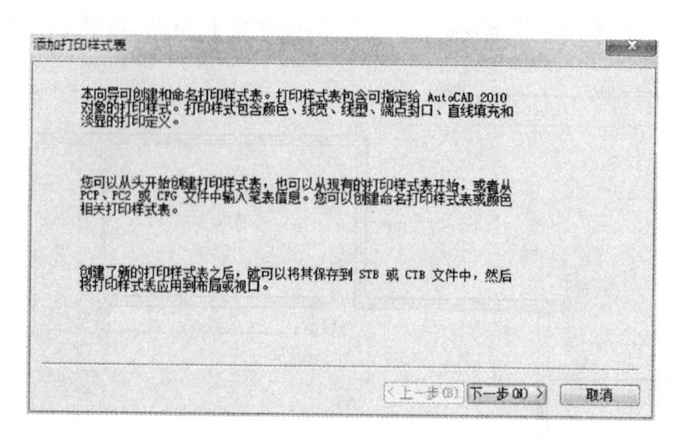

图 9-30　“添加打印样式表”对话框

（3）在“添加打印样式表”对话框中，单击“下一步”按钮，弹出“添加打印样式表-开始”对话框向导，如图 9-31 所示。

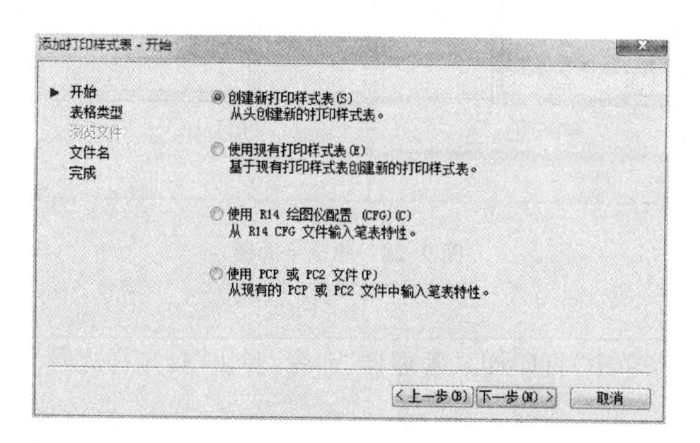

图 9-31　“添加打印样式表-开始”对话框

（4）在“添加打印样式表-开始”对话框中，接受默认的“创建新打印样式表”，单击“下一步”按钮，弹出“添加打印样式表-选择打印样式表”对话框，如图 9-32 所示。

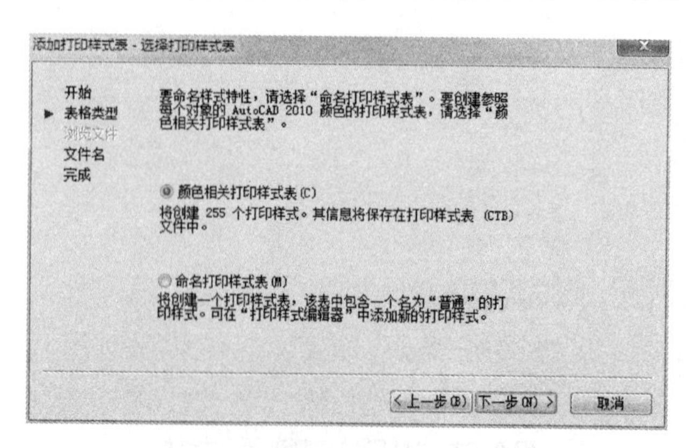

图 9-32　“添加打印样式表-选择打印样式表”对话框

(5) 在“添加打印样式表-选择打印样式表”对话框中，接受默认的“颜色相关打印样式表”，单击“下一步”按钮，弹出“添加打印样式表-文件名”对话框，输入文件名：“建筑装饰图打印样式”，如图 9-33 所示。

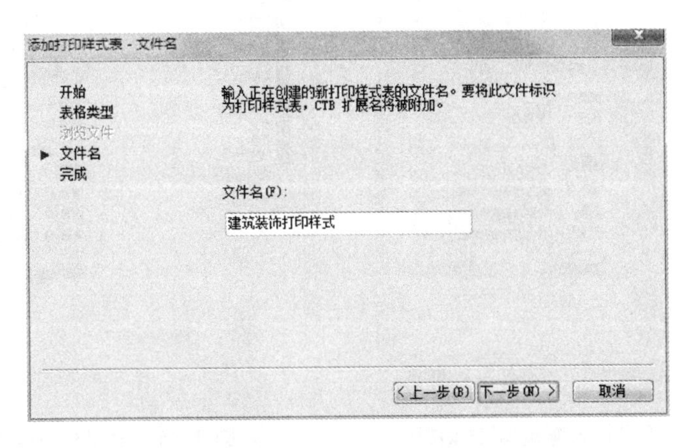

图 9-33　“添加打印样式表-文件名”对话框

(6) 在“添加打印样式表-文件名”对话框中，填写好文件名后，单击“下一步”按钮，弹出“添加打印样式表-完成”对话框，如图 9-34 所示。

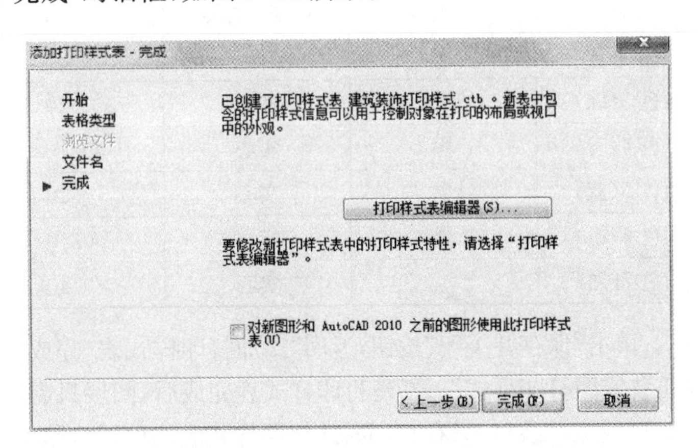

图 9-34　“添加打印样式表-完成”对话框

(7) 在“添加打印样式表-完成”对话框中，单击“打印样式表编辑器”按钮，弹出“打印样式表编辑器-建筑装饰打印样式”对话框，如图 9-35 所示。

(8) 在“添加打印样式表-建筑装饰图打印样式”对话框中，在左边选中颜色 1(红色)，在右边设置框中设置“颜色”为“黑”、“淡显”为“75”、“线型”为“长划、短划”、“线宽”为“0.15”，如图 9-36 所示。

(9) 表 9-1 是建筑装饰图的习惯用法，按照表中所示内容，在“添加打印样式表-建筑装饰图打印样式”对话框中将各颜色设置为对应的特性。

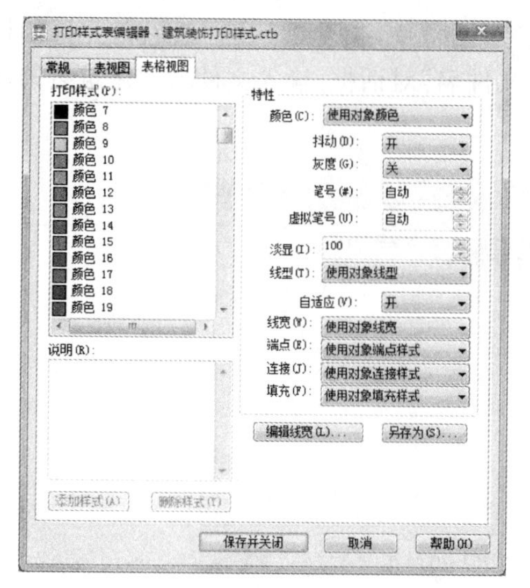

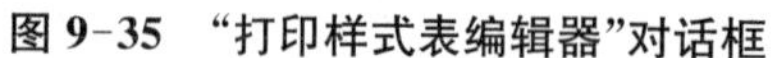

图 9-35 “打印样式表编辑器”对话框

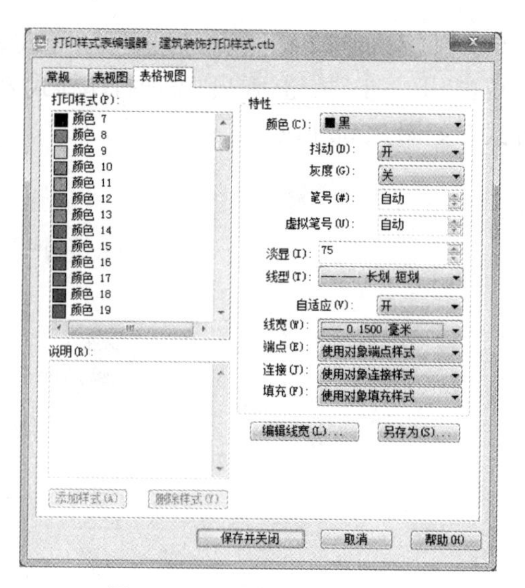

图 9-36 设置打印样式特性

表 9-1 图线颜色与线型、线宽对应表

对应图线	颜色编号	打印颜色	打印线型	打印线宽	淡显度
点画线	颜色 1(红)	黑	长划 短划	0.15	75
虚线	颜色 2(黄)	黑	划	0.25	100
尺寸线	颜色 3(绿)	黑	实心	0.20	100
填充	颜色 4(青)	黑	实心	0.10	75
文字	颜色 5(蓝)	黑	实心	0.20	100
细实线	颜色 6(粉)	黑	实心	0.10	100
粗实线	颜色 7(黑)	黑	实心	0.40	100

(10) 设置结束后，单击“保存并关闭”按钮，返回“添加打印样式表-完成”对话框，再单击“完成”按钮，即新建“建筑装饰图打印样式”。新建打印样式表完成后，图层只需设置图线的颜色，所以在 CAD 图中并不表现线宽和线型，只在打印时才按照样式表的设置打印出线宽和线型。

(11) 打开“图层特性管理器”，对应表 9-1 设置图层如图 9-37。

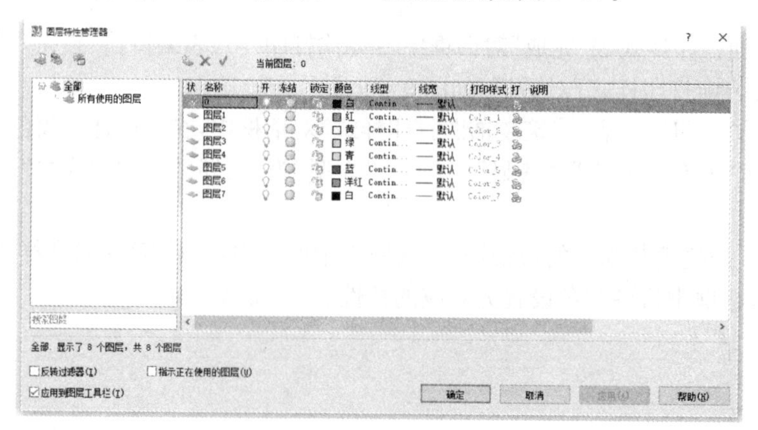

图 9-37 图层设置

(12) 将图层 1 置为当前图层,启用“直线”和“偏移”命令,绘制墙的定位轴网,如图 9-38 所示。

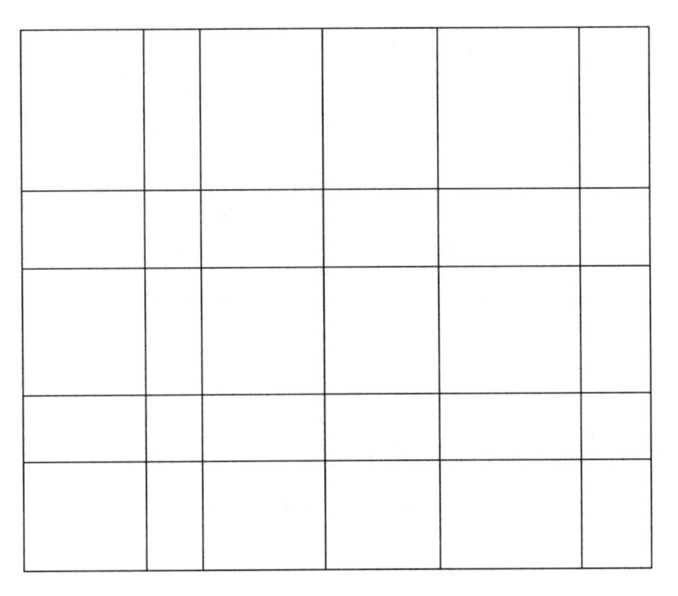

图 9-38　绘制定位轴网

(13) 按照墙体的形状修剪墙的定位轴网,如图 9-39 所示。

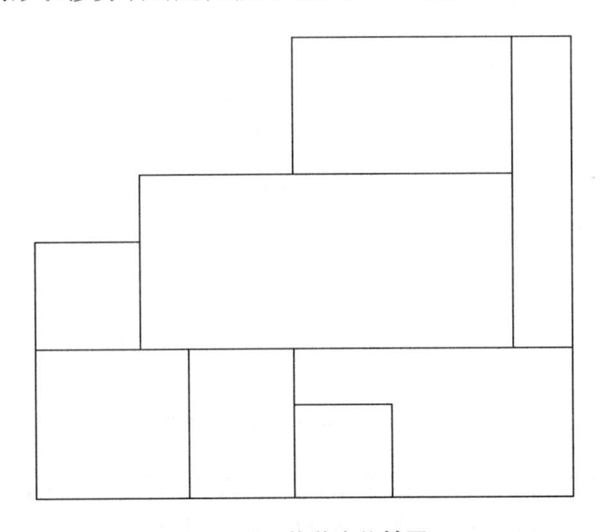

图 9-39　修剪定位轴网

(14) 在“格式”菜单中单击“多线样式”命令,弹出“多线样式”对话框,单击“新建”按钮,弹出“新建多线样式”对话框,输入“新样式名”为“2”,如图 9-40,单击对话框中“继续”按钮,弹出“新建多线样式 2”对话框,将“起点”和“端点”均勾选“直线”封口,如图 9-41,单击“确定”返回“多线样式”对话框。

图 9-40　新建多线样式“2”

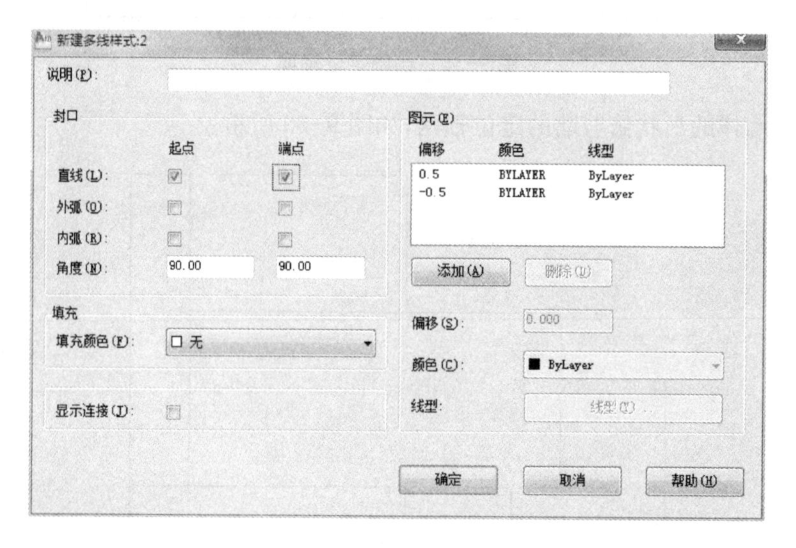

图 9-41　设置多线样式“2”

(15) 在“多线样式”对话框中，再次单击“新建”按钮，弹出“新建多线样式”对话框，输入“新样式名”为“4”，如图 9-42 所示，单击对话框中“继续”按钮，弹出“新建多线样式 4”对话框，将“起点”和“端点”均勾选“直线”封口，在对话框中分别单击“添加”按钮，从“偏移”输入框中输入“0.165”和“－0.165”，如图 9-43，单击“确定”返回“多线样式”对话框，再单击“确定”，完成设置。

(16) 将图层 7 置为当前图层，启用“多线”命令，将“对正”设置为“无”，“比例”设置为“240”，样式设置为“2”。按尺寸画出墙线，如图 9-44 所示。

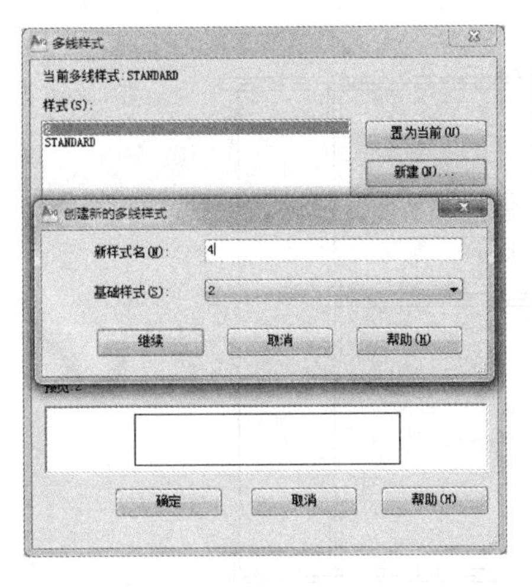

图 9-42　新建多线样式“4”

图 9-43　设置多线样式“4”

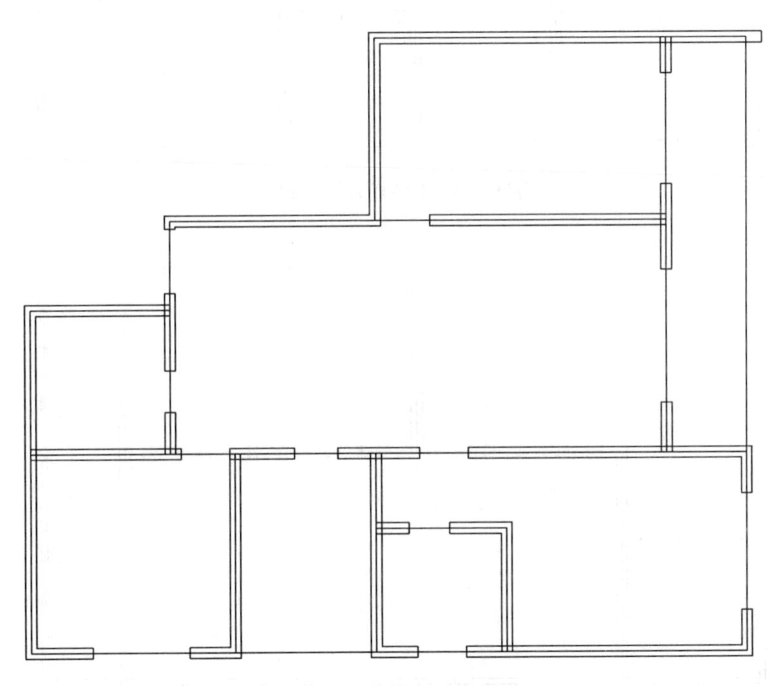

图 9-44　绘制 240 墙线

(17) 将图层 2 置为当前图层，再次启用“多线”命令，绘出门洞处虚线，如图 9-45 所示。

(18) 将图层 6 置为当前，启用多线命令，将多线“比例”分别修改为 60、80、120，对正改为“无”或“上”，画出推拉门、阳台窗，如图 9-46 所示。

(19) 再次启用“多线”命令，将“多线样式”修改为“4”，分别将“比例”改为“200”“150”“120”，将“对正”改为“无”“下”“上”，绘出窗线、飘窗线、封闭阳台线，如图 9-47 所示。

(20) 启用“多线编辑”命令，修改多线如图 9-48。

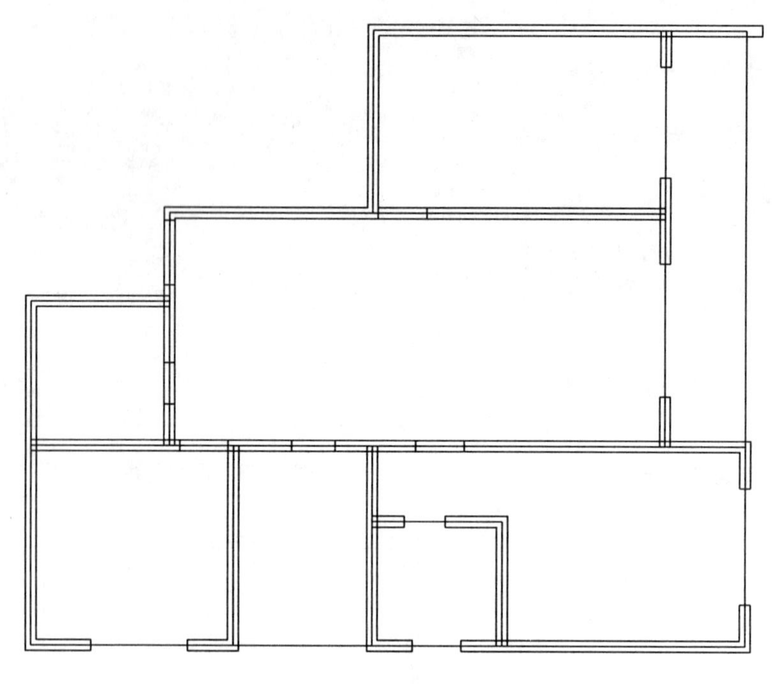

图 9-45 绘制门洞下虚线

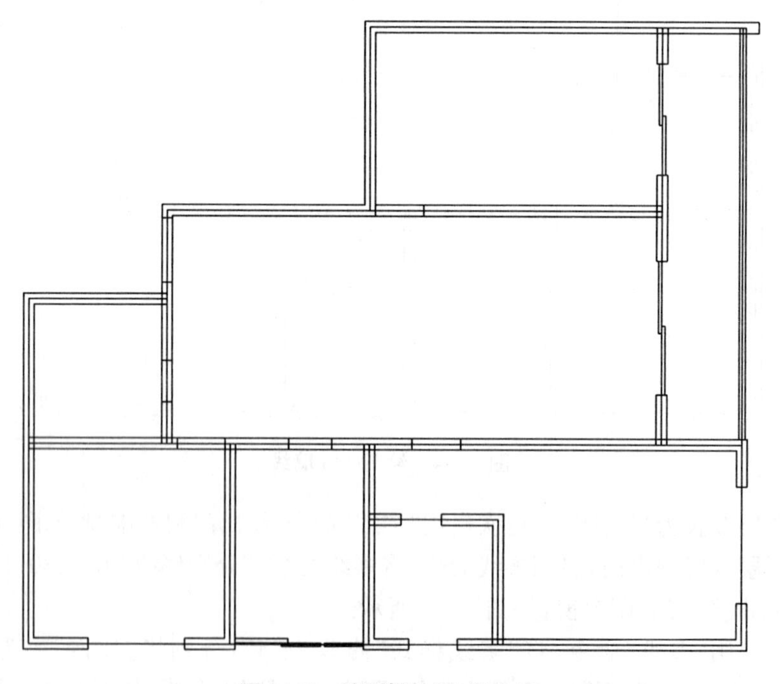

图 9-46 绘制推拉门、阳台窗

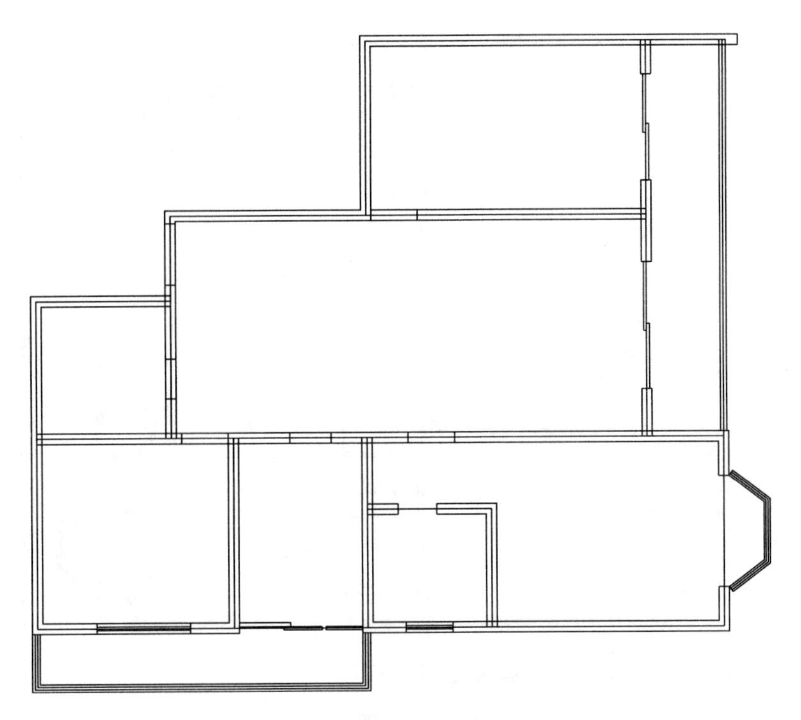

图 9-47　绘制窗、飘窗、封闭阳台

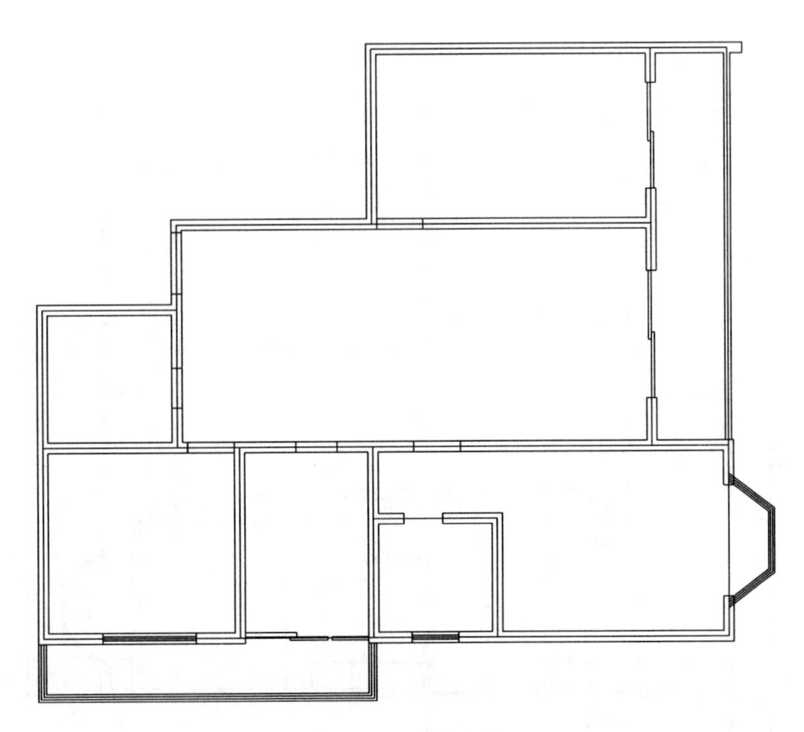

图 9-48　编辑多线

(21) 将图层 3 置为当前图层,标注尺寸如图 9-49 所示。

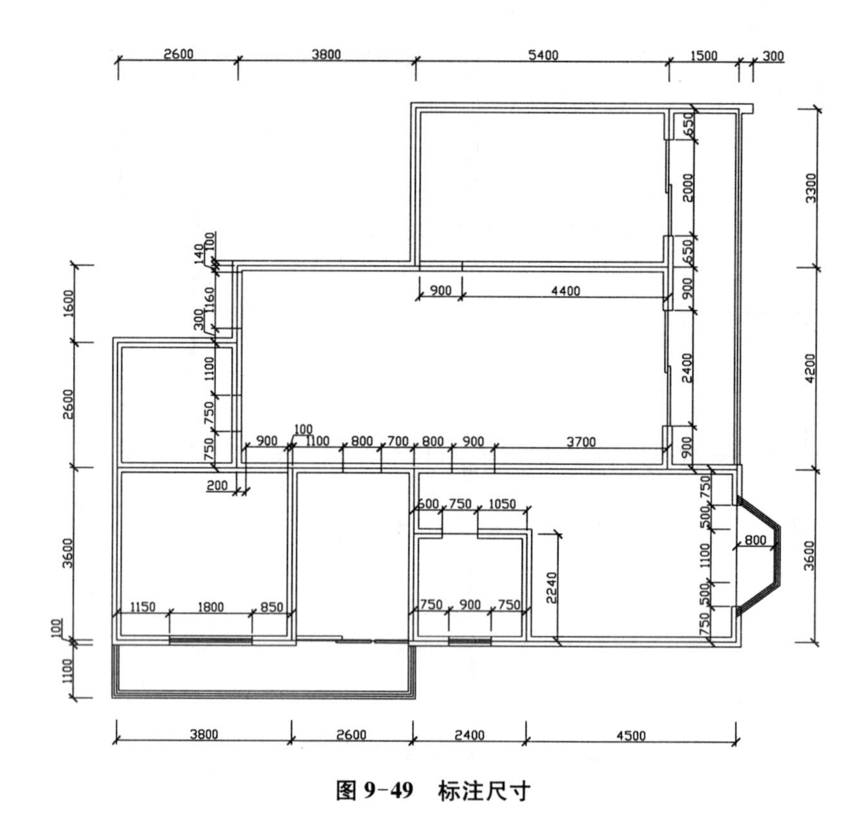

图 9-49　标注尺寸

(22) 将图层 5 置为当前图层,注写图中的文字,如图 9-50。

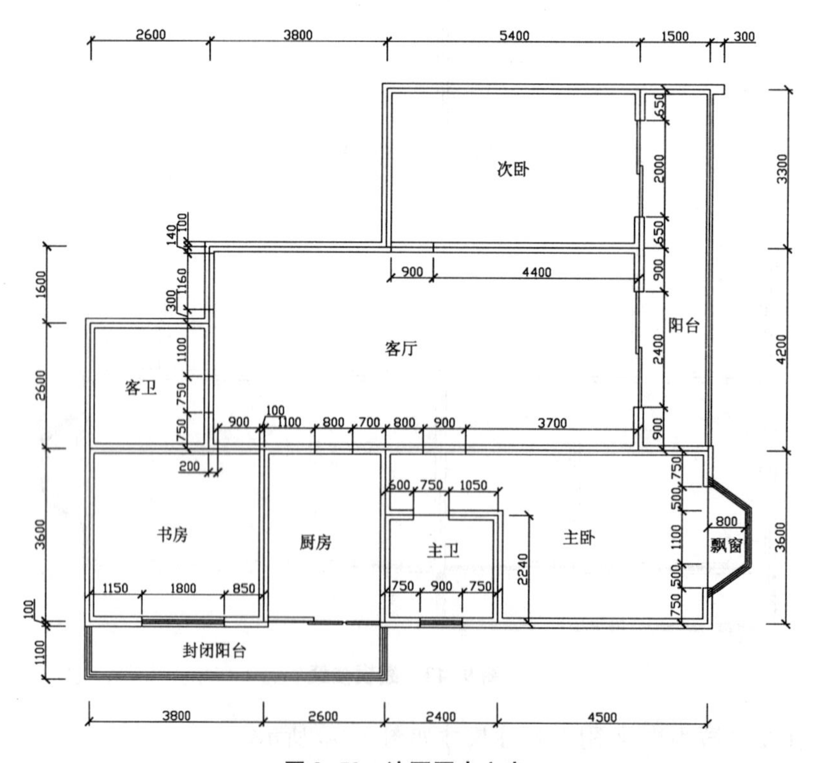

图 9-50　注写图中文字

(23) 应用对应图层,绘制图幅线、图框线、标题栏,布图,如图 9-51 所示。

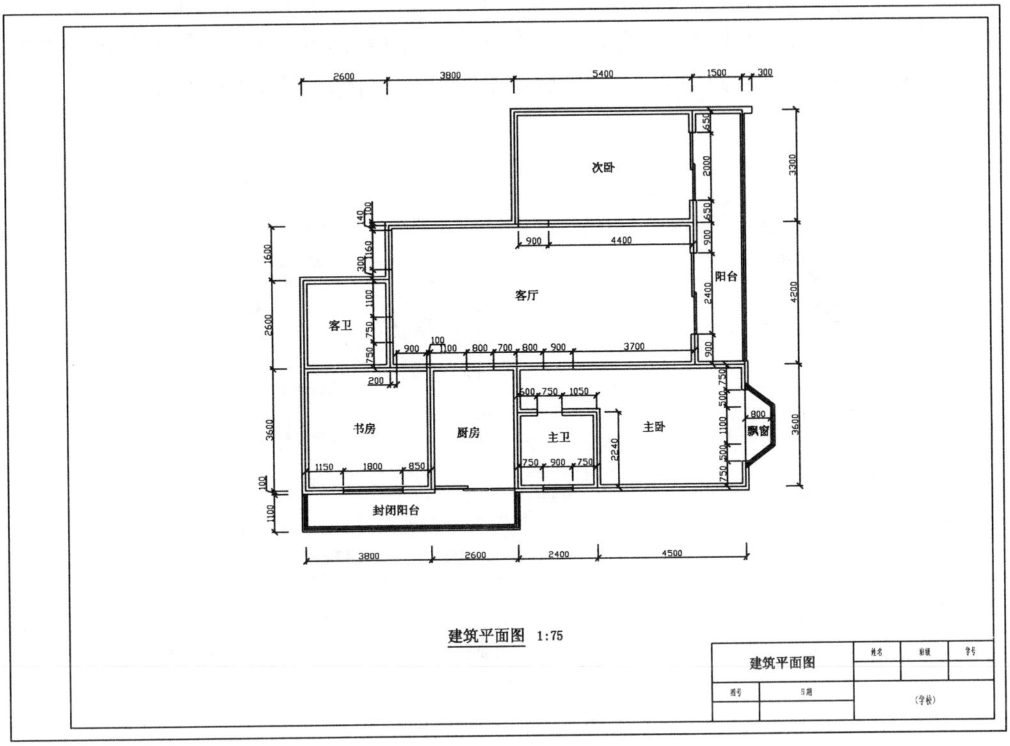

图 9-51　绘制图框、标题栏

(24) 从“工具”菜单中启用“快速选择”命令,弹出“快速选择”对话框,如图 9-52,在“特性”选择框中选中“图层”,在“值”选择框中选择“图层 7”,单击“确定”按钮后,所有图层 7 上的图线全部被选中。本例图层 7 上全部为墙线,选中墙线后,单击“分解”命令,图线不变,消除了“多线”特性。

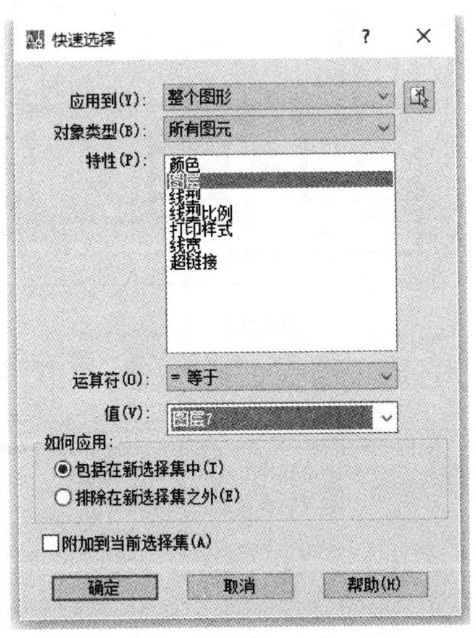

图 9-52　“快速选择”对话框

(25) 单击“打印”按钮,打开“打印-模型”对话框,在对话框中设置“打印样式表”为“建筑装饰样式”;“打印机名称”为“DWF6 ePlot. pc3”;“图纸尺寸”为“ISO A3(420.00×297.00)”;“打印范围”选择“窗口”后通过鼠标选中 A3 图框后返回对话框;勾选“居中打印”和“布满图纸”;图纸方向点选“横向”,如图 9-53。最后单击“预览”,打印预览如图 9-54。

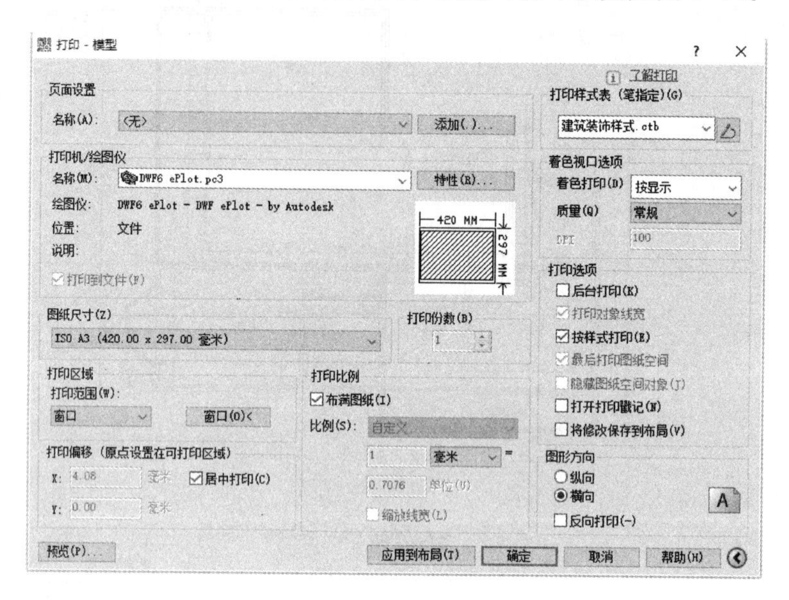

图 9-53　打印设置

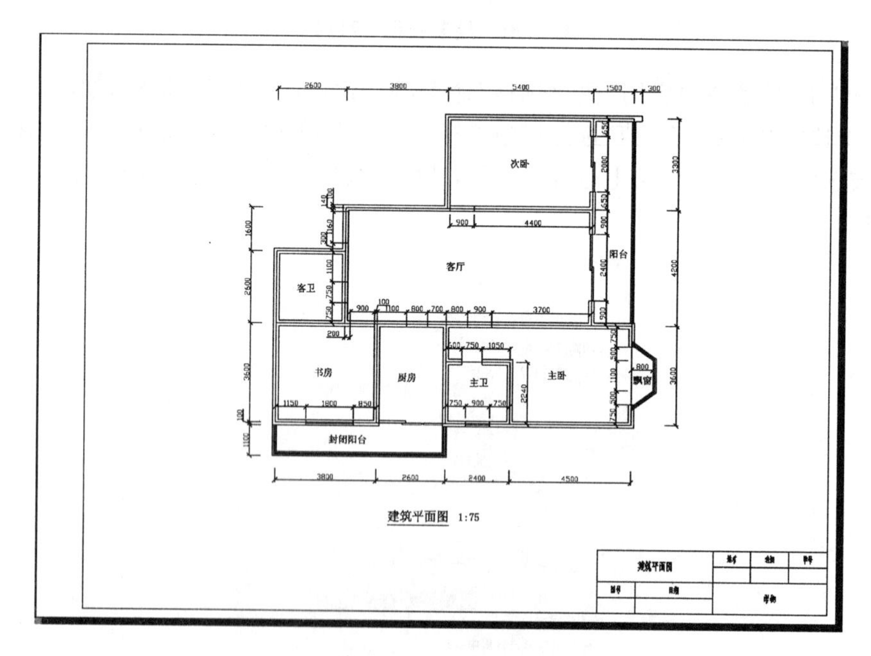

图 9-54　打印预览

任务十

建筑装饰图绘制

一、基础知识

1. 设计中心的应用

单击标准工具栏中的“设计中心”命令图标，打开“设计中心”对话框，如图 10-1 所示。

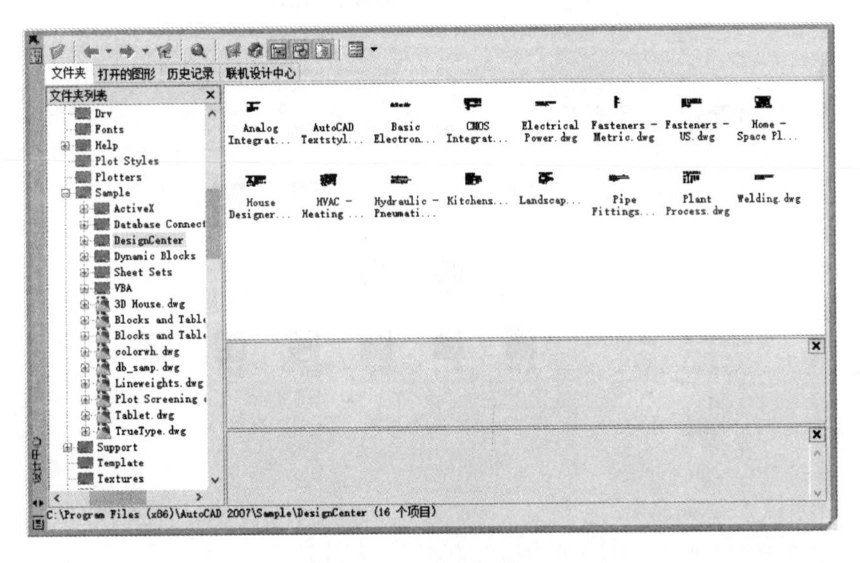

图 10-1　设计中心对话框

在“设计中心”对话框中“文件夹列表”中，单击“Designcenter”(设计中心)前“+”号，打开折叠文件夹，在“Home-Spase Planner. dwg”文件中单击“块”选项，则在右边预览框中显示有系统预置的部分装饰图块，如图 10-2 所示。选中需要的图块，用左键或右键均可将图块直接拖动至当前图形中。

浏览“设计中心”对话框中文件夹列表，找到保存的“室内装修图块”文件，单击其中的块选项，则文件中的所有图块被调入设计中心右边预览框中，如图 10-3 所示，这些自建图块与系统预置图块一样，可以直接拖动到图形文件中使用。

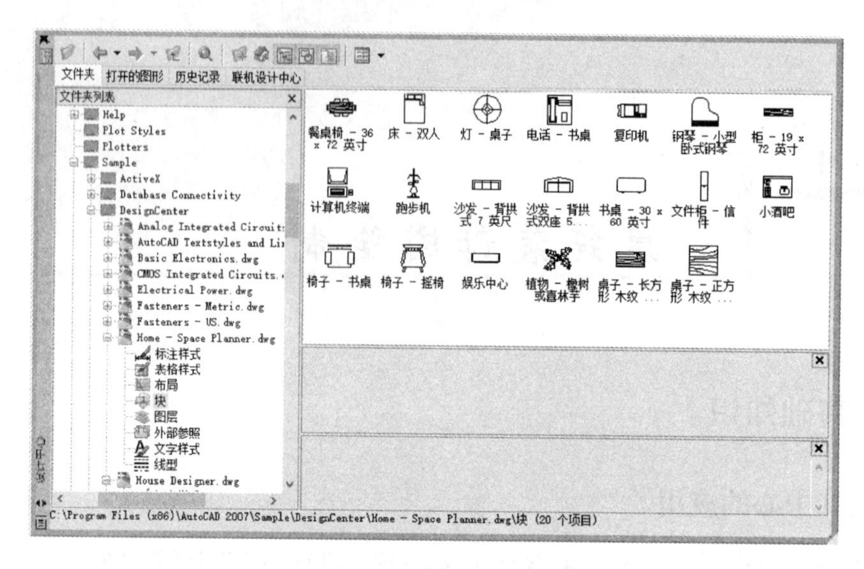

图 10-2　系统预置部分装饰图块

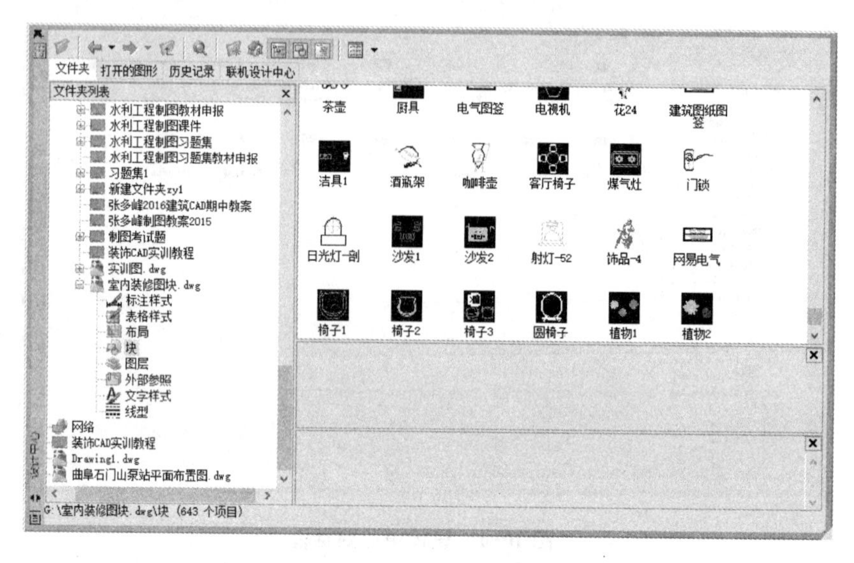

图 10-3　显示预存的图块

2. 图块属性的应用

图块属性是图块附带的文字信息，在插入一个带属性的块时，固定的属性值随块自动添加到图形中，可变的属性值被提示后输入。块属性用于图形相同而注释不同的情况，比如高程标注中的标高值、图框标题栏的文字标注、家具的规格尺寸等都可以通过块属性来绘制。我们可以创建带属性的图块，可以修改属性值，可以隐藏属性值，可以提取属性信息。

创建带属性的图块，首先必须创建块的属性定义，然后用“创建块”命令创建带属性的图块。

创建块的属性定义，有两种方法启用命令，一是从“绘图”菜单下“块”的次级菜单中单击“定义属性”；二是在命令行中输入“attdef”或“att”后回车。启用命令后，会弹出如图 10-4 所示的“属性定义”对话框。在此对话框中定义块的属性。

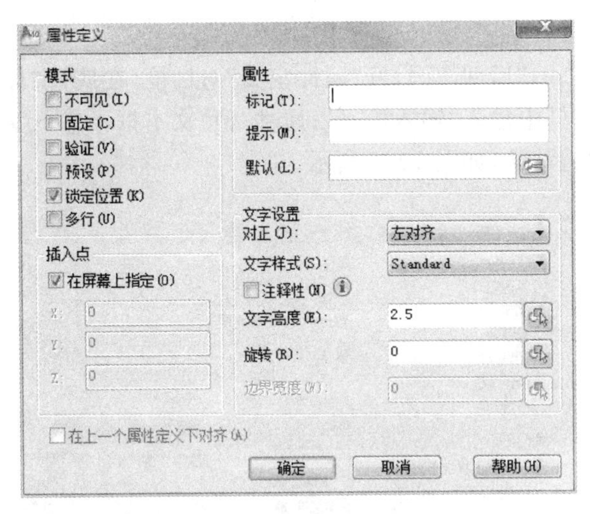

图 10-4　“属性定义”对话框

对话框中主要选项说明如下：

(1) 模式：选择“不可见”，表示该属性在随块插入后看不到。选择“固定”，表示该属性将预设的属性值赋予图块，在插入图块时不再提示输入属性值，插入后该属性值不可更改。选择“验证”，表示插入块时，会提示检查该属性的正确性。选择“预置”，表示该属性将预设的属性值赋予图块，在插入图块时不再提示输入属性值，插入后该属性值可以更改。

(2) 属性：“标记”文本框输入属性的标记；“提示”文本框输入属性的提示信息；“值”文本框输入属性的预设值。

(3) 插入点：可以利用该选项区来确定属性文本插入时的基点。

(4) 文字设置：可以利用该选项区来确定属性文本的格式，包括对正方式、文字样式、文字高度、文字倾斜角度。

块的属性被定义后，用“块创建”的命令可以把带属性的块创建成独立图块或附属图块。用“块插入”命令插入已创建的属性块，插入过程中一般需要按命令行的提示输入属性值。

【例 10-1】 利用图 10-5 所示的 CAD 图块，创建“单人沙发”“三人沙发”“茶几”三个属性块，分别附带“序号”“品牌”“规格”“价格”属性信息，然后再用“属性提取”命令创建家具表。

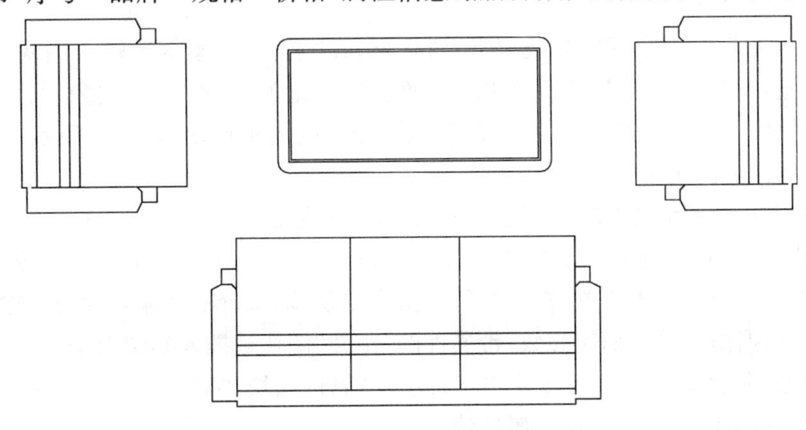

图 10-5　属性块应用图例

操作步骤：

(1) 在命令行输入“att”后回车，打开“属性定义”对话框，在属性“标记”文本框中输入“序号”；在属性“提示”文本框中输入“输入序号”；属性“值”文本框不输入文字。将“模式”选项勾选为“不可见”，其余保持默认，如图 10-6 所示。

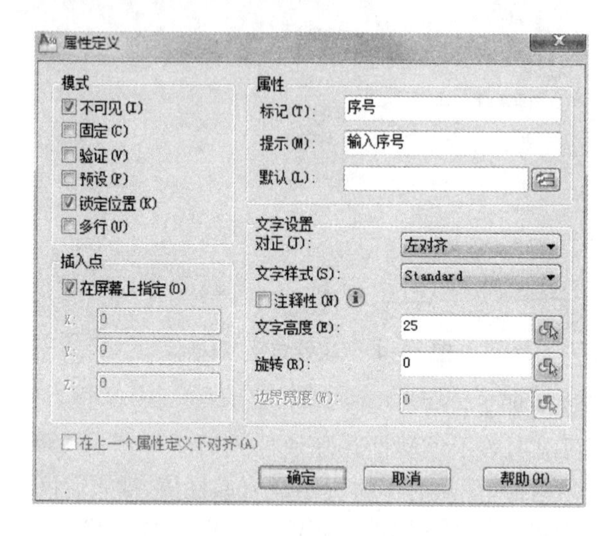

图 10-6　属性定义对话框

(2) 在“属性定义”对话框设置完成后，点击“确定”按钮，用鼠标捕捉矩形框的中心，单击指定属性值的位置，如图 10-7 所示。用同样的方法定义“品牌”“规格”“价格”属性(也可复制“序号”属性再修改属性定义)，如图 10-7。

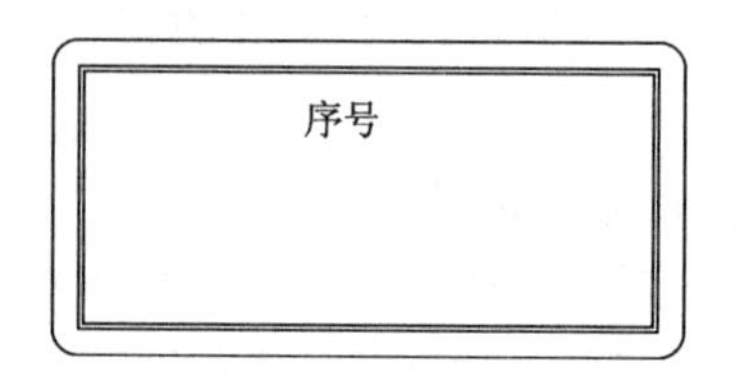

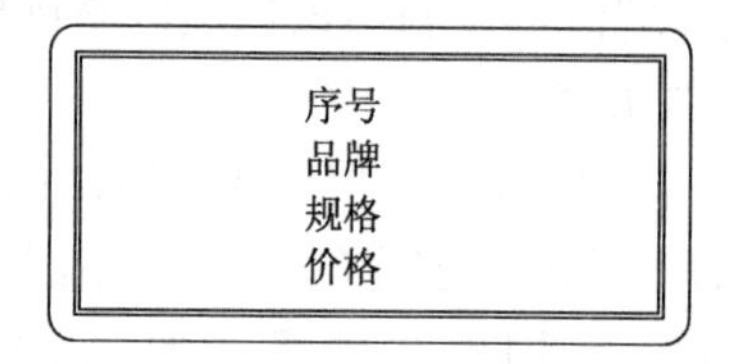

图 10-7　定义属性

(3) 启用“创建块”命令，弹出“块定义”对话框，在“名称”文本框中输入图块名称“茶几”；选择茶几的一边中点为“基点”，选择茶几和属性文字标记为“对象”，将“对象”区域“转换为块”选项改选为“保留”(此项也可不更改，直接将原图创建成图块)，如图 10-8 所示。单击“确定”按钮，“茶几”属性块创建完成。

用同样的方法分别创建“单人沙发”“三人沙发”属性块。

(4) 启用“块插入”命令，弹出“插入”对话框，如图 10-9 所示。单击“确定”按钮，用鼠标或输入坐标值指定图块的插入位置，在命令行会依次出现“输入价格”“输入规格”“输入品牌”“输入序号”提示，根据提示输入相应参数，带属性的“茶几”图块被插入到图形中。

(5) 用同样的方法插入“单人沙发”“三人沙发”属性图块，如图 10-10 所示。因为块属性为“不可见”设置，所以属性块不显示属性值。

图 10-8　“块定义”对话框

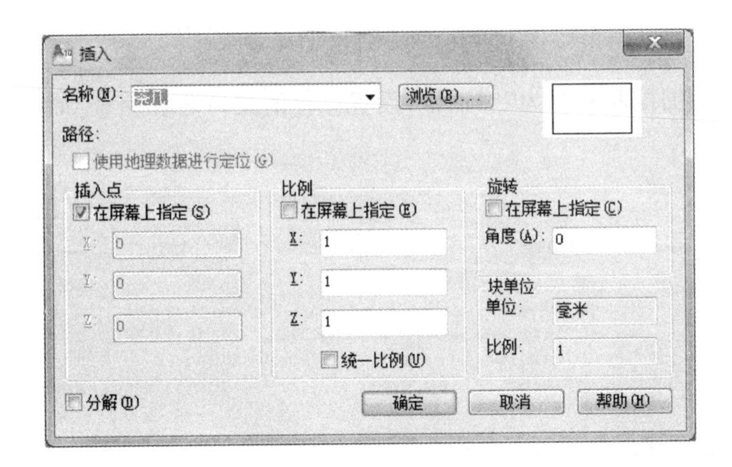

图 10-9　块“插入”对话框

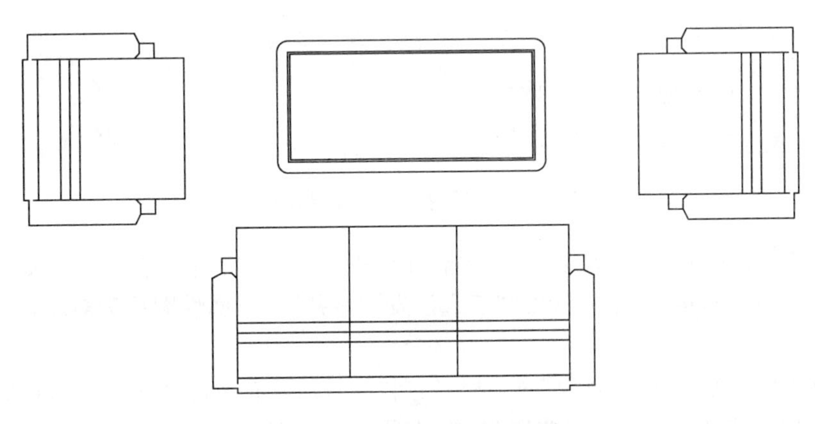

图 10-10　插入带属性的图块

（6）从“工具”菜单中启用“数据提取”命令，则启动“数据提取-开始”对话框向导，如图10-11。默认“创建新数据提取”，单击“下一步”按钮。

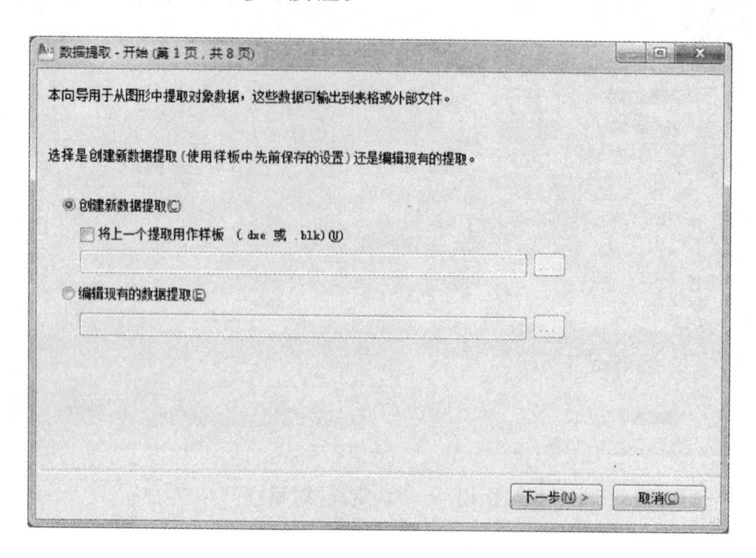

图10-11 “数据提取-开始”对话框

（7）打开“将数据提取另存为”对话框，设置保存的文件名和路径，如图10-12，单击“保存”按钮。

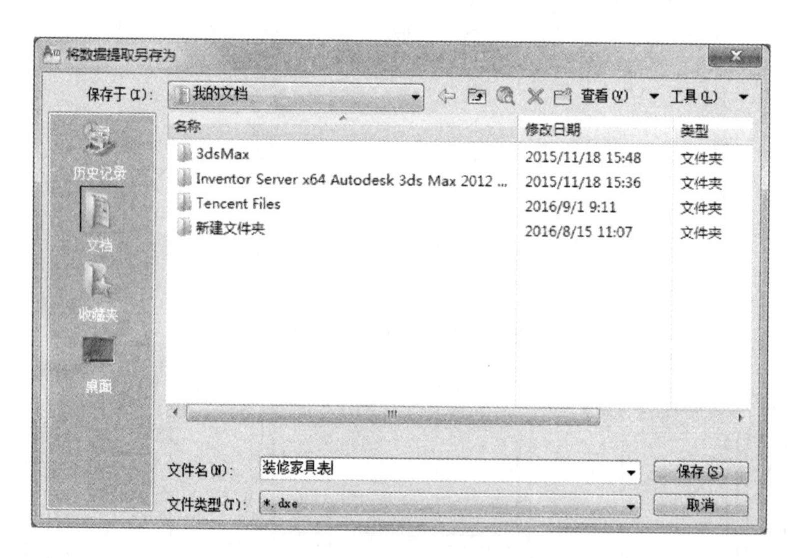

图10-12 设置文件名和保存路径

（8）打开“数据提取-定义数据源”对话框，选择“在当前图形中选择对象”，如图10-13，单击右边选取对象按钮，选择“单人沙发”“三人沙发”“茶几”三个属性图块为对象，单击“下一步”按钮。

（9）打开“数据提取-选择对象”对话框，勾选“仅显示具有属性的块”选项，在“选择要从中提取数据的对象”选择框中，去掉“非块”对象，如图10-14所示，单击“下一步”按钮。

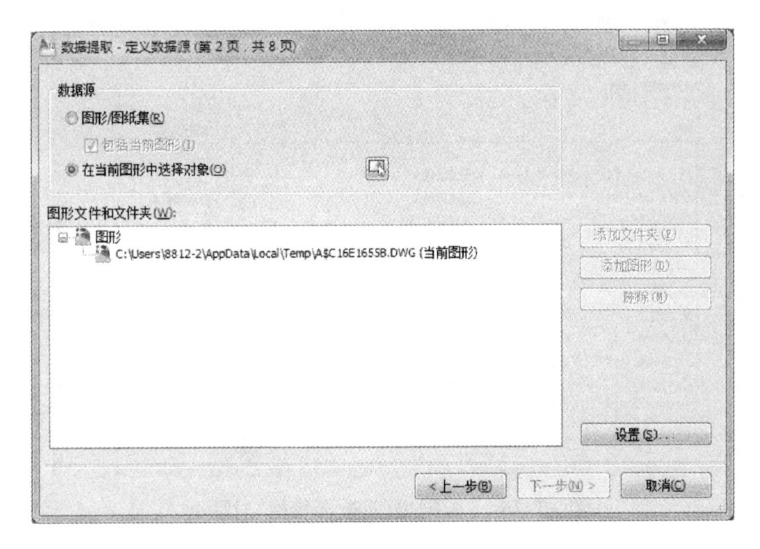

图 10-13　“数据提取-定义数据源”对话框

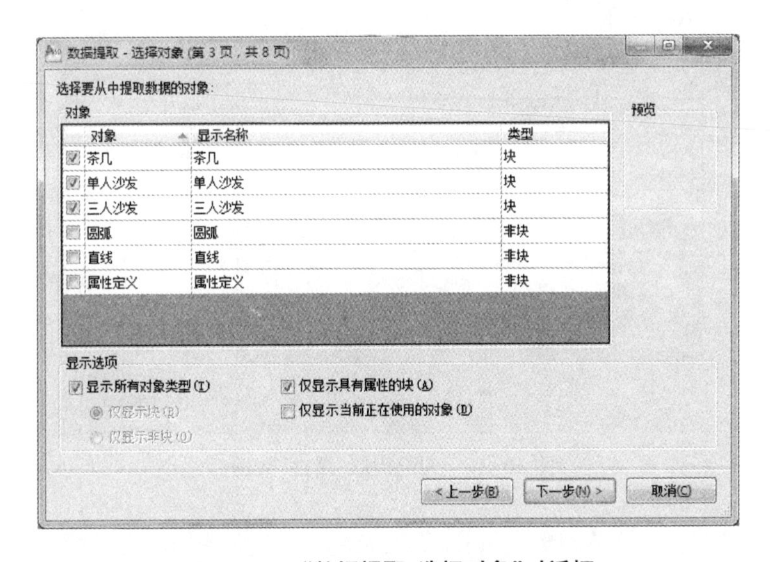

图 10-14　“数据提取-选择对象”对话框

(10) 打开“数据提取-选择特性”对话框如图 10-15 所示，在右边“类别过滤器”列表中，只保留“属性”，其余去掉“勾选”，如图 10-16 所示。单击“下一步”。

(11) 打开“数据提取-优化数据”对话框，如图 10-17，看出对话框中的列表排序是不符合要求的，用鼠标左键拖动表中列标题重新进行列标题排序；再将鼠标放于“序号”列标题上，单击右键，在弹出的右键快捷菜单中，单击“升序排序”，则对话框中列表按新设置排序显示，如图 10-18，单击“下一步”按钮。

(12) 打开“数据提取-选择输出”对话框，如图 10-19，勾选“将数据提取处理表插入图形”，单击“下一步”按钮。

(13) 打开“数据提取-表格样式”对话框，输入表格的标题“装修家具表”，如图 10-20，单击“下一步”按钮。

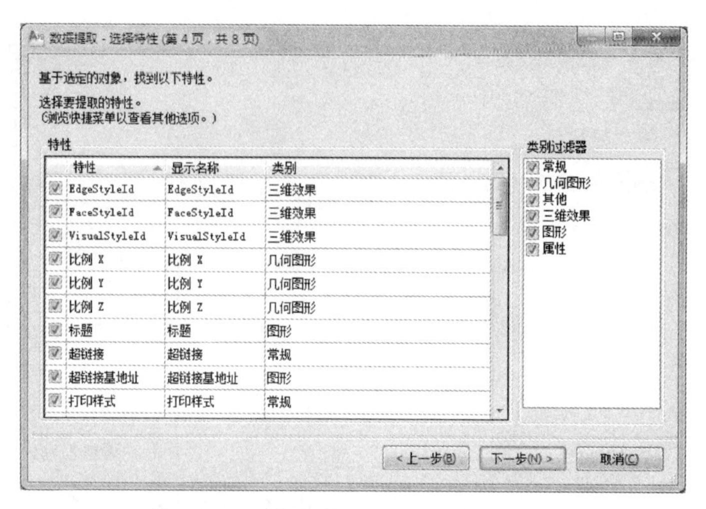

图 10-15 “数据提取-选择特性”对话框

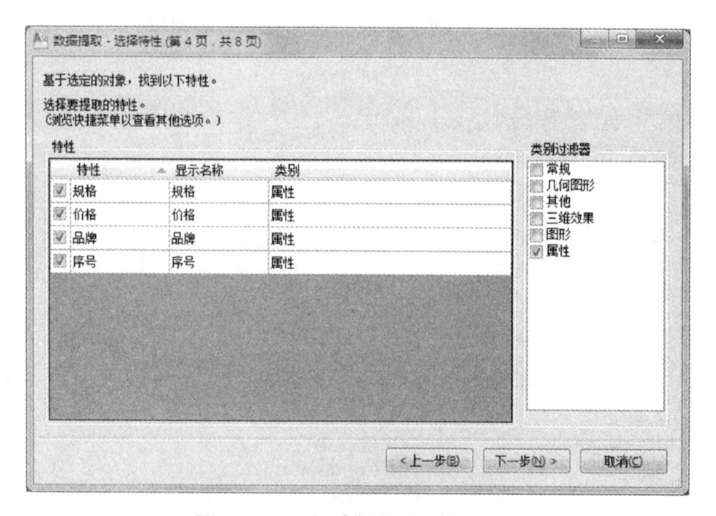

图 10-16 勾选提取“属性”数据

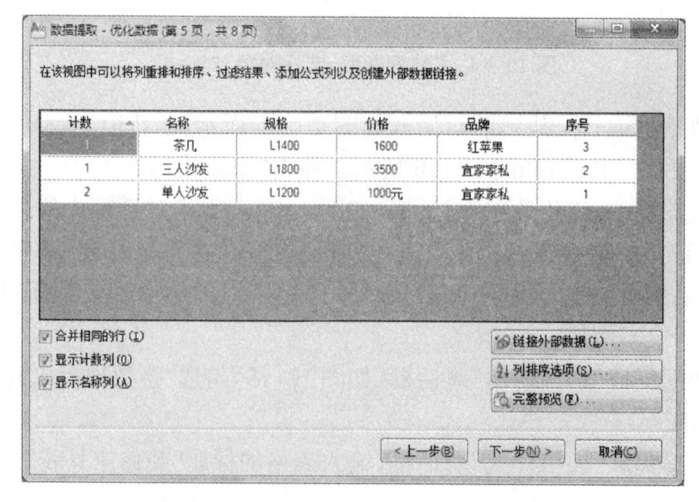

图 10-17 “数据提取-优化数据”对话框

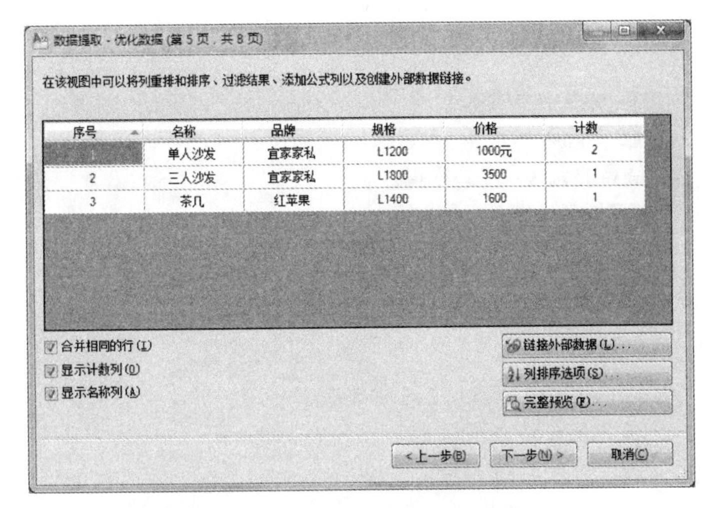

图 10-18　调整属性信息的列表排序

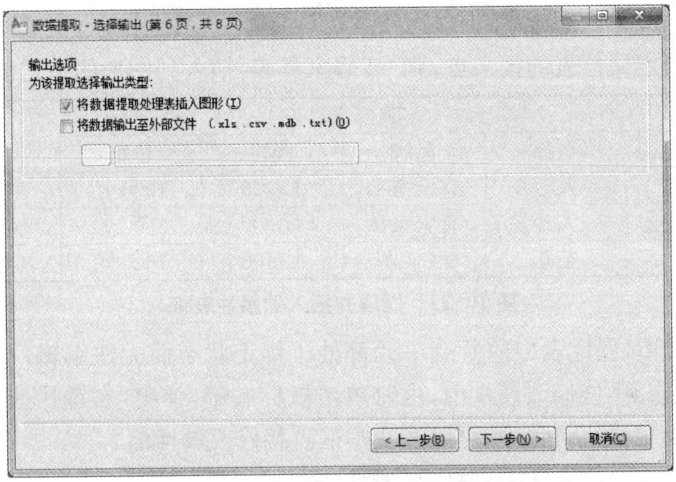

图 10-19　“数据提取-选择输出”对话框

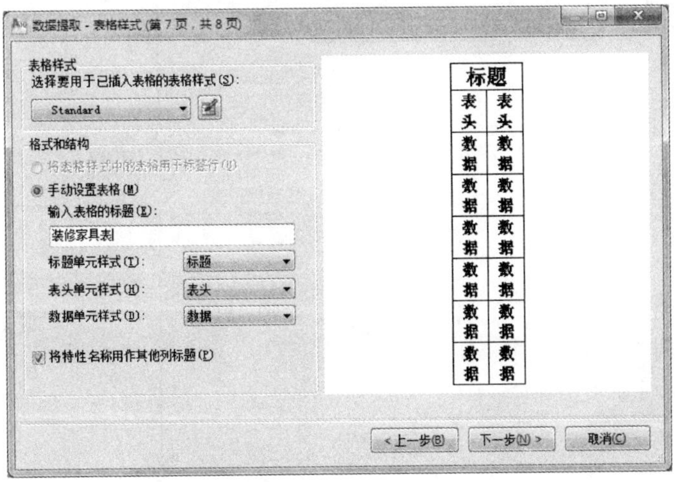

图 10-20　“数据提取-表格样式”对话框

(14) 打开“数据提取-完成”对话框，如图 10-21，单击“完成”按钮。

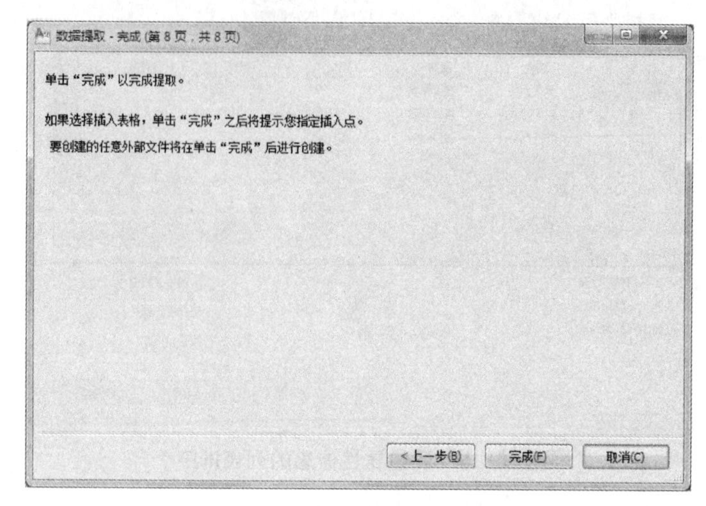

图 10-21 “数据提取-完成”对话框

(15) 用鼠标指定属性表的插入点，则“装修家具表”插入到图形的指定位置，如图 10-22。

装修家具表					
序号	名称	品牌	规格	价格	计数
1	单人沙发	宜家家私	L1200	1000 元	2
2	三人沙发	宜家家私	L1800	3500 元	1
3	茶几	红苹果	L1400	1600 元	1

图 10-22 提取并插入的属性表格

(16) 默认情况下，属性表中的所有单元都处于锁定状态而无法编辑。单击属性表，光标显示处于“锁定”状态，不能修改属性值，这时单击鼠标右键，弹出“右键快捷菜单”如图 10-23 所示，通过“锁定”菜单进行解锁，则可以在文本框直接修改属性值。

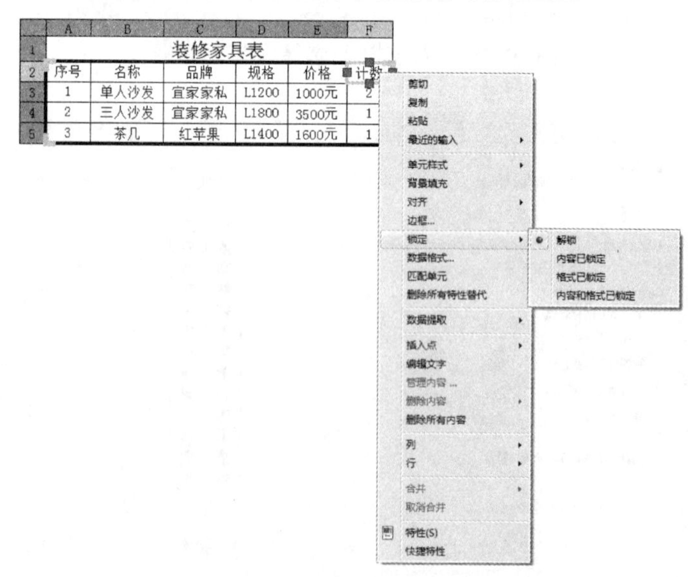

图 10-23 解锁属性表格

3. “快速引线”命令应用

“快速引线”命令操作步骤：

(1) 在“命令区”输入“le”回车，启用“快速引线”标注命令，则在命令区显示：

指定第一个引线点或[设置(S)]〈设置〉：

单击空格键或输入“S”再回车，则启用“设置”选项，AutoCAD 2010 弹出“引线设置”对话框，如图 10-24 所示。

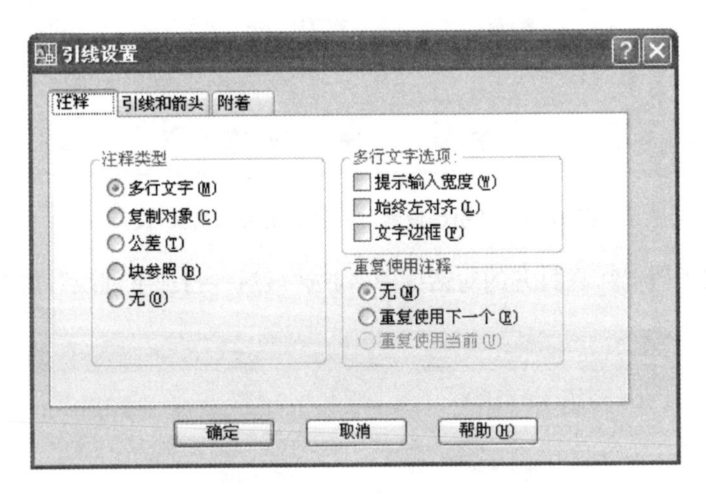

图 10-24　“引线设置”对话框

(2) 在“引线设置”对话框中，单击“注释”标签，去掉默认的“提示输入宽度”勾选项，如图 10-25 所示。

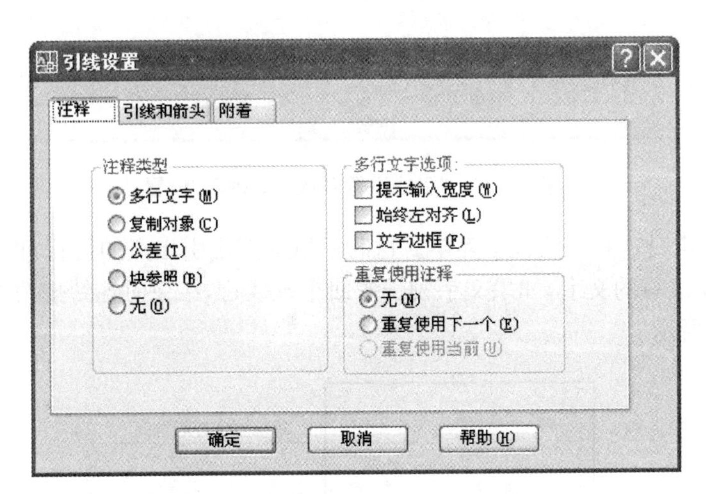

图 10-25　“引线设置”对话框“注释”设置

(3) 单击“引线和箭头”标签，在打开的对话框中，将“点数”的“最大值”修改为“2”，将“箭头”选项框中选项选择为“小点”，将“角度约束”都调整为“90°”，如图 10-26 所示。

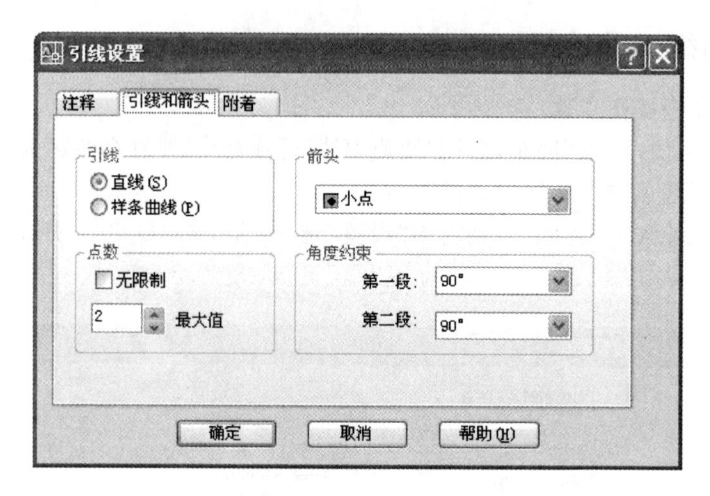

图 10-26 “引线设置”对话框“引线和箭头”设置

(4) 单击“附着”标签,在打开的对话框中,勾选“最后一行加下划线”,如图 10-27 所示。

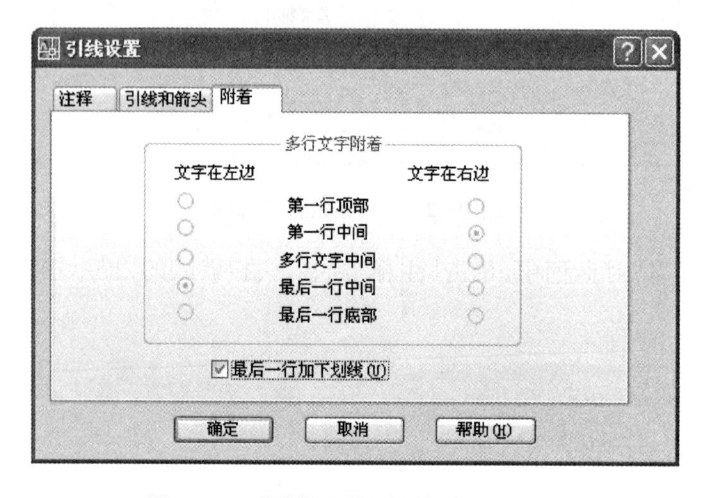

图 10-27 “引线设置”对话框“附着”设置

(5) 单击“确定”按钮,引线设置完毕。这时用鼠标点击引出点的位置,再点击注写文字的位置,然后输入要注写的文字,如果文字较长按回车键换行,结束时连续按两次回车键,写出的文字如图 10-28 所示。

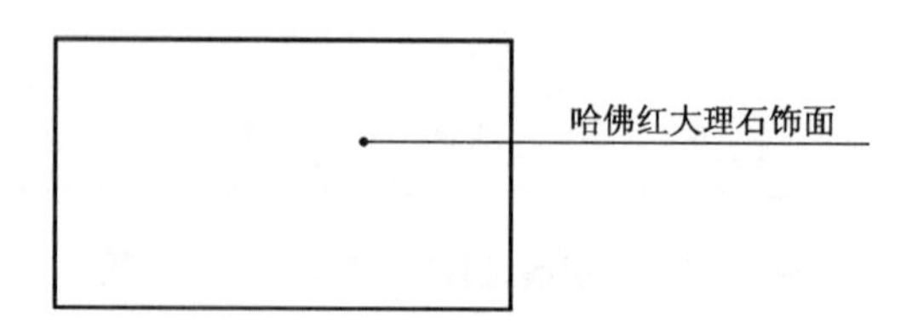

图 10-28 “引线设置”图例

二、绘图实训任务

1. 绘图任务一

按尺寸绘制图 10-29 所示建筑装饰二层原始平面图，绘图参考时间 60～100 分钟。

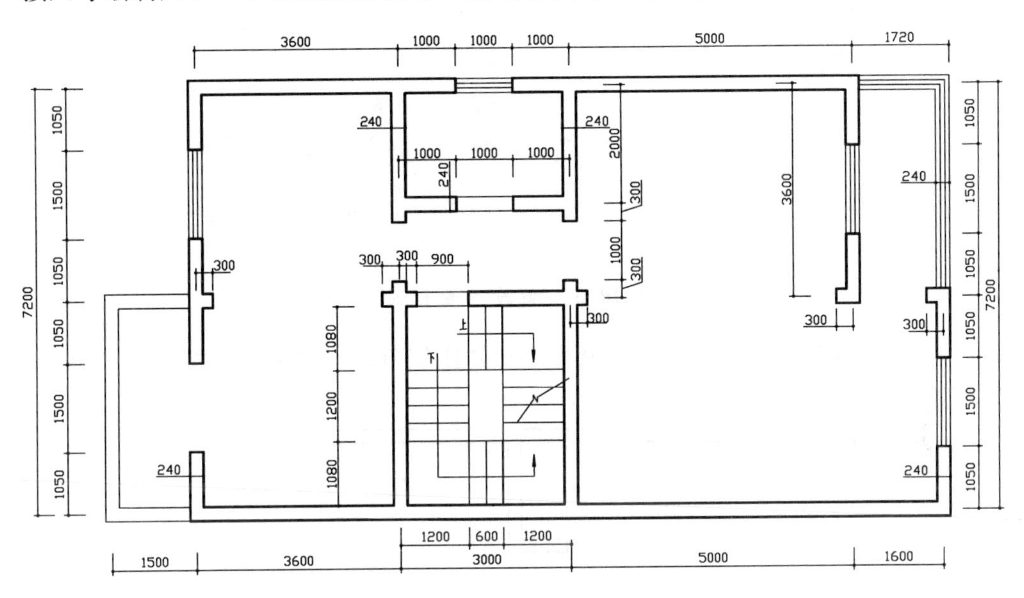

图 10-29　二层原始平面图

绘图实训指导：

（1）在“格式”菜单中单击“多线样式”命令，弹出“多线样式”对话框，如图 10-30，单击对话框中“修改”按钮，弹出“修改多线样式”对话框，将“起点”和“端点”均勾选“直线”封口，如图 10-31。

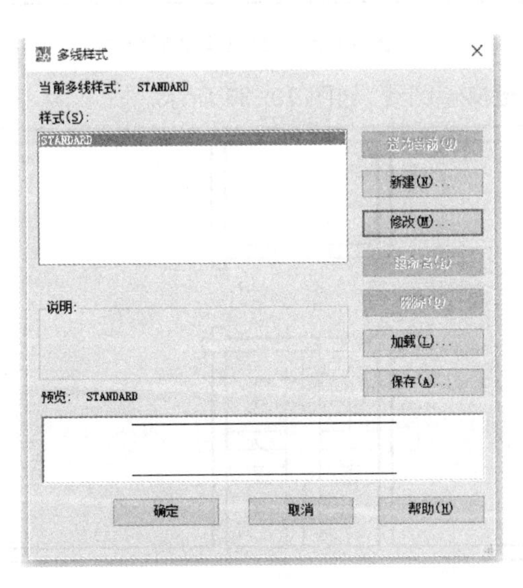

图 10-30　“多线样式”对话框

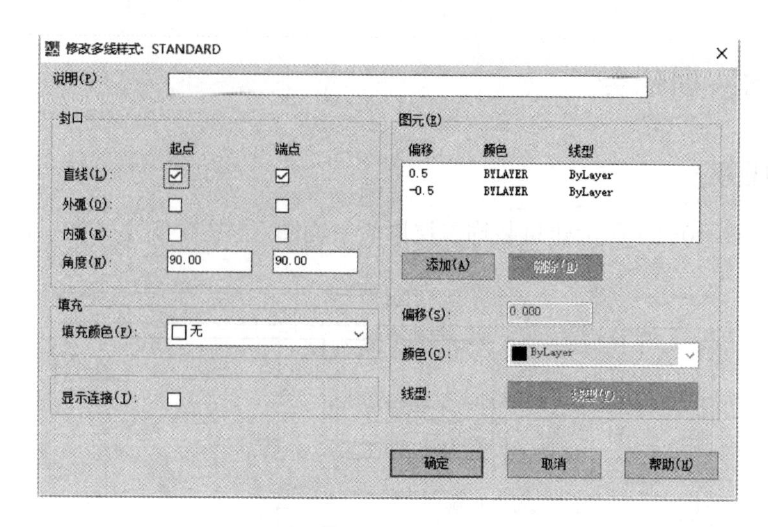

图 10-31　修改“多线样式”

(2) 启用“多线”命令，将“对正”设置为“无”，“比例”设置为“240”。按尺寸画出墙线，如图 10-32 所示。

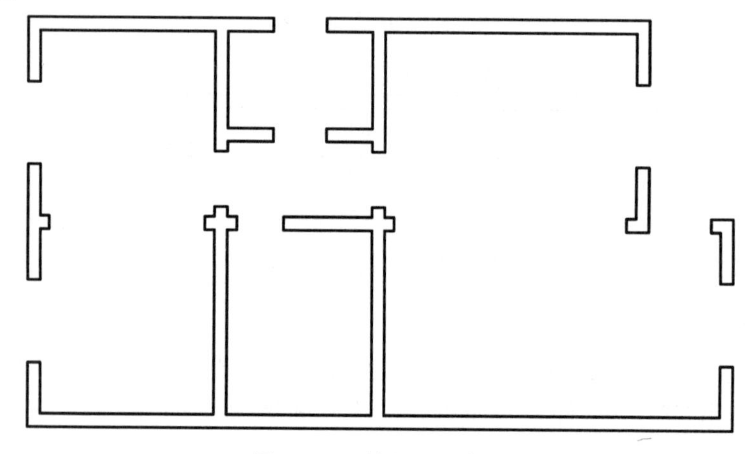

图 10-32　绘制 240 墙线

(3) 画出门窗、阳台、楼梯等图线，如图 10-33 所示。

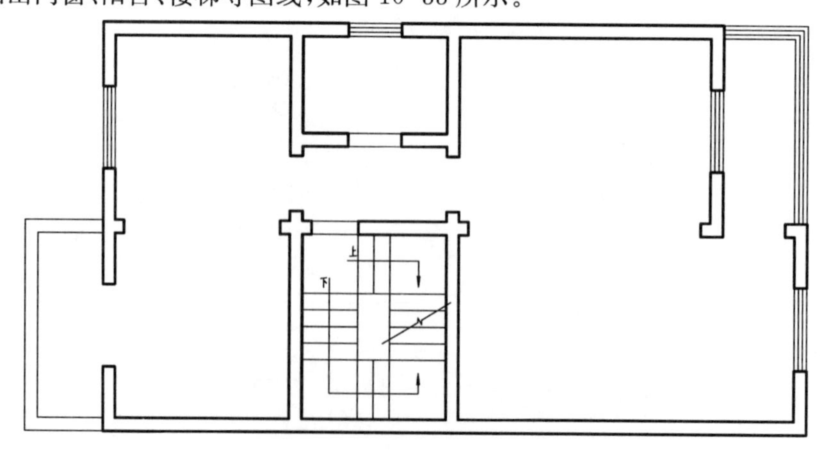

图 10-33　绘制楼梯、阳台、门窗等细实线

(4) 标注出所有尺寸,如图 10-34 所示。

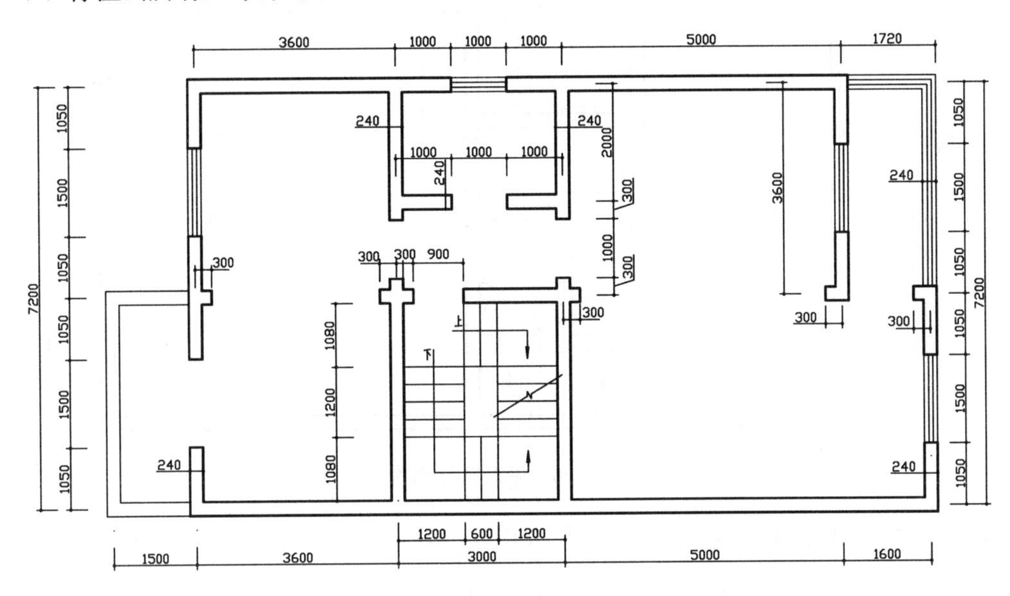

图 10-34　标注尺寸

2. 实训任务二

按尺寸绘制图 10-35 所示建筑装饰二层地面材料图,绘图参考时间 10～30 分钟。

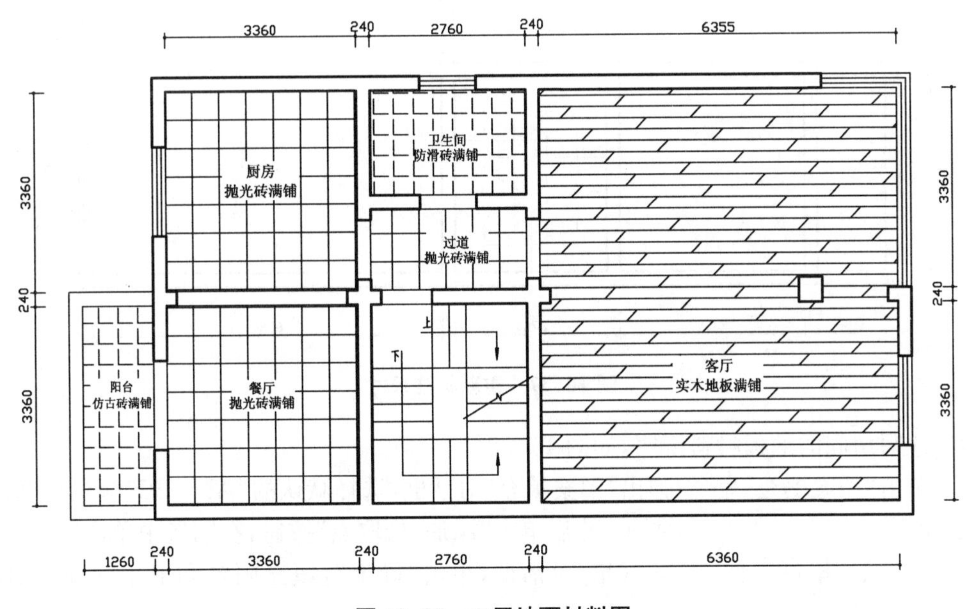

图 10-35　二层地面材料图

绘图实训指导:

(1) 复制二层原始平面图,将右角墙体拆除改为方柱结构,如图 10-36 所示。

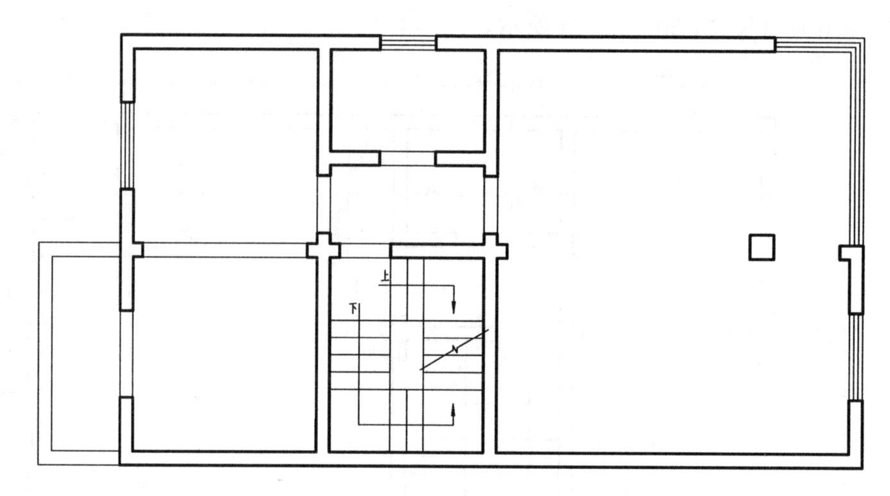

图 10-36　修改客厅结构

(2) 按照地面铺装要求,重新标注尺寸,如图 10-37。

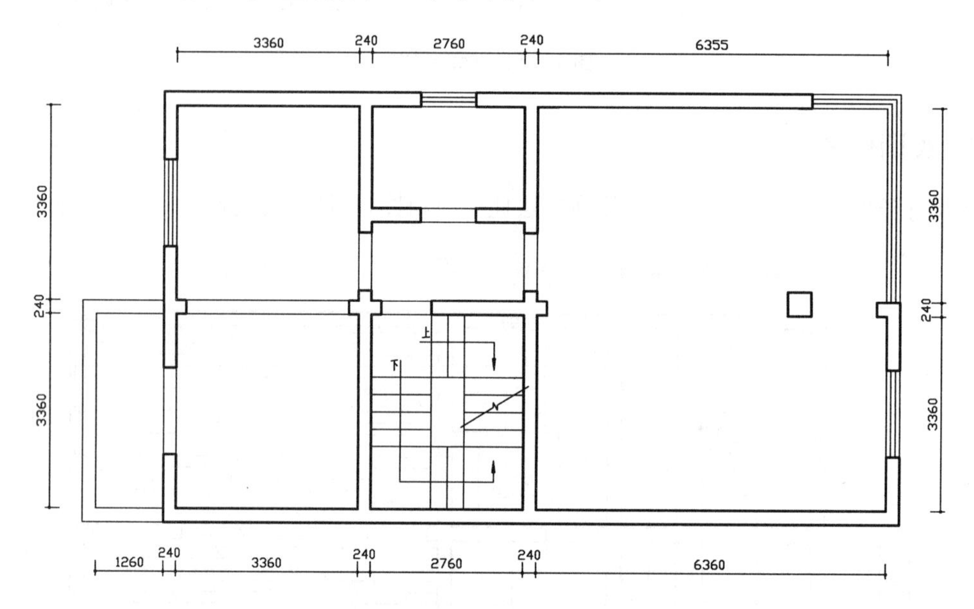

图 10-37　重新标注尺寸

(3) 注写房间的地板材料说明,如图 10-38。

(4) 单击“图案填充”命令,弹出“图案填充”对话框,选择默认的“ANGLE”填充图例,设置填充“比例”为“50”,如图 10-39 所示,然后单击“添加:拾取点”按钮,在图形中单击阳台和卫生间的空间处,按空格键返回“图案填充”对话框,单击“确定”,填充阳台和卫生间地板材料如图 10-40。

(5) 用同样的方法,选择“NET”为填充图例,设置填充“比例”为“150”,填充厨房、餐厅和过道的地板材料;再选择“DOLMIT”为填充图例,设置填充“比例”为“30”,填充客厅的地板材料,如图 10-41。

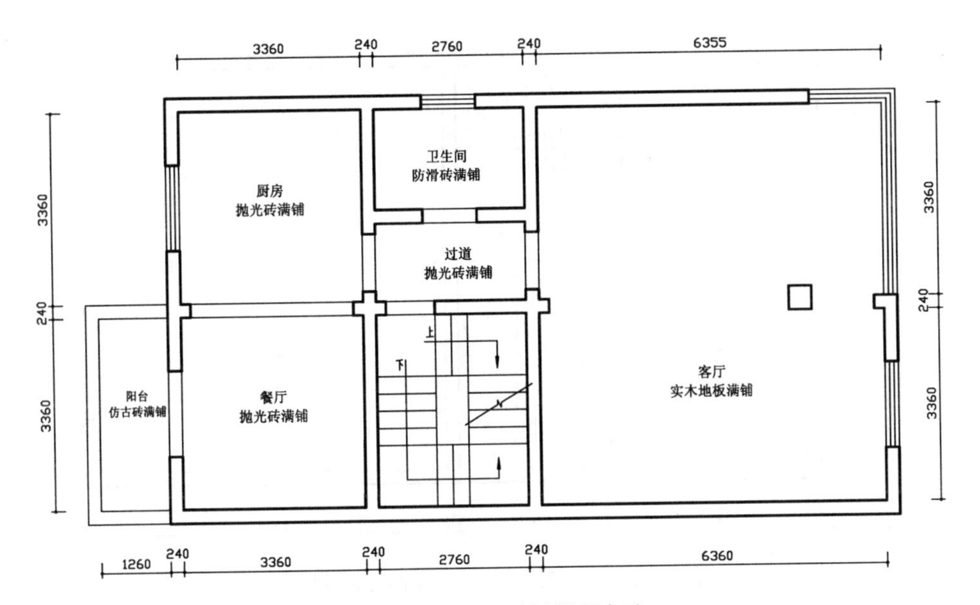

图 10-38　注写地板材料名称

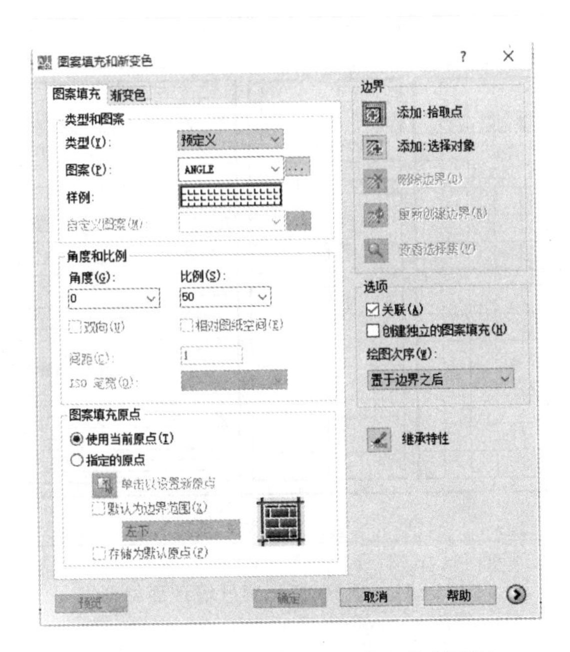

图 10-39　“图案填充和渐变色”对话框

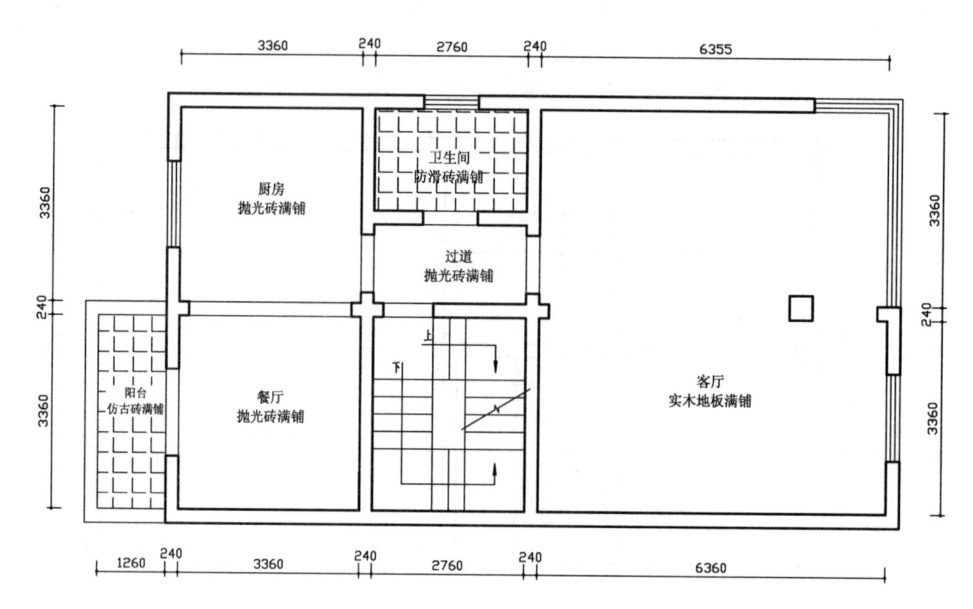

图 10-40 填充阳台和卫生间地板材料图例

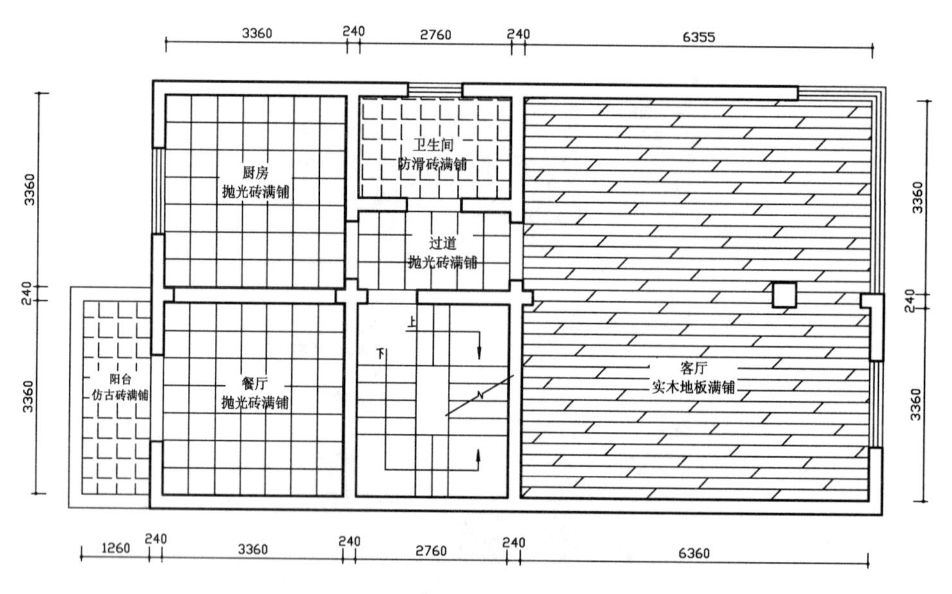

图 10-41 填充餐厅、客厅等地面材料

3. 实训任务三

按尺寸绘制图 10-42 所示“二层家具布置图”，绘图参考时间 15～35 分钟。

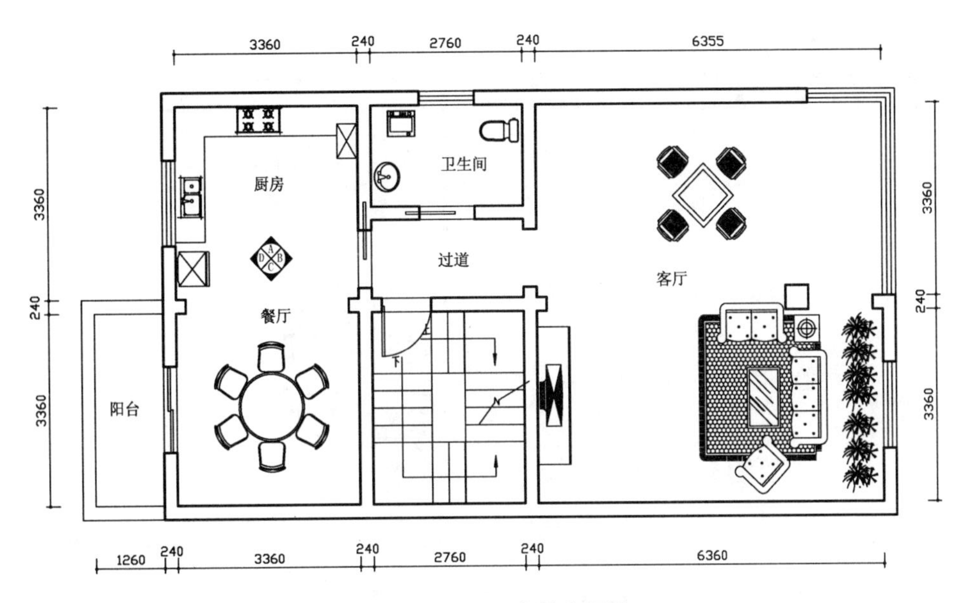

图 10-42　二层家具布置图

绘图实训指导：

(1) 从网上下载“CAD 装饰图块”之类的文件，作为绘图资源保存。

(2) 打开“二层地面材料图”，删除地面材料图例与地板材料文字说明，如图 10-43 所示。修改后另存为“二层家具布置图”。

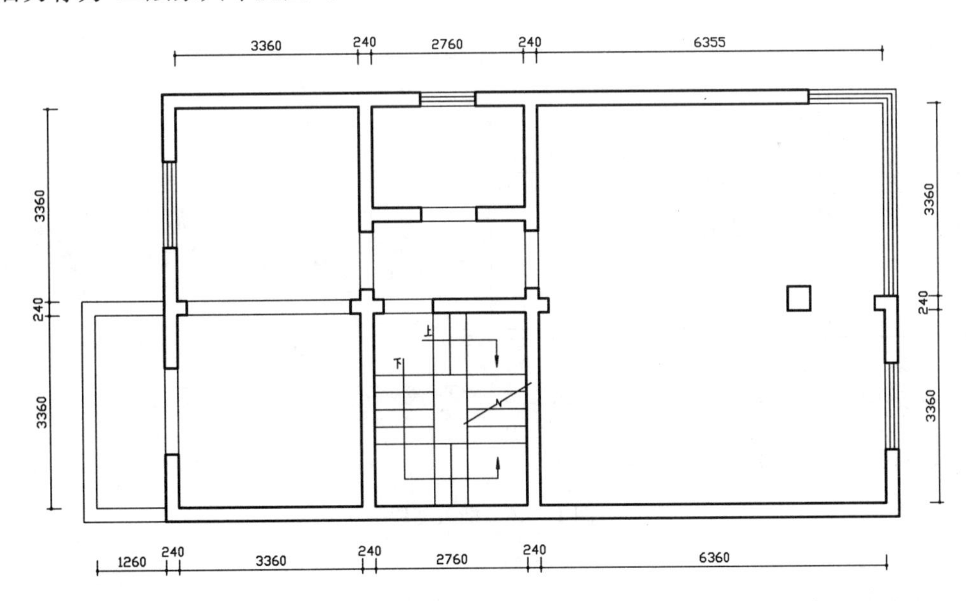

图 10-43　修改“二层地面材料图”

(3) 打开保存的“CAD 图库”文件，如图 10-44 所示。

(4) 打开“窗口”菜单中的“垂直平铺”命令，选中要使用的图块，左键按住拖动到绘图界面，则图块就插入到图形中，直到所有的图块被插入并定位，如图 10-45 所示。

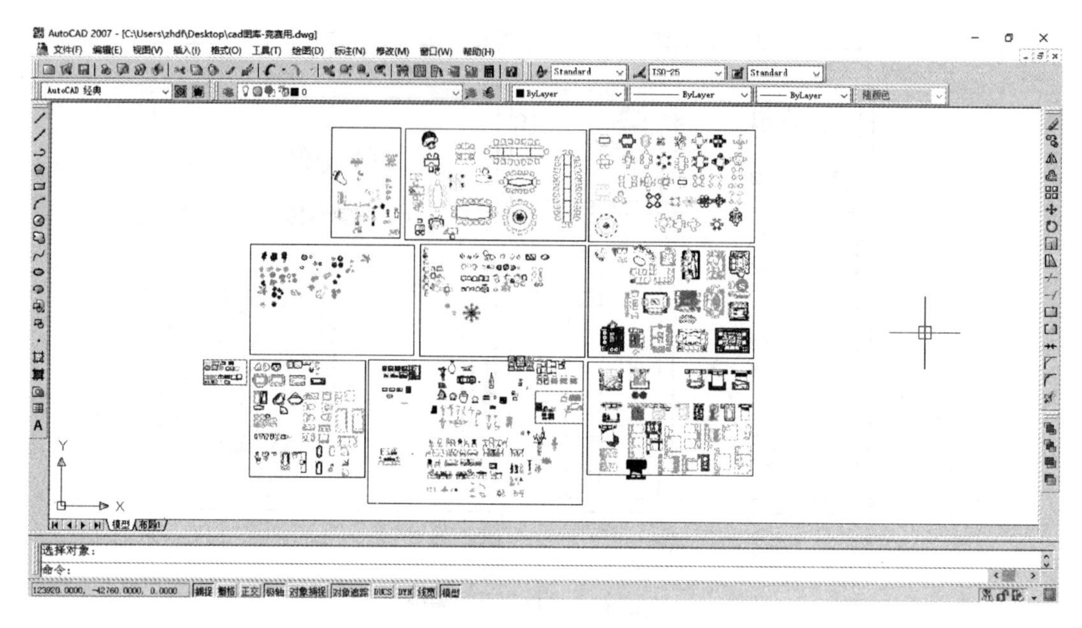

图 10-44　图块文件展开

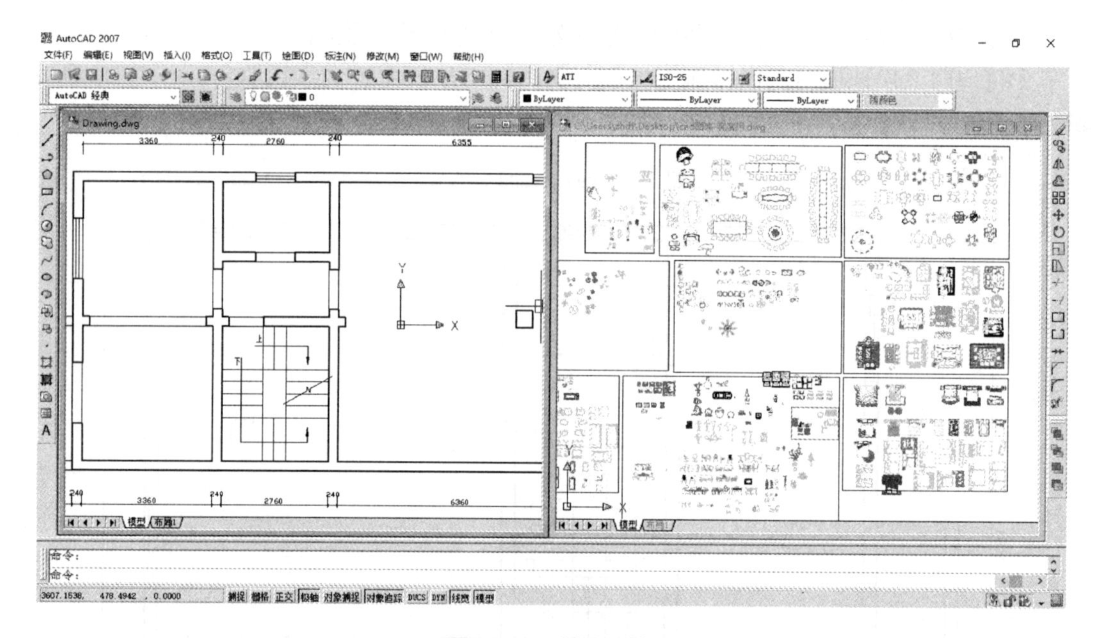

图 10-45　插入图块

4. 实训任务四

按尺寸绘制图 10-46 所示“二层顶面布置图”,绘图参考时间 60～100 分钟。

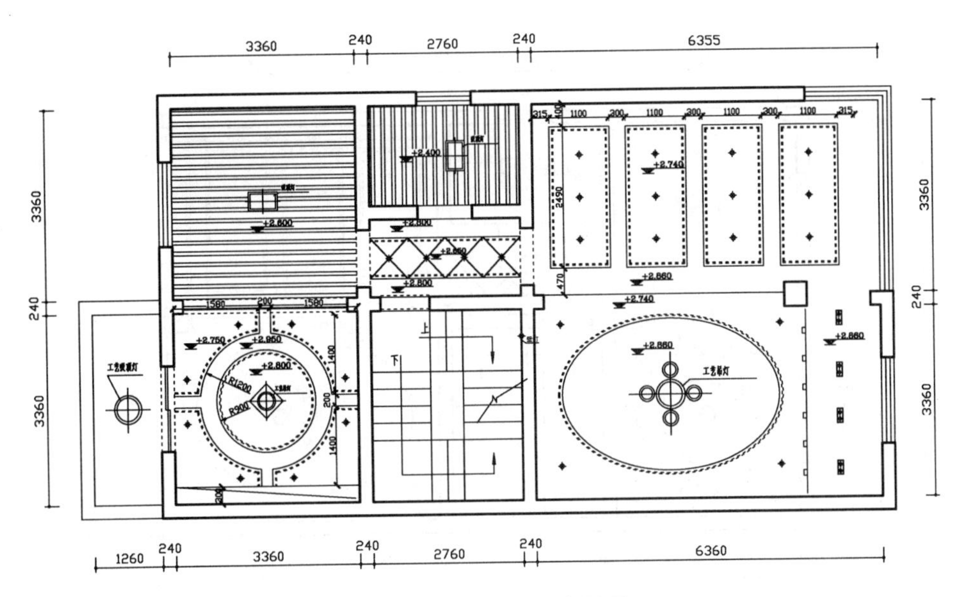

图 10-46　二层顶面布置图

绘图实训指导：

(1) 复制修改后的“二层地面材料图”，在其中绘出顶棚造型图，如图 10-47 所示。

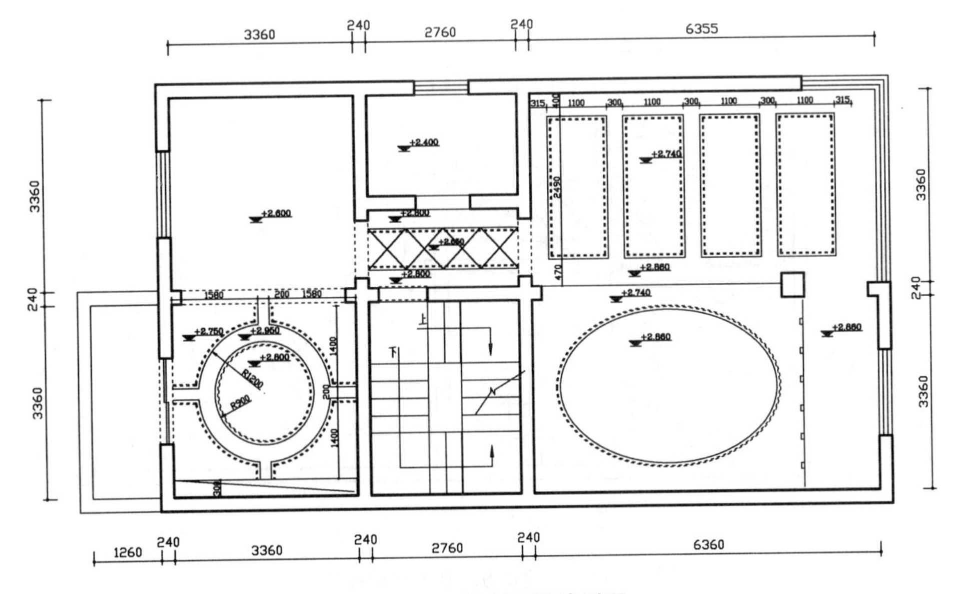

图 10-47　绘制顶棚造型图

(2) 在下载的“装饰图块库”的 CAD 文件中，调入各种灯具图块到设计位置，如图 10-48 所示。

(3) 选择“ANSI32”为填充图例，设置填充“比例”为“600”，填充“角度”为“135”，填充厨房和卫生间顶棚图案，如图 10-49 所示。

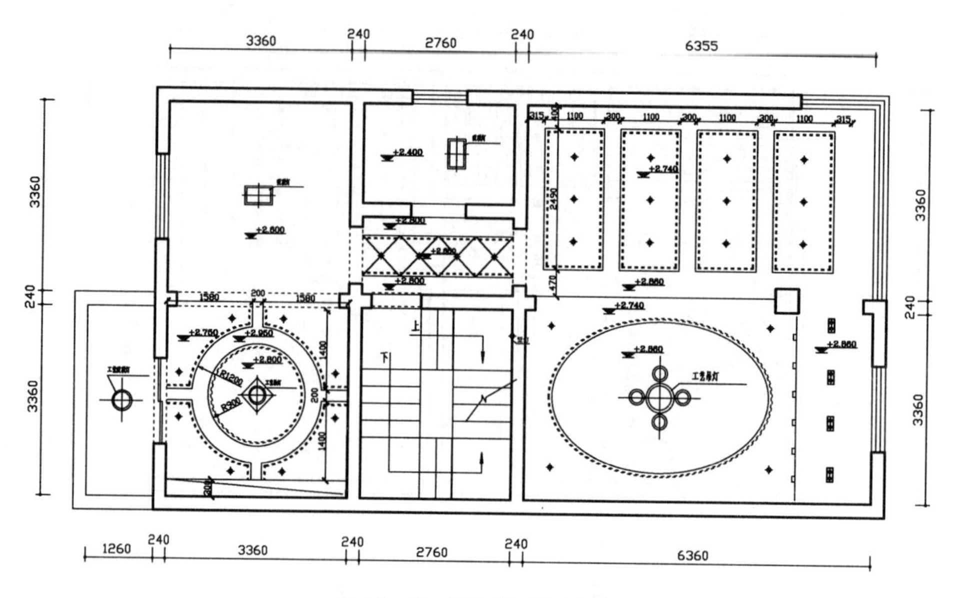

图 10-48　插入"灯具"图块

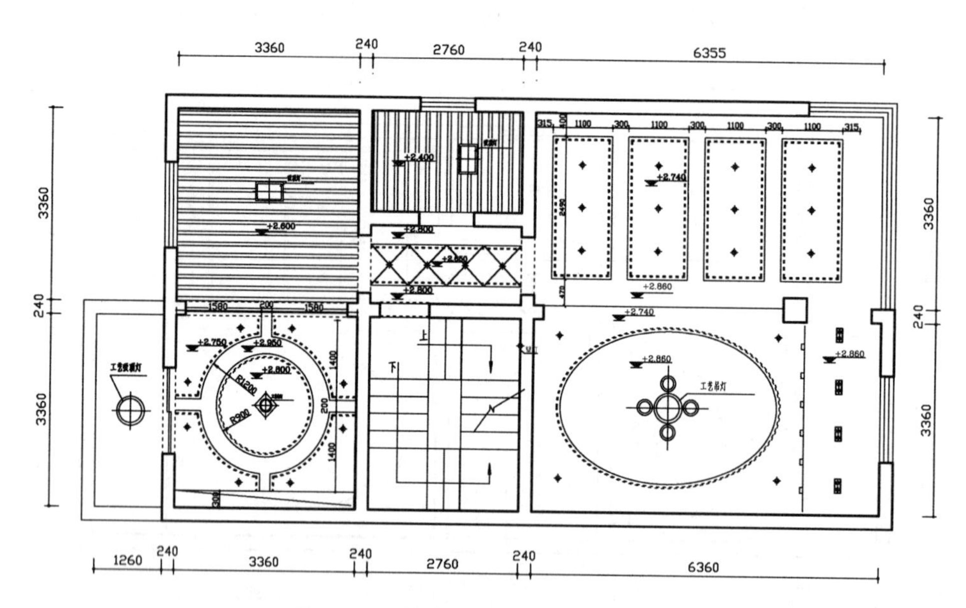

图 10-49　填充厨房、卫生间顶棚图例

5. 实训任务五

按尺寸绘制图 10-50 所示"餐厅 C 立面图",绘图参考时间 20～30 分钟。

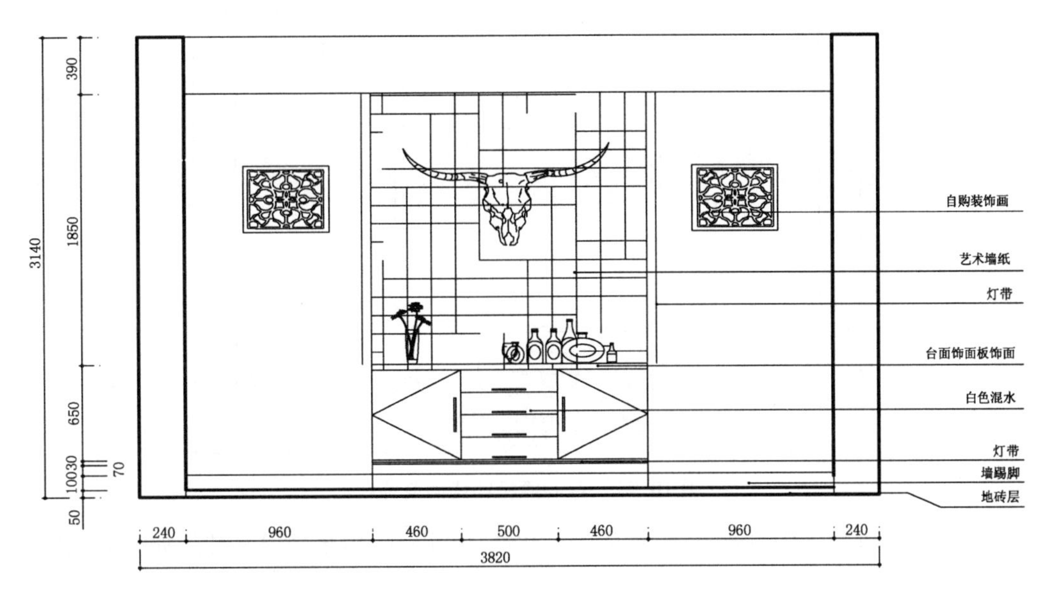

图 10-50　餐厅 C 立面图

绘图实训指导：

(1) 绘制墙线和地板线，如图 10-51 所示。

图 10-51　绘制墙线和地板线

(2) 根据尺寸绘制酒柜及墙面装饰线，如图 10-52 所示。

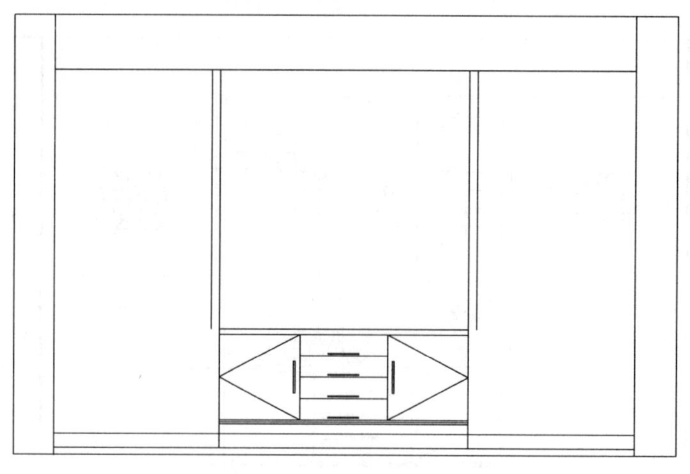

图 10-52　绘制酒柜和墙面装饰线

（3）选择“HOUND”为填充图例，设置填充“比例”为“1500”，填充“艺术墙纸”，如图 10-53 所示。

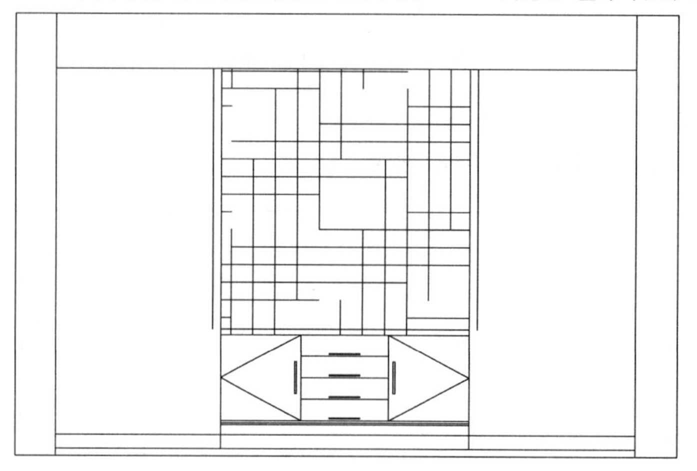

图 10-53　填充“艺术墙纸”

（4）打开“装饰图块”文件，插入装饰画和装饰物，如图 10-54 所示。

图 10-54　插入装饰物图块

(5) 应用"快速引线"命令，注写图形中的文字说明，如图 10-55 所示。

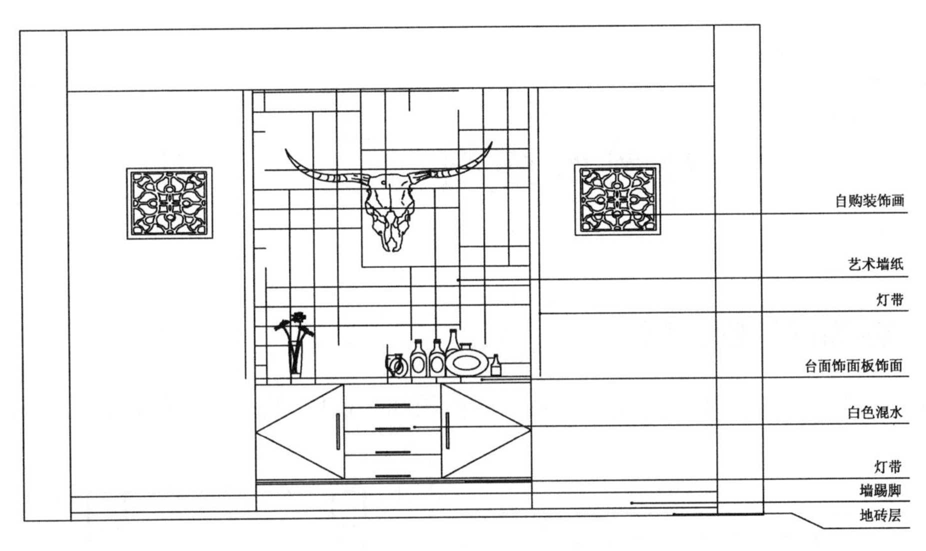

图 10-55　注写文字说明

(6) 标注所有尺寸，如图 10-56 所示。

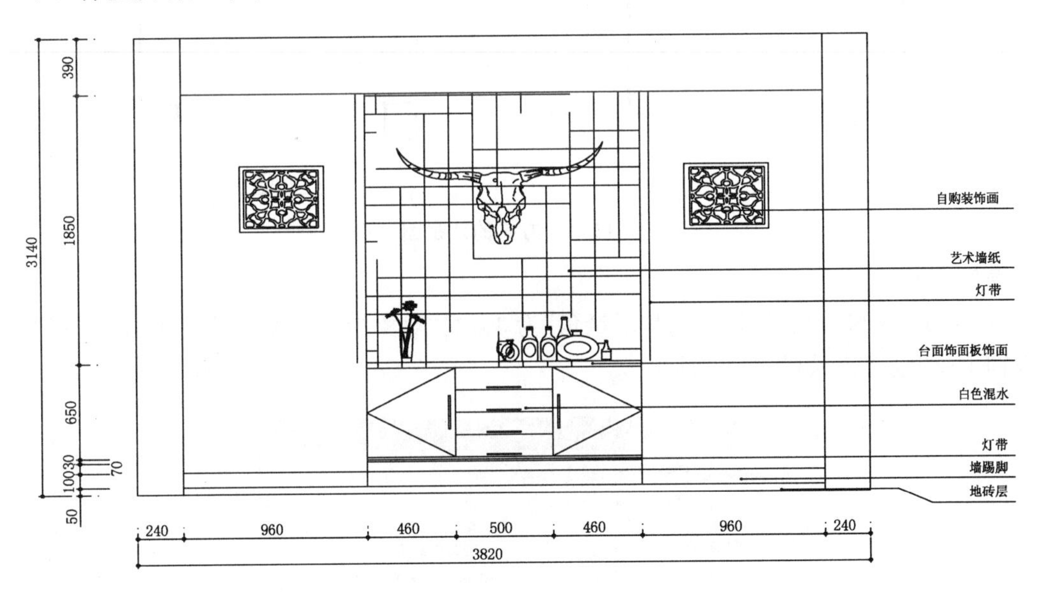

图 10-56　标注尺寸

任务十一

轴测图绘制

一、轴测图绘制实例

【例 11-1】 已知图 11-1 所示为方桌的立面图和平面图,绘出其正等轴测图并标注轴测尺寸。

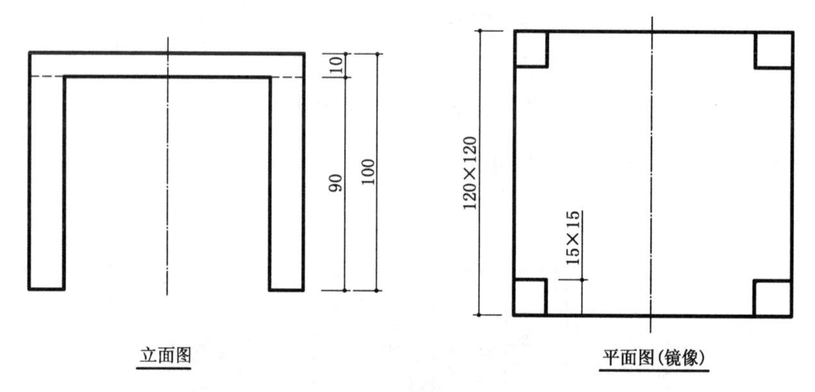

图 11-1　方桌的两视图

操作步骤:

(1) 打开“极轴”设置窗口,设置“增量角”为 30,在“对象捕捉追踪设置”选项中,选择“用所有极轴角设置追踪”,如图 11-2 所示。

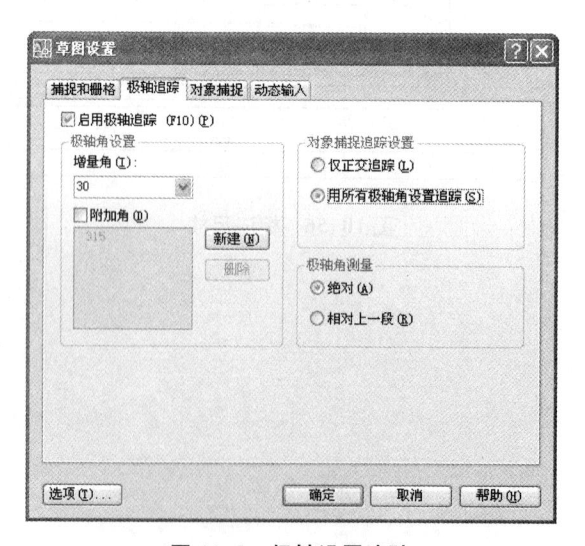

图 11-2　极轴设置追踪

(2) 绘制桌面的轴测图,如图 11-3 所示。

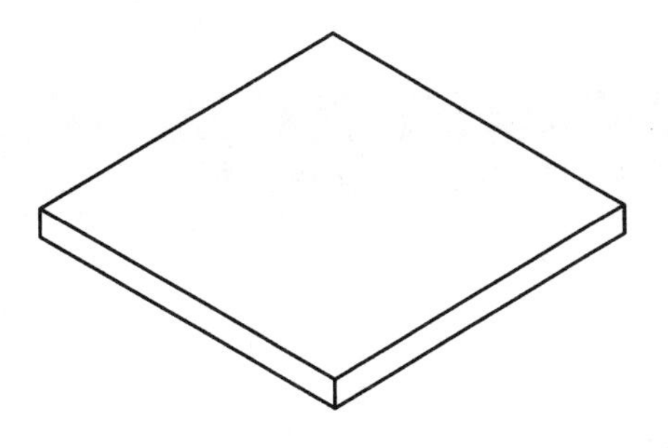

图 11-3　绘制桌面

(3) 绘制桌腿的轴测图,如图 11-4 所示。

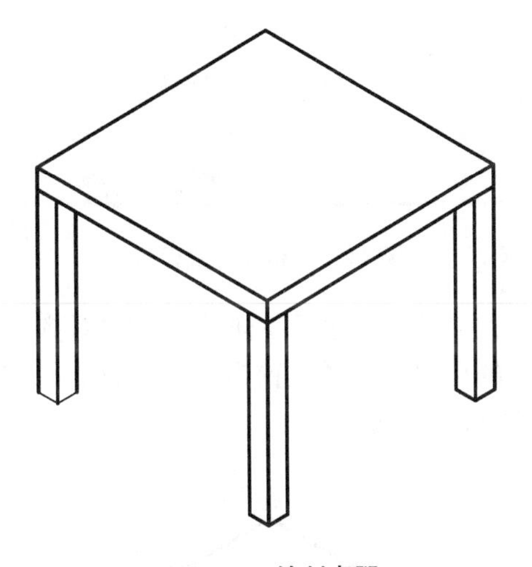

图 11-4　绘制桌腿

(4) 新建文字样式“30”,文字倾斜角度设置为“30°”,如图 11-5 所示。再建“－30”的文字样式,文字倾斜角度设置为“－30”。

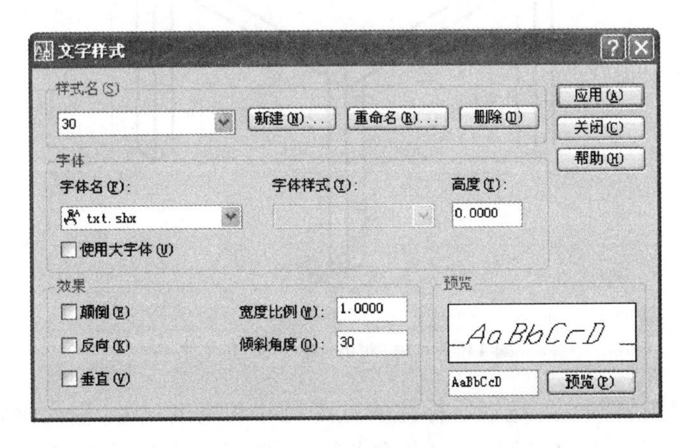

图 11-5　文字样式设置

(5) 新建标注样式"30",文字样式选择为"30°",如图 11-6 所示。再建"－30"的标注样式,文字样式选择为"－30"。

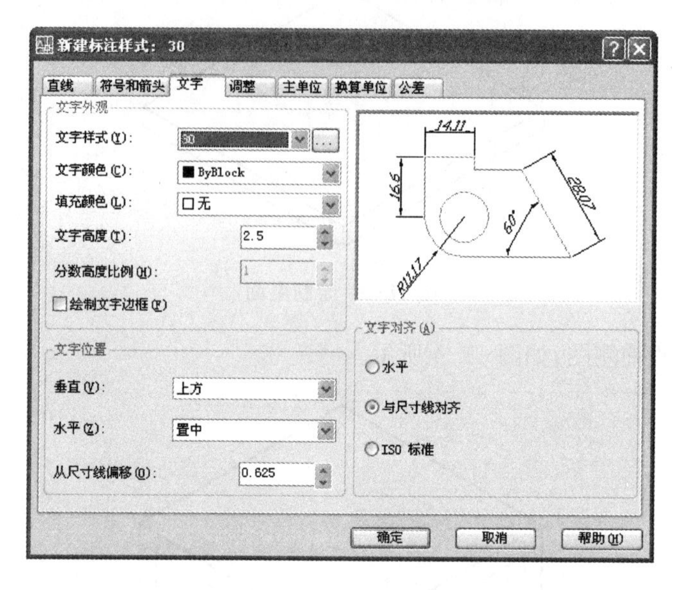

图 11-6　标注样式设置

(6) 应用文字倾斜角度为"30°"的尺寸标注样式,启用"对齐"标注命令,对轴测图的宽度尺寸进行标注。再将"－30°"的尺寸标注样式置为当前,启用"对齐"标注命令,对轴测图的长度和高度尺寸进行标注,如图 11-7 所示。

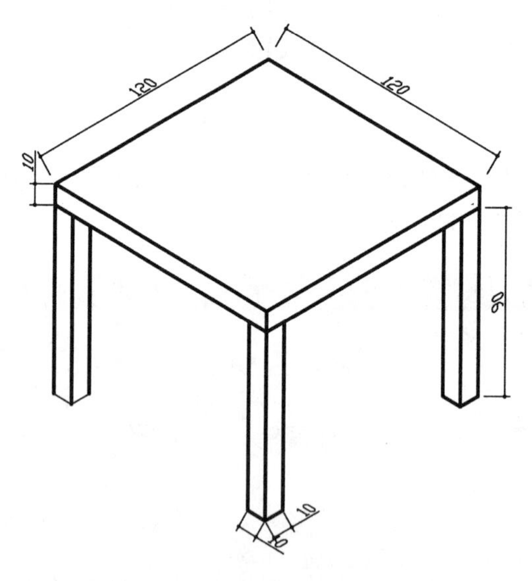

图 11-7　用"对齐"命令标注尺寸

(7) 启用尺寸"倾斜"命令,选择所标注的宽度尺寸和高度尺寸,输入倾斜角度"30",回车后尺寸界线发生倾斜。再次启用尺寸"倾斜"命令,选择所标注的长度尺寸,输入倾斜角度"－30",回车后尺寸界线发生倾斜,如图 11-8 所示。

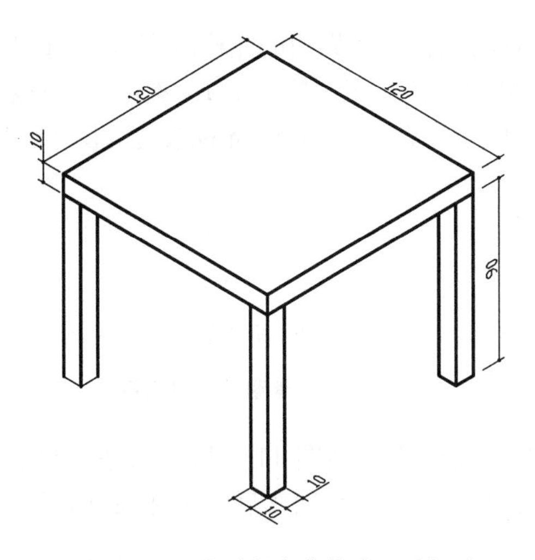

图 11-8　用"倾斜"命令修改尺寸标注

【例 11-2】 已知图 11-9 所示圆柱的主、左视图，绘出其正等轴测图。

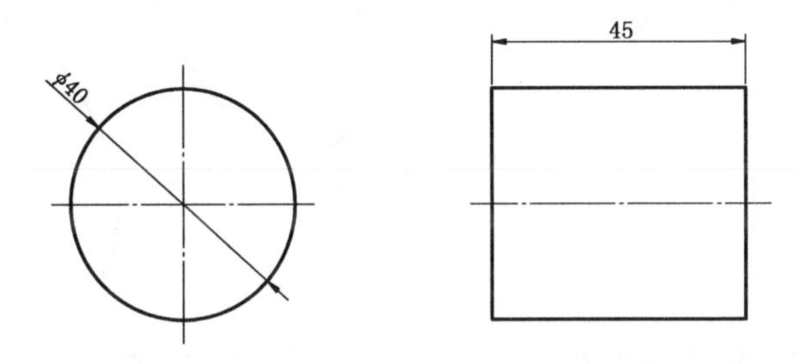

图 11-9　圆柱的主、左视图

操作步骤：

(1) 将鼠标放在"栅格"功能按钮上，单击右键，在弹出的快键菜单中，单击"设置"，打开"草图设置"中"捕捉和栅格"对话框，在其"捕捉类型"下，选择"等轴测捕捉"，如图 11-10 所示。

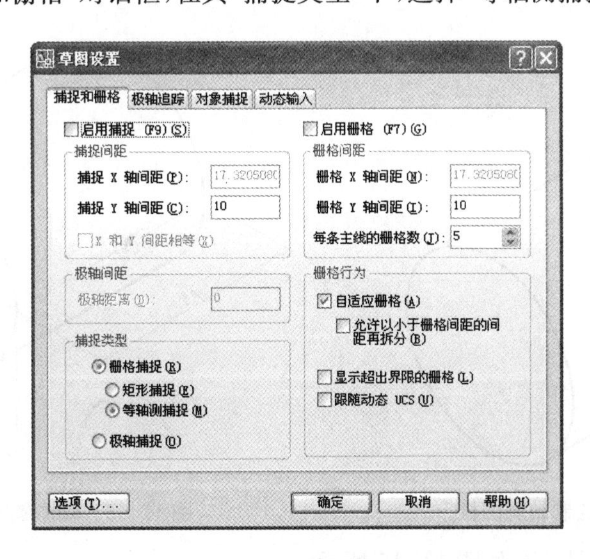

图 11-10　"草图设置"对话框

(2)“等轴测捕捉”类型设置后，绘图界面的光标改变为图 11-11(a)所示，此为 ZY 坐标轴状态，此状态画物体的左右侧面的轴测图。按一下 F5 键，光标改变为图 11-11(b)所示，此状态画物体的上、下面的轴测图。再按一下 F5 键，光标改变为图 11-11(c)所示。

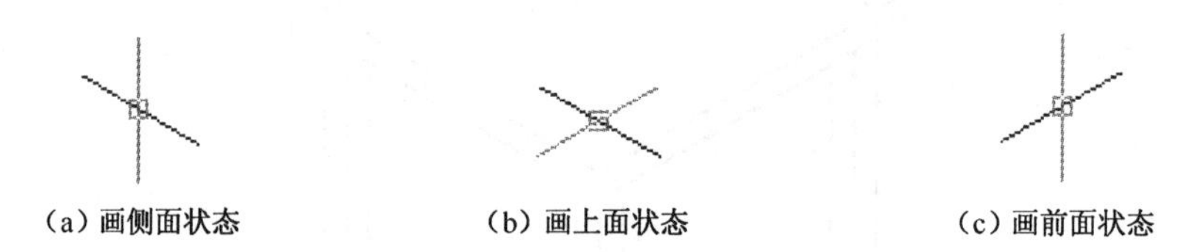

(a) 画侧面状态　　(b) 画上面状态　　(c) 画前面状态

图 11-11　草图设置对话框

(3) 本例按两次 F5 键，便光标改变到图 11-11(c)状态，启用“椭圆”命令，选择“等轴测圆”选项，指定圆的圆心，输入圆的半径 20，回车后绘出椭圆，如图 11-12 所示。

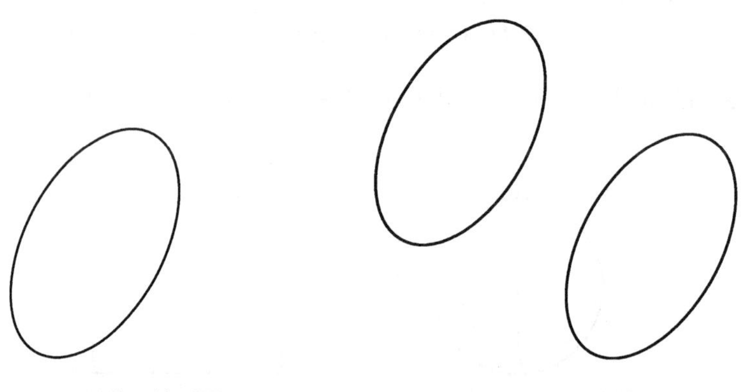

图 11-12　画前面轴测圆　　　图 11-13　画后面轴测圆

(4) 再启用“椭圆”命令，选择“等轴测圆”选项，从前面轴测圆的圆心沿“轴测轴”向后追踪 45，确定后面的轴测圆心，输入圆的半径 20，回车后绘出后面的轴测圆，如图 11-13。

(5) 捕捉椭圆的象限点画出椭圆的公切线，再修剪后面看不见的轴测圆线，画出轴测圆柱，如图 11-14。

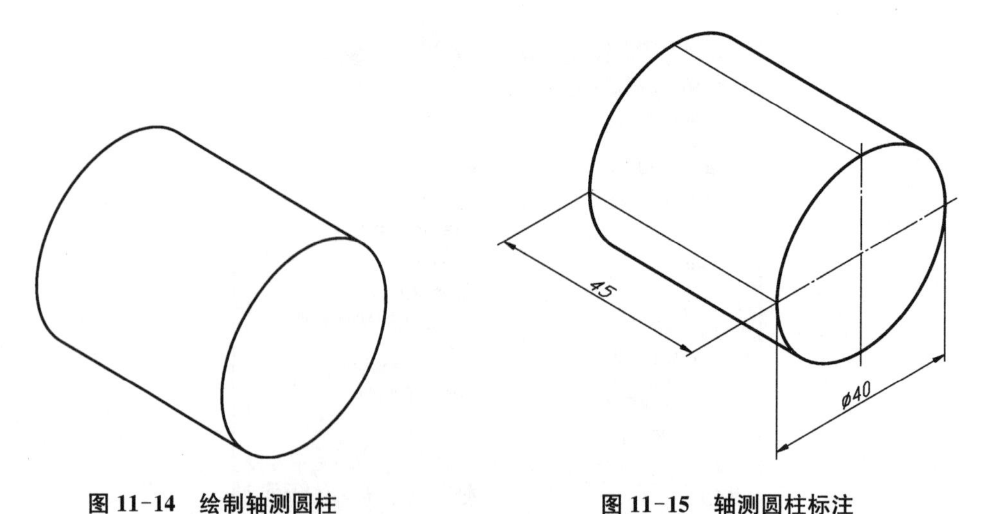

图 11-14　绘制轴测圆柱　　　图 11-15　轴测圆柱标注

(6) 圆柱的轴测图标注，如图 11-15 所示。

二、绘图实训任务

绘制如图 11-16 所示拱形门轴测图，图形绘制参考时间 30～50 分钟。

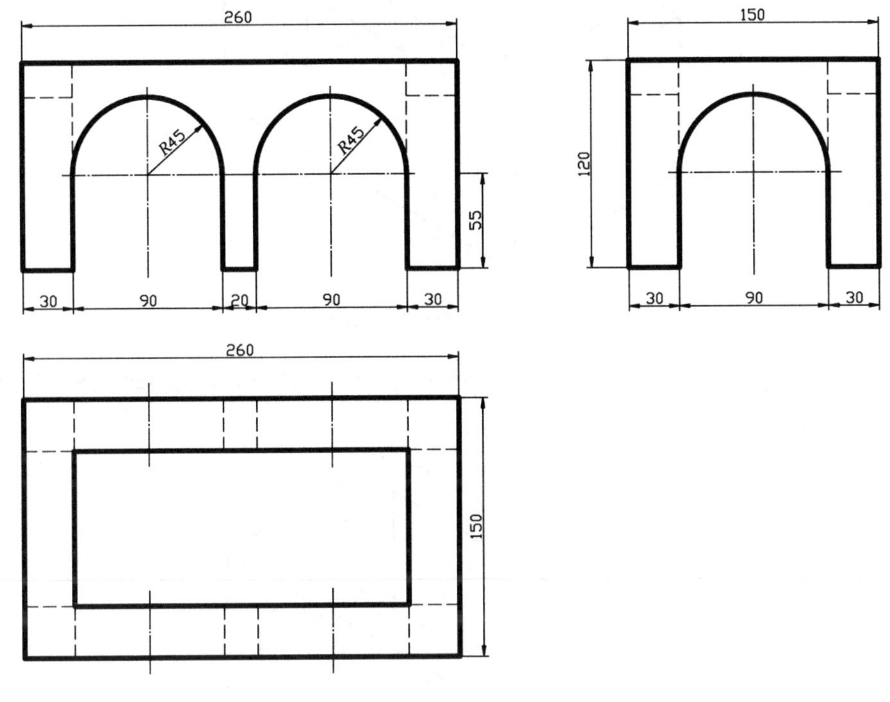

图 11-16　拱形门

绘图实训指导：

（1）设置“极轴追踪”角度为 30，画出四面墙体的轴测图，如图 11-17 所示。

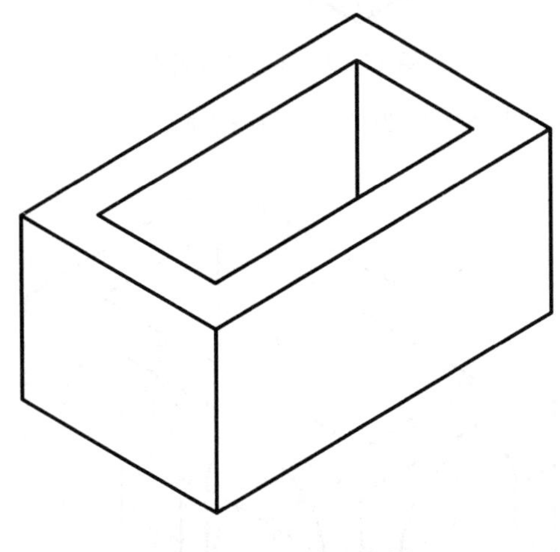

图 11-17　绘制墙体

（2）用辅助线标出四面拱形墙洞圆心的位置，如图 11-18 所示。

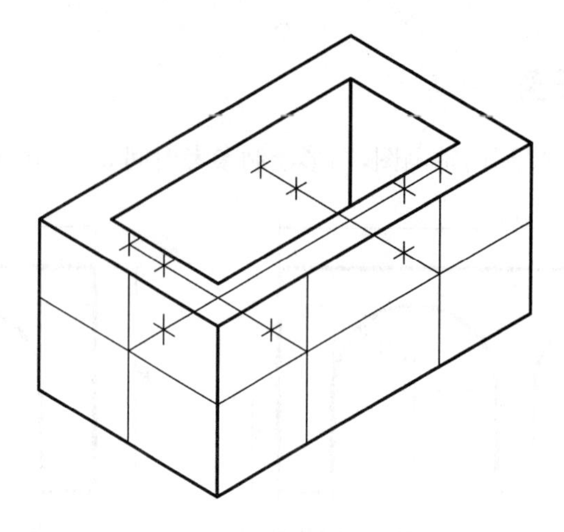

图 11-18　拱形门圆心定位

(3) 在“捕捉和栅格”对话框中设置“等轴测捕捉”类型，按 F5 键切换轴测模式，画出前面和左侧面的拱形门轴测圆，如图 11-19 所示。

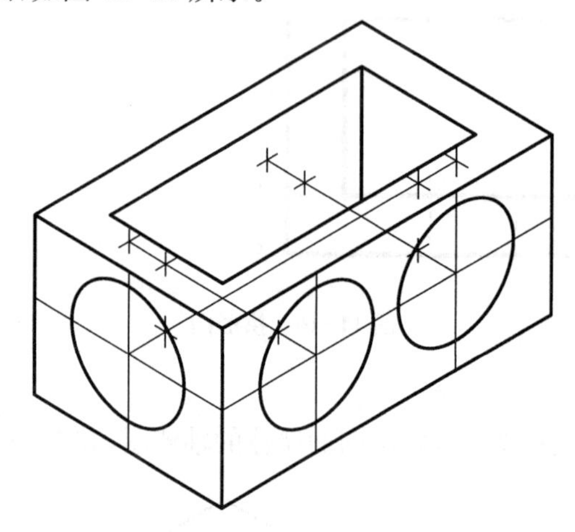

图 11-19　绘制轴测圆

(4) 画出前面和左侧面的拱形门，如图 11-20 所示。

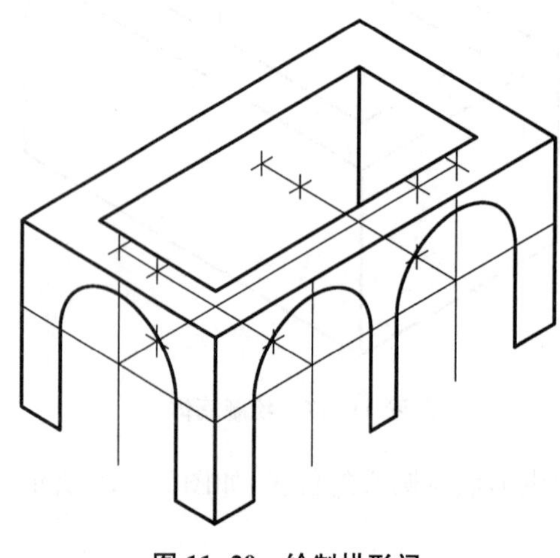

图 11-20　绘制拱形门

(5) 将墙前面的拱形门复制到墙后面和墙内侧,如图 11-21 所示。

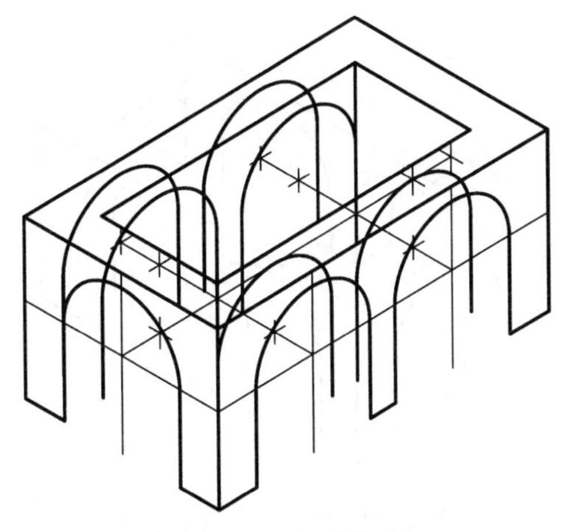

图 11-21　复制拱形门

(6) 修剪掉后面和内墙拱形门被遮挡的图线,如图 11-22 所示。

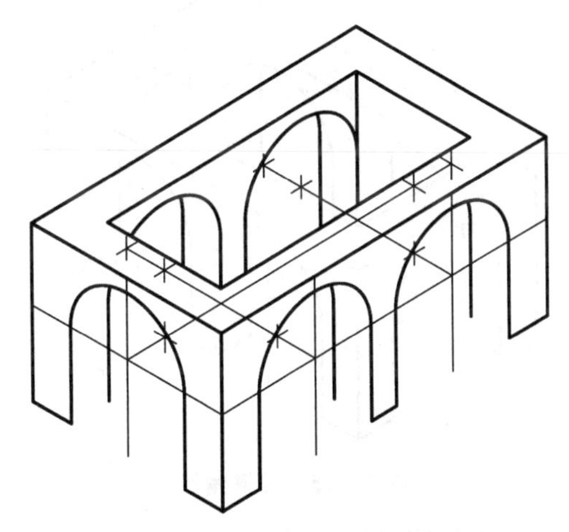

图 11-22　修剪看不见的图线

(7) 将墙左侧面的拱形门复制到墙右侧面和墙内侧,如图 11-23 所示。

图 11-23　复制左侧拱形门

(8) 修剪掉右侧面和内墙拱形门被遮挡的图线，如图 11-24 所示。

图 11-24　修剪看不见的图线

(9) 补齐墙角线，如图 11-25 所示。

图 11-25　补墙角线

(10) 新建两个尺寸标注样式“30”和“－30”，启用“对齐”标注命令，对轴测图进行标注，如图 11-26 所示。

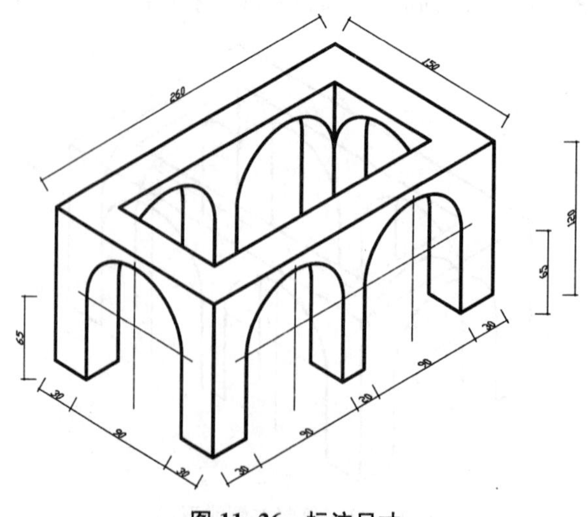

图 11-26　标注尺寸

(11) 启用尺寸“倾斜”命令,修改所有尺寸,如图 11-27 所示。

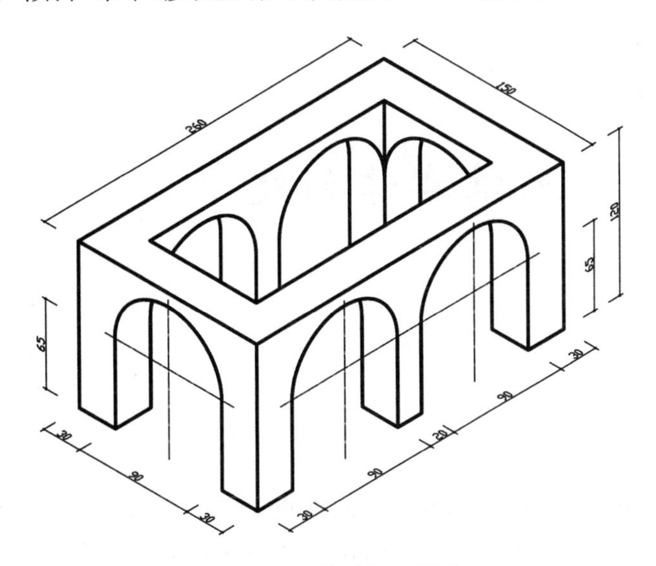

图 11-27　修改标注样式

任务十二 三维实体创建

一、基础知识

1. 用户坐标系

我们在二维绘图中应用的坐标系是一个固定的坐标系，称世界坐标系（WCS）。在三维建模中，图形定位是一个难点，所以，在 AutoCAD 中可以建立用户自己的坐标系来帮助定位，这个由用户创建的坐标系称为用户坐标系（UCS）。

创建用户坐标系的对应命令为“UCS”，启用命令后，命令行显示“指定 UCS 的原点或[面(F)/命名(NA)/对象(OB)/上一个(P)/视图(V)/世界(W)/X/Y/Z/Z 轴(ZA)]〈世界〉”，这时通过定义新原点移动 UCS。也可以通过选项选择定位用户坐标系的方法，各选项的定义方法如下。

面(F)：将 UCS 与三维实体的选定面对齐。要选择一个面，请在此面的边界内或面的边上单击，被选中的面将亮显，UCS 的 *X* 轴将与找到的第一个面上最近的边对齐。

命名(NA)：按名称保存并恢复通常使用的 UCS 方向。

对象(OB)：根据选定三维对象定义新的坐标系。新建 UCS 的拉伸方向（*Z* 轴正方向）与选定对象的拉伸方向相同。

上一个(P)：恢复上一个 UCS。程序会保留在图纸空间中创建的最后 10 个坐标系和在模型空间中创建的最后 10 个坐标系。重复该选项将逐步返回一个集或其他集，这取决于哪一空间是当前空间。

视图(V)：以垂直于观察方向（平行于屏幕）的平面为 *XY* 平面，建立新的坐标系。UCS 原点保持不变。

世界(W)：将当前用户坐标系恢复为世界坐标系。

X、Y、Z：绕指定轴旋转当前 UCS。

Z 轴(ZA)：用指定的 *Z* 轴正半轴定义 UCS。

2. 视图设置工具栏

视图就是观察图形的方向。“视图”工具栏包含有常用的六个基本视图、四个等轴测视图以及相机视图，如图 12-1 所示。六个基本视图分别是主视图、俯视图、左视图、右视图、仰视图、后视图；四个轴测图分别是西南等轴测、东南等轴测、东北等轴测、西北等轴测；相机视图则可以设置为任意角度视图。等轴测视图显示如图 12-2 所示。

图 12-1　视图工具栏

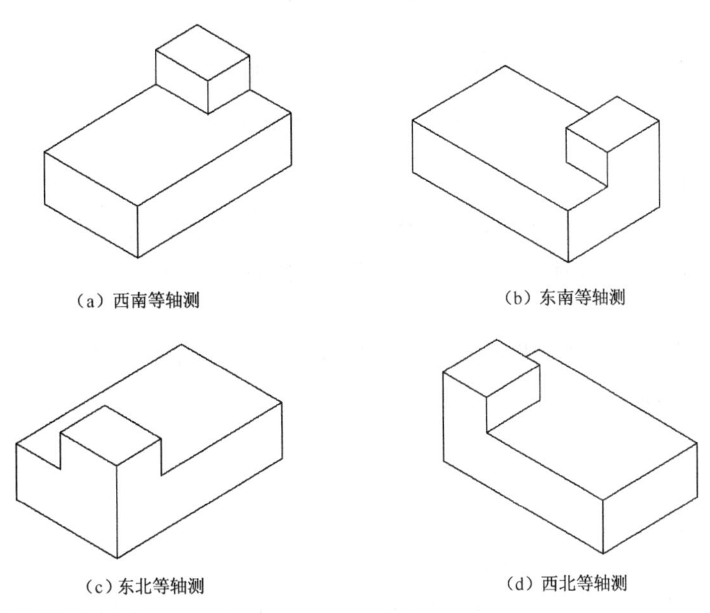

(a) 西南等轴测　(b) 东南等轴测

(c) 东北等轴测　(d) 西北等轴测

图 12-2　等轴测图的显示

3. 视觉样式工具栏

视觉样式是一组设置,用来控制视口中边和着色的显示。“视觉样式”工具栏如图 12-3(a)所示,包含有“三维线框”“三维隐藏”“真实”“概念”等视觉样式,以适应不同的观察需求。点击“视觉样式”工具栏中的图标命令,实体显示样式如图 12-3(b)～(e)所示。

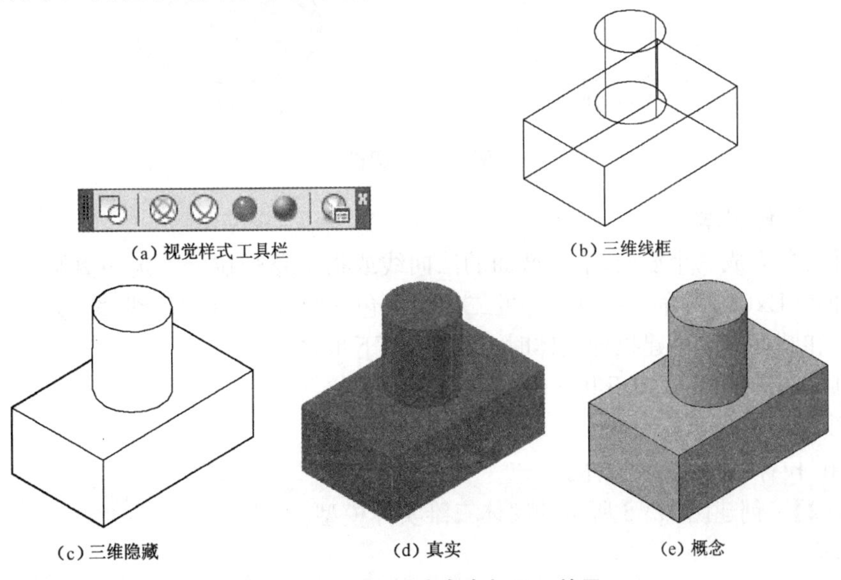

(a) 视觉样式工具栏　(b) 三维线框

(c) 三维隐藏　(d) 真实　(e) 概念

图 12-3　视觉样式命令与显示效果

4. 建模工具栏

打开“建模”工具栏，如图12-4所示，创建实体的命令包含在“建模”工具栏中。

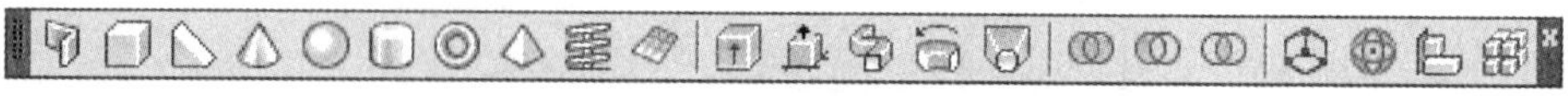

图12-4 “建模”工具栏

(1) 创建基本体

基本体的创建一般有两个步骤：首先指定基本体的位置，然后指定绘制基本体所需的相应参数，抓住这个根本，那么所有的基本体创建就非常容易了。下面，以一圆锥体为例来说明基本体的创建过程。

【例12-1】 创建圆锥的三维实体，要求圆锥底面圆的圆心坐标“100，100，60”，圆锥底面圆的直径为40，圆锥高为120。

操作步骤：

① 启用“圆锥”命令。

② 输入底面圆的圆心坐标“100，100，60”，回车。

③ 输入底面圆的直径“40”，回车。

④ 输入圆锥的高度“120”，回车，绘出的圆锥如图12-5(a)、(b)所示。

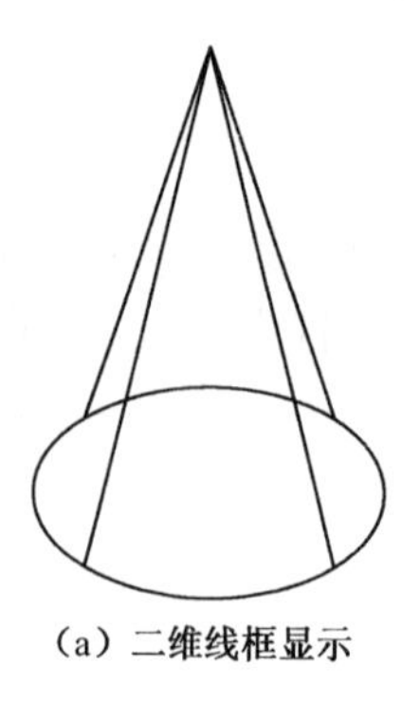

(a) 二维线框显示

(b) 概念显示

图12-5 圆锥

(2) 创建拉伸实体

将二维对象看成一个截面，沿该截面的法向线或指定路径拉伸一定距离则生成三维拉伸实体。“拉伸”(Extrude)命令可以拉伸的二维对象包括面域、封闭多段线、多边形、圆、椭圆、封闭样条曲线和圆环等。创建拉伸实体时，要遵循以下步骤：

① 绘制二维封闭线框和不共面的路径。

② 把线框生成边界或面域。

③ 应用“拉伸”命令生成实体。

【例12-2】 创建图12-6所示的墙体三维实体模型。

操作步骤：

① 打开“视图”“建模”和“视觉样式”工具栏。

② 单击“视图”工具栏中“俯视”图标，按尺寸画出墙体的俯视图，如图12-7所示。

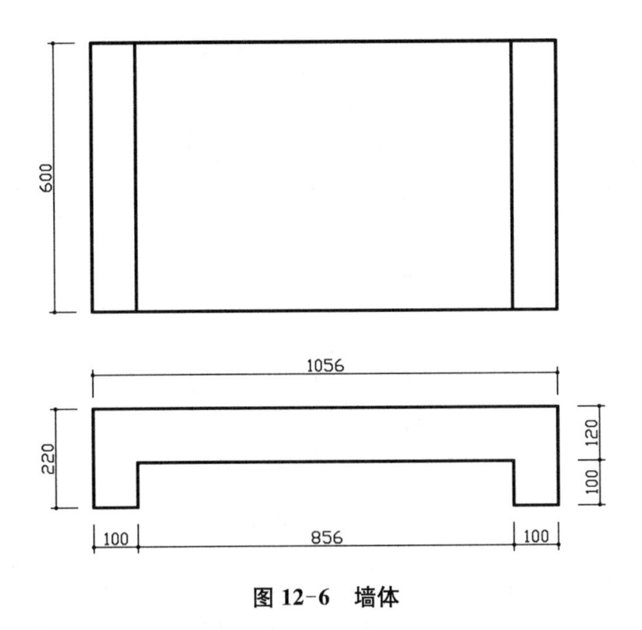

图 12-6　墙体

③ 启用“面域”命令，将绘制的二维线框创建成面域。单击“视觉样式”工具栏中的“概念”图标，面域显示如图 12-8 所示。

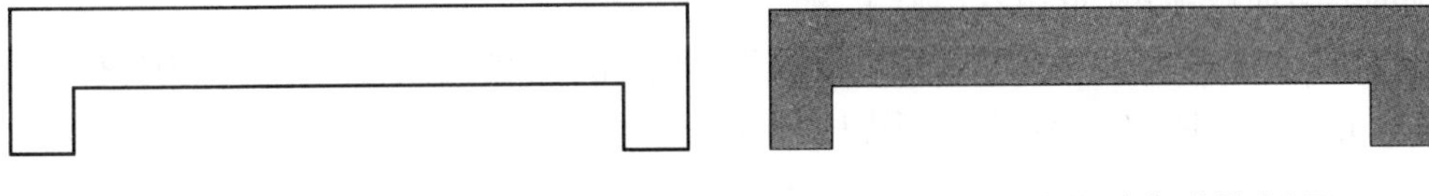

图 12-7　绘制二维线框　　　　图 12-8　面域“概念视觉样式”显示

④ 启用“拉伸”命令，选择创建的面域为拉伸对象，输入拉伸的高度“600”后回车，则三维实体模型被创建。单击“视图”工具栏中的“西南等轴测”命令按钮，实体显示如图 12-9 所示。

⑤ 单击“视觉样式”工具栏中“概念视觉样式”，三维实体的显示效果如图 12-10 所示（实体颜色为 9 号）。

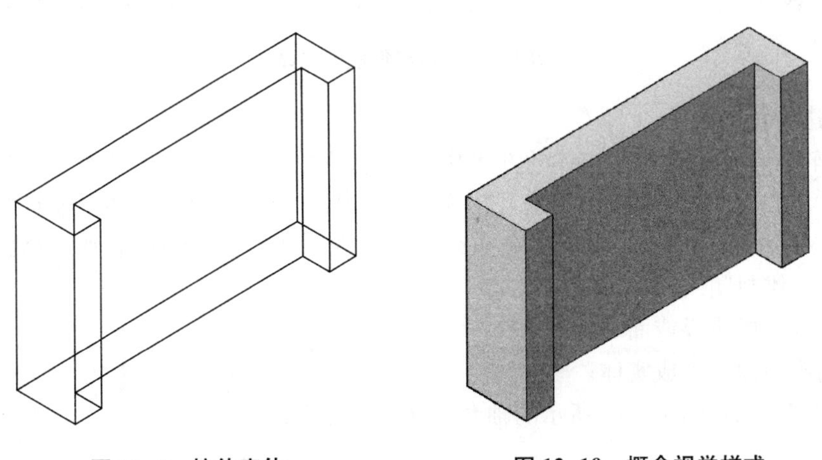

图 12-9　拉伸实体　　　　图 12-10　概念视觉样式

【例 12-3】 创建图 12-11 所示弯管的三维实体模型。

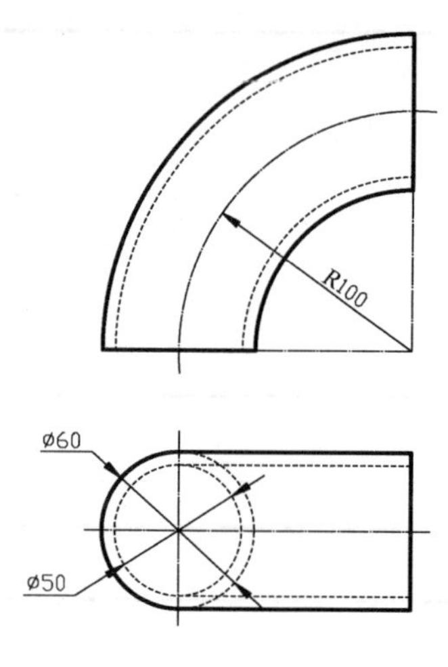

图 12-11　弯管

① 单击“视图”工具栏中的“俯视图”按钮，画出 ϕ60 和 ϕ50 两个同心圆；再单击“视图”工具栏中的“主视图”按钮，按尺寸绘制 $R100$ 的 1/4 圆弧；单击“视图”工具栏中的“东南等轴测”按钮，视图显示如图 12-12(a)所示。

② 启用“面域”命令，将两圆创建成面域对象。再启用“建模”工具栏中的“差集”命令，创建两圆的差集面域，如图 12-12(b)所示。

③ 启用“拉伸”命令，选择“圆”为拉伸对象，再启用“路径”选项，选择圆弧为拉伸路径，则圆沿圆弧路径被拉伸为三维实体，如图 12-12(c)所示。

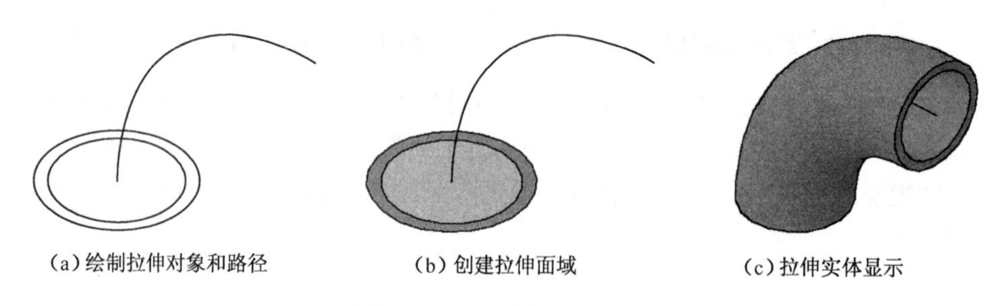

(a) 绘制拉伸对象和路径　　(b) 创建拉伸面域　　(c) 拉伸实体显示

图 12-12　沿路径拉伸实体

(3) 创建旋转实体

创建旋转实体与创建拉伸实体的方法基本相同，将二维图形对象看成半个纵剖面，沿轴线旋转一定的角度则生成三维旋转实体。“旋转”(Revolve)命令可以旋转的二维对象包括面域、封闭多段线、多边形、圆、椭圆、封闭样条曲线和圆环等。创建旋转实体时，要遵循以下步骤：

① 绘制二维封闭线框和旋转轴线。

② 把线框生成边界或面域。

③ 应用旋转命令生成实体。

【例 12-4】 创建图 12-13 所示的轴套三维实体模型。

操作步骤：

① 单击“视图”工具栏中的“主视图”按钮，画出轴套的旋转断面和轴线，如图 12-14(a)

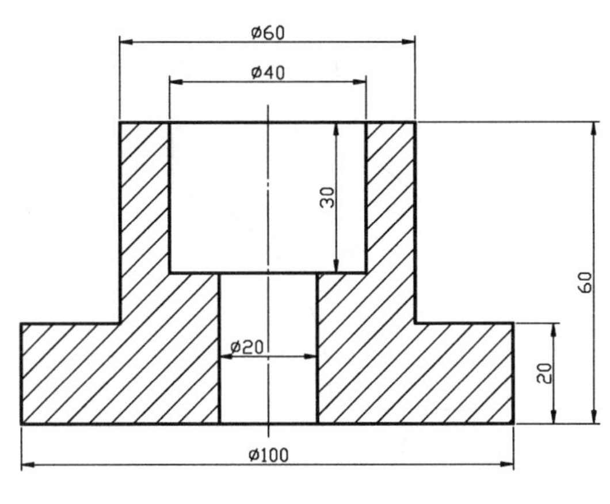

图 12-13　轴套

所示。

② 将旋转断面图创建为“面域”对象，然后将视图设置为“东北等轴测”显示，如图 12-14(b)所示。

③ 启用“旋转”命令，选择面域为旋转对象，指定轴线为旋转轴，则将面域旋转成三维实体，如图 12-14(c)所示(实体颜色为 9 号颜色，概念显示)。

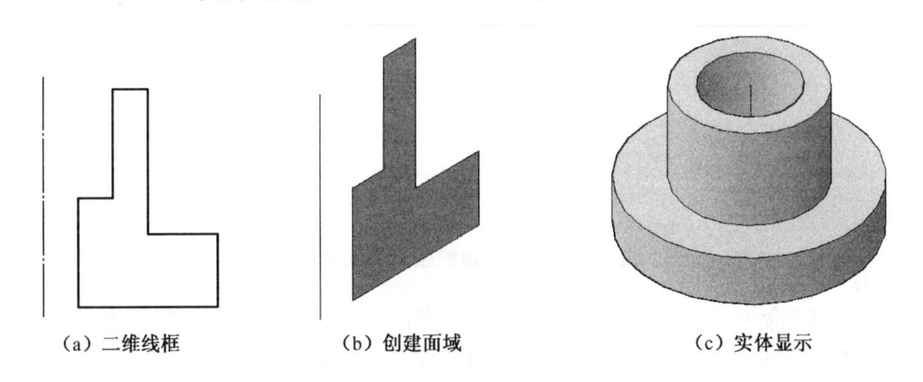

(a) 二维线框　(b) 创建面域　(c) 实体显示

图 12-14　创建旋转实体模型

(4) 创建扫掠实体

“扫掠”(Sweep)命令用于沿指定路径以指定轮廓的形状(扫掠对象)绘制实体或曲面。开放或闭合的平面曲线都可以作为扫掠对象，但是这些对象必须位于同一平面中。开放或闭合的二维或三维曲线都可以作为扫掠路径。如果沿一条路径扫掠闭合的曲线，则生成实体。

扫掠与拉伸不同，沿路径扫掠轮廓时，轮廓将被移动并与路径垂直对齐，然后，沿路径扫掠该轮廓。

使用“扫掠”命令绘制三维实体时，当用户指定了封闭图形作为扫掠对象后，命令行显示：“选择扫掠路径或[对齐(A)/基点(B)/比例(S)/扭曲(T)：]”，在该命令提示下，可以直接指定扫掠路径来创建实体，也可以设置扫掠时的对齐方式、基点、比例和扭曲参数。其中，“对齐”选项用于设置扫掠前是否对齐垂直于路径的扫掠对象；“基点”选项用于设置扫掠的基点；“比例”选项用于设置扫掠的比例因子。当指定了参数后，扫掠效果与单击扫掠路径的位置有关。

如图 12-15 所示是以圆为扫掠对象，圆弧为扫掠路径，设置比例因子为“2”，创建的扫掠实体。

【例 12-5】 创建图 12-15 所示曲锥体的三维实体模型。

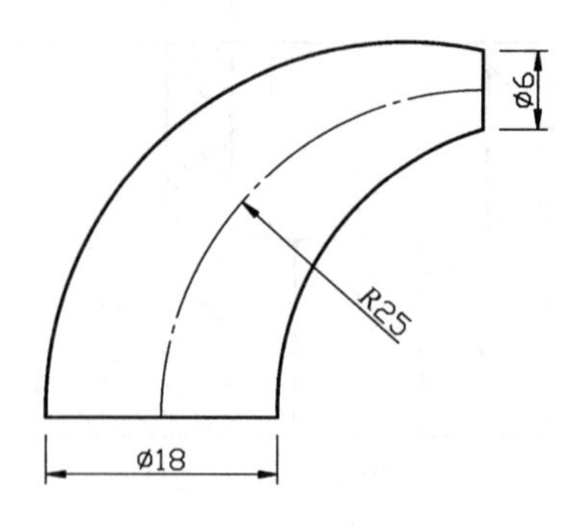

图 12-15 曲锥体

操作步骤：

① 单击“视图”工具栏中的“主视图”按钮，画出曲锥体轴线圆弧和底面圆，如图 12-16 所示。

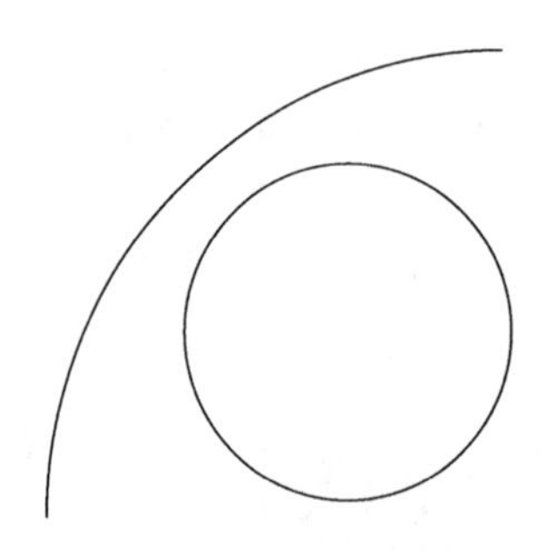

图 12-16 绘制轴线圆弧和底面圆

② 启用“扫掠”命令，选择底面圆为扫掠对象，输入“S”启用“比例”选项，输入比例因子为“6/18”，再选择轴线圆弧为扫掠路径，则生成扫掠实体，如图 12-17 所示(实体颜色为 9 号颜色，概念显示)。

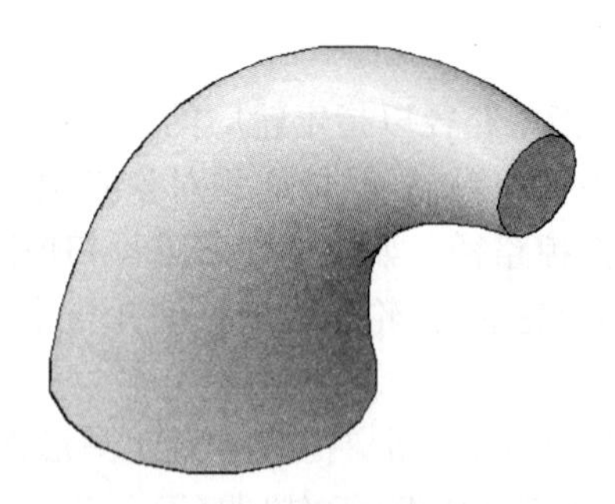

图 12-17 扫掠实体模型

(5) 创建放样实体

使用“放样”(Loft)命令，可以通过对包含两条或两条以上横截面曲线的一组曲线进行放样来创建三维实体或曲面。

横截面定义了结果实体或曲面的轮廓(形状)。横截面(通常为曲线或直线)可以是开放的(例如圆弧),也可以是闭合的(例如圆)。放样用于在横截面之间的空间内绘制实体或曲面。使用放样命令时,至少必须指定两个横截面。

如果对一组闭合的横截面曲线进行放样,则生成实体。如果对一组开放的横截面曲线进行放样,则生成曲面。放样时使用的曲线必须全部开放或全部闭合。不能使用既包含开放曲线又包含闭合曲线的选择集。

在放样时,当依次指定了放样截面后,命令行显示:"输入选项[导向(G)/路径(P)/仅横断面(C)]〈仅横切断面〉:",在该命令提示下,需要选择放样方式。其中,"导向"选项用于使用导向曲面控制放样,每条导向曲线必须与每一个截面相交,并且起始于第一个截面,结束于最后一个截面;"路径"选项用于使用一条简单的路径控制放样,该路径必须与全部或部分截面相交;"仅横截面"选项用于只使用截面进行放样,此时将打开"放样设置"对话框,从中可以设置放样横截面上的曲面控制选项。

【例 12-6】 创建图 12-18 所示曲面体的三维实体模型。

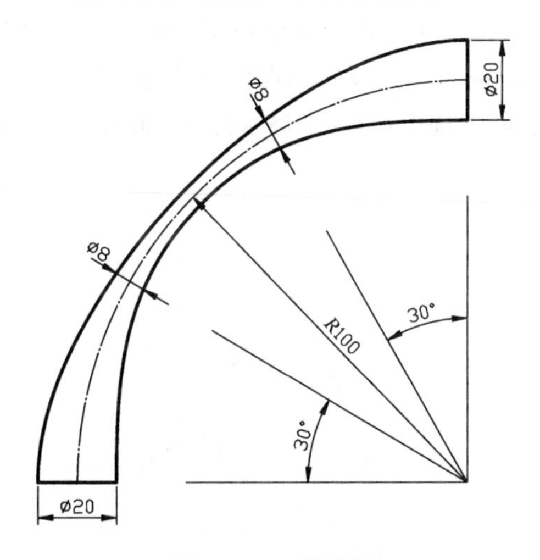

图 12-18　曲面体

操作步骤:

① 单击"视图"工具栏中的"主视图"按钮,画出曲面体轴线圆弧和控制截面的角度位置线,如图 12-19 所示。

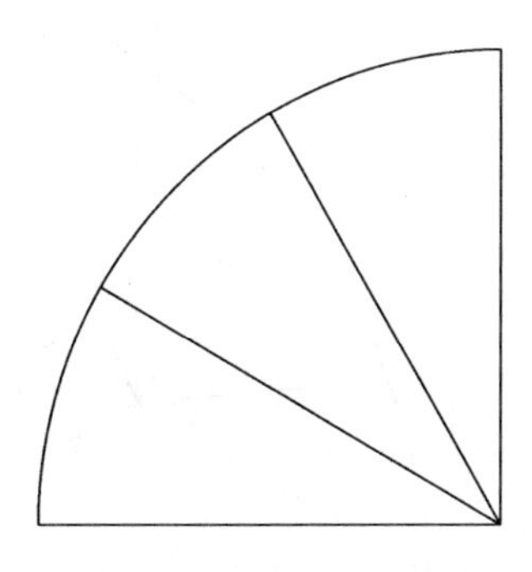

图 12-19　绘出曲面体轴线和控制截面的位置线

② 单击“视图”工具栏中的“俯视图”按钮，画出曲面体最下面的水平截面圆；再单击“视图”工具栏中的“左视图”按钮，画出曲面体最上面的侧平截面圆。轴测显示如图 12-20 所示。

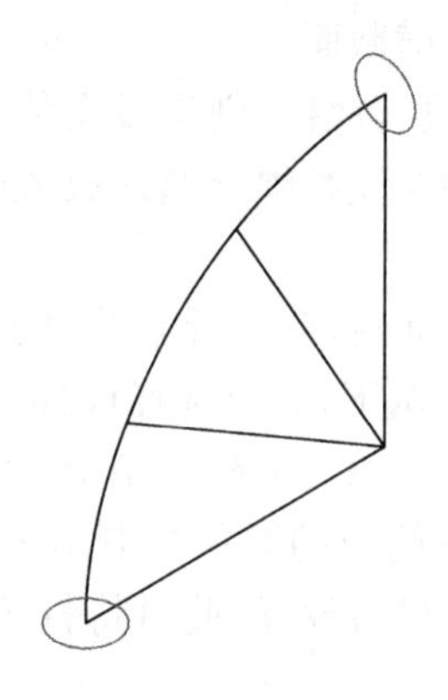

图 12-20　画两端面的截面圆

③ 在轴测显示下，输入“ucs”，启用“新建用户坐标系”命令，然后单击轴线圆弧的圆心作为用户坐标系的原点，再单击截面控制线的端点作为 X 轴的方向，再在与 X 轴垂直的方向上任意点单击，作为 Y 轴的方向，则新的用户坐标系建立，如图 12-21 所示。

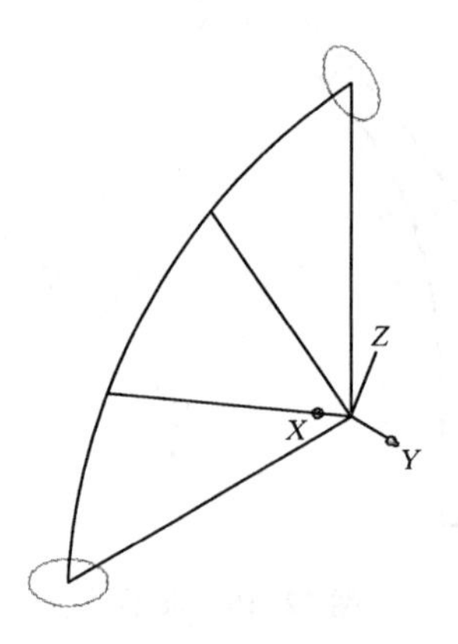

图 12-21　新建用户坐标系

④ 在新用户坐标系下，以截面控制线与曲面轴线的交点为圆心，画出截面圆（该截面与轴线垂直），如图 12-22 所示。

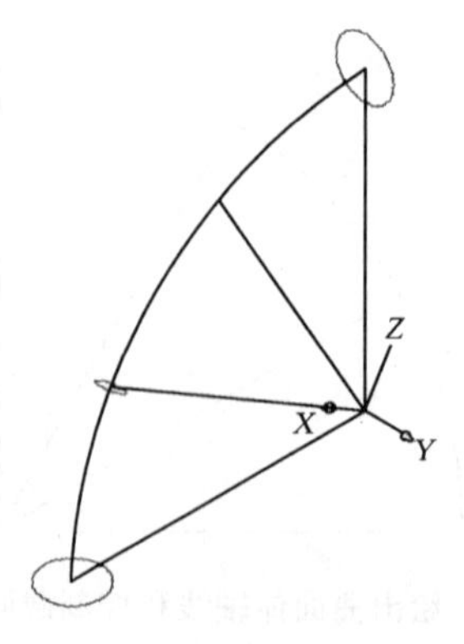

图 12-22　画控制点截面圆

⑤ 用同样的方法，画出另一控制点的截面圆，如图 12-23 所示。

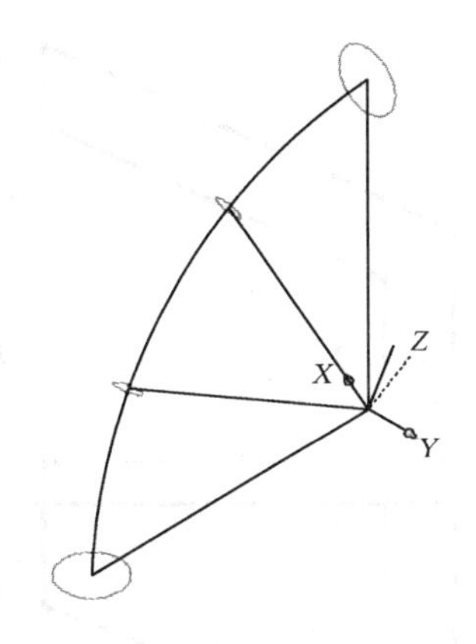

图 12-23　画另一控制点截面圆

⑥ 启用“放样”命令，依次选择四个截面圆为放样对象，选择轴线圆弧为放样路径，放样实体二维线框显示如图 12-24 所示，“概念视觉样式显示”如图 12-25 所示。

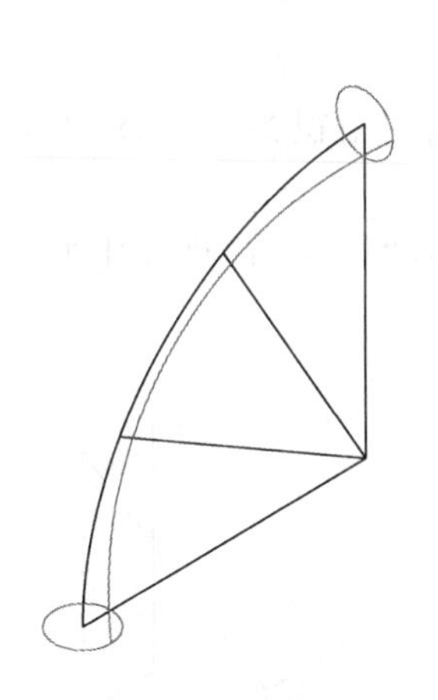

图 12-24　放样

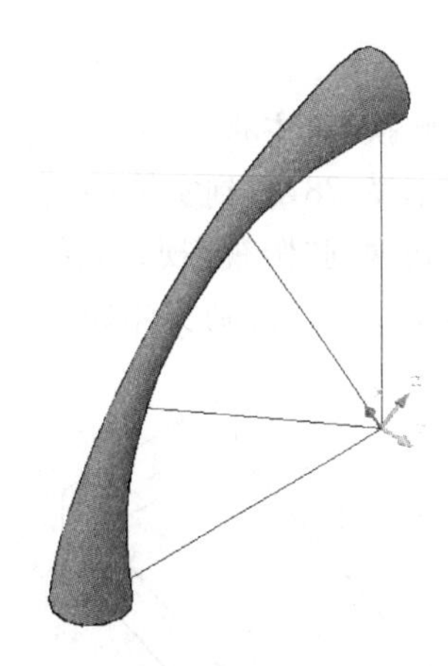

图 12-25　放样实体概念视觉样式显示

(6) 布尔运算

复杂的三维实体不能一次生成，就像组合体的形体分析，需要叠加、挖切等组合形式一样。AutoCAD 通过对一些简单实体的布尔运算，创建复杂的三维实体。布尔运算命令有“并集”“差集”和“交集”。布尔运算针对面域和实体进行。

图 12-26 为两相交圆柱实体执行“并集”“差集”和“交集”命令的结果。

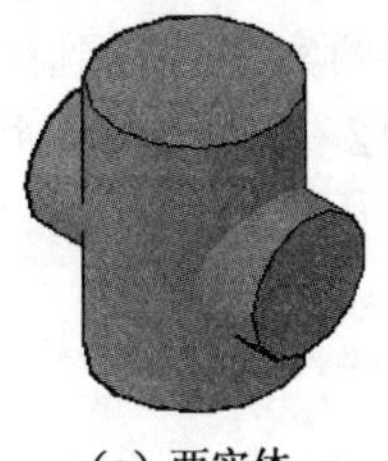

(a) 两实体

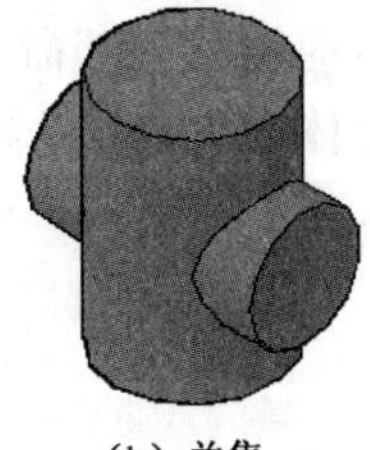

(b) 并集

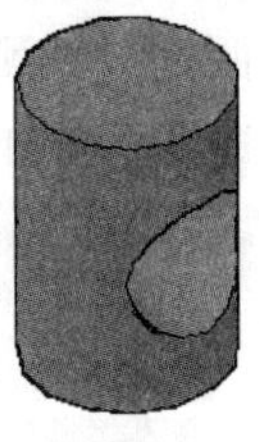

(c) 差集

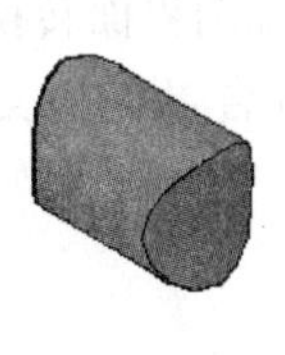

(d) 交集

图 12-26　执行“布尔运算”命令的结果

【例 12-7】 图 12-27 为挡土墙的主、俯两视图，创建其三维实体模型。

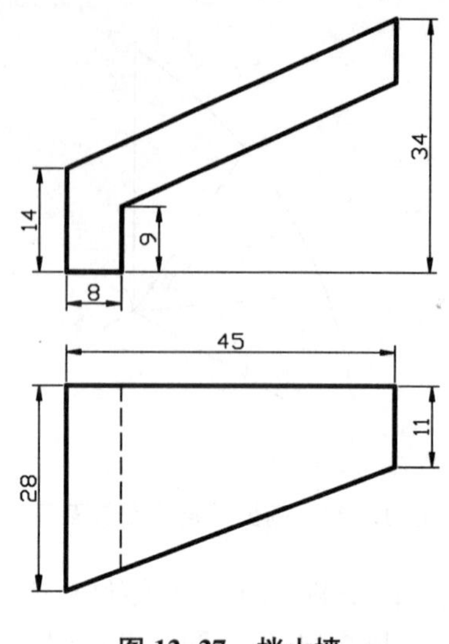

图 12-27 挡土墙

操作步骤：

① 将视图界面转换到“主视”视口，按尺寸绘制挡土墙的主视图，并创建为面域，再应用“拉伸”命令，将其拉长为 28，得到实体如图 12-28(a)所示。

② 将视图界面转换到“俯视”视口，按尺寸绘制挡土墙的俯视图，并创建为面域，再应用“拉伸”命令，将其拉高为 34，得到实体如图 12-28(b)所示。

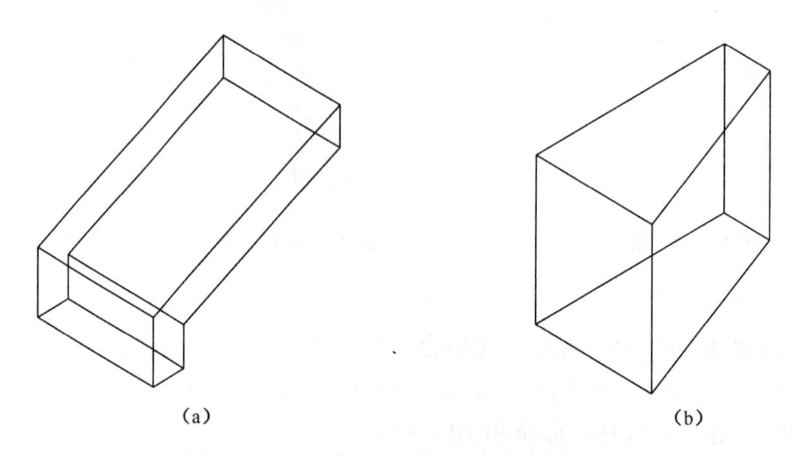

图 12-28 创建挡土墙的主视和俯视实体

③ 将视图界面转换到“西南等轴测”视口，应用“移动”命令，将两实体移动到图 12-29(a)所示位置叠合，启用“交集”命令，选中两叠加体后回车，得到图 12-29(b)所示挡土墙实体模型。

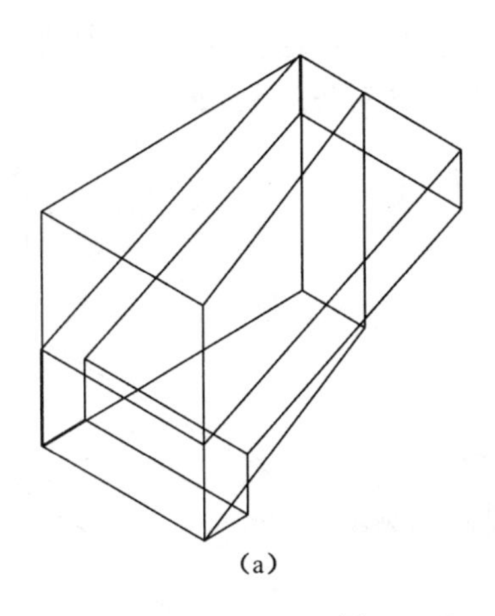
(a)

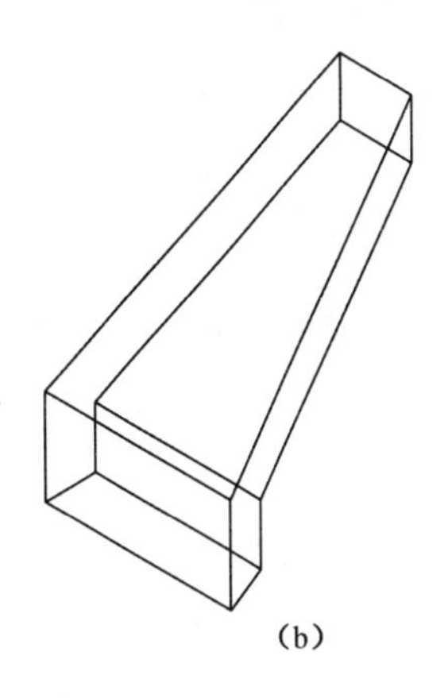
(b)

图 12-29　启用“交集”命令

(7) 三维对齐

“三维对齐”命令是通过移动、旋转或倾斜对象来使该对象与另一个对象对齐。它可以通过“3DAlign”或“Align”命令执行，命令操作和功能略有不同。

输入 3DAlign 命令或单击“建模”工具栏中的三维对齐命令图标，即启用“3DAlign”命令，可以指定至多三个点以定义源平面，然后指定至多三个点以定义目标平面。

对象上的第一个源点(称为基点)将始终被移动对齐到第一个目标点，如图 12-30 所示。

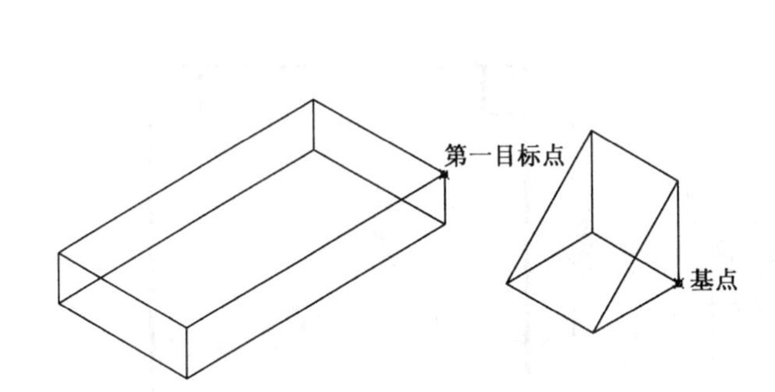

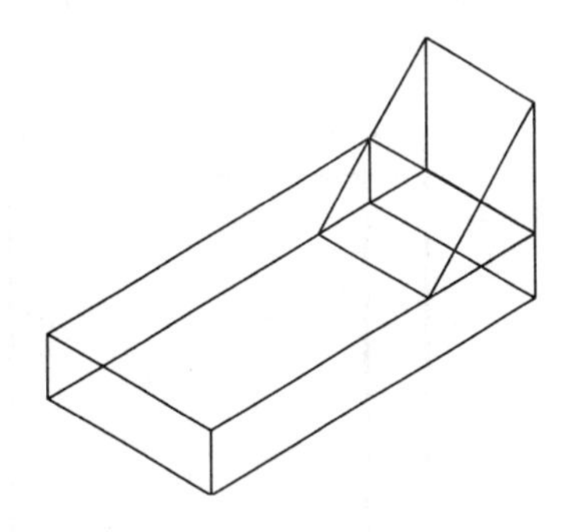

图 12-30　指定一个点对齐

为源或目标指定第二个点或第三个点导致旋转选定对象，如图 12-31 所示为指定三个点移动对齐。

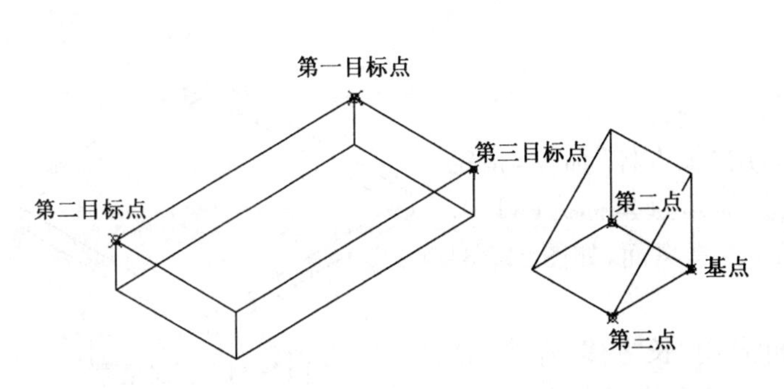

图 12-31　指定三个点对齐

命令区输入“Align”或从“修改”菜单的“三维操作”子菜单中单击“对齐”命令，即启用“Align”命令，它与命令不同的是可以利用两对点来缩放对齐对象，如图 12-32 所示。

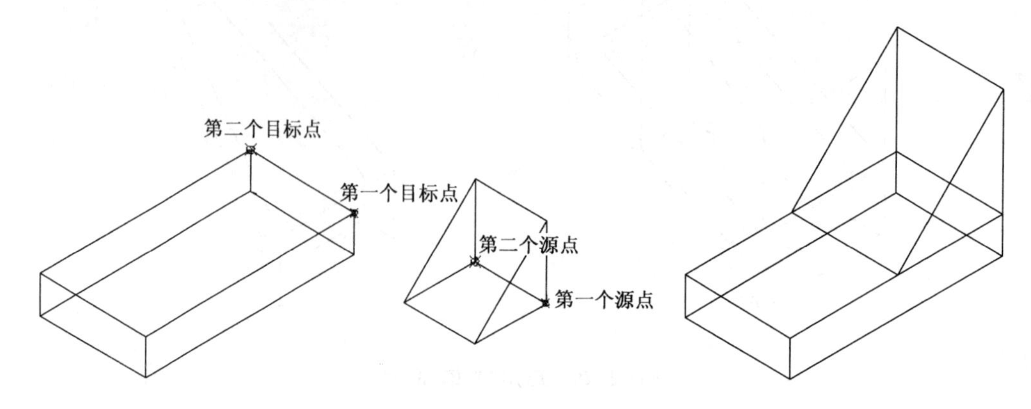

图 12-32　指定两个点缩放对齐

二、绘图实训任务

1. 实训任务一

创建图 12-33 所示方桌的三维实体模型，图形绘制参考时间 5～9 分钟。

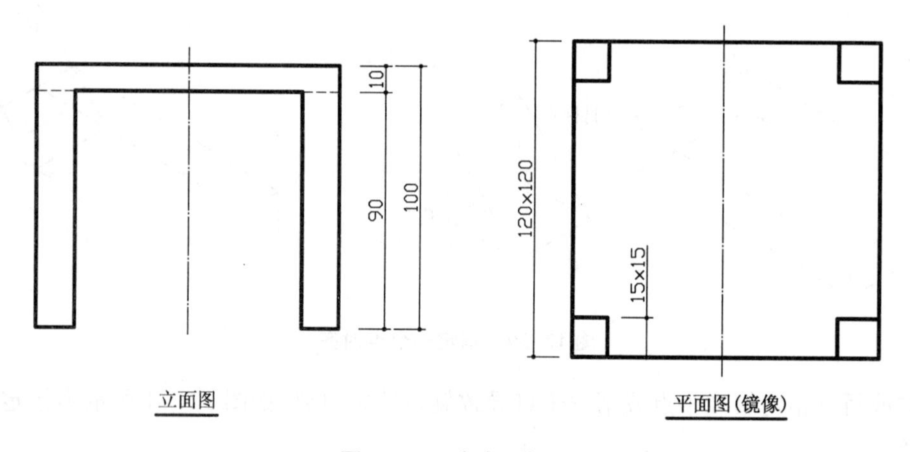

图 12-33　方桌三视图

绘图实训指导：

(1) 打开“建模”“视图”“视觉样式”工具栏。

(2) 将当前视图设为“俯视”，启用“长方体”命令，指定第一个角点坐标为“0，0，90”，指定其他角点坐标为@120、120、10，创建长、宽、高为 120、120、10 方桌桌面，如图 12-34 所示(显示为西南等轴测)。

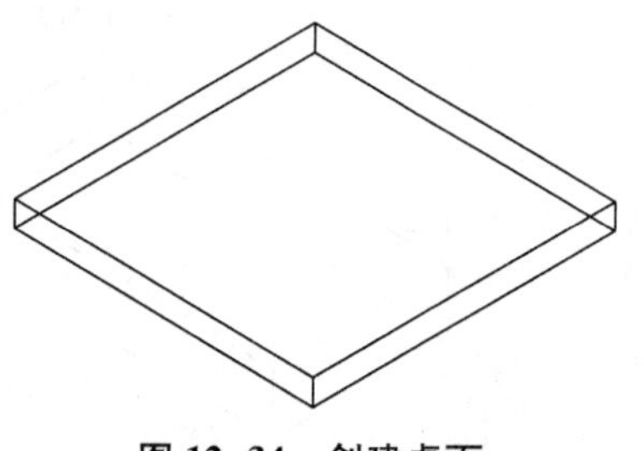

图 12-34　创建桌面

(3) 将当前视图设为“俯视”，再启用“长方体”命令，指定第一个角点坐标为“0，0，0”，指定其他角点坐标为@15、

15、90，创建长、宽、高为 15、15、90 方桌桌腿，如图 12-35 所示（显示为西南等轴测）。

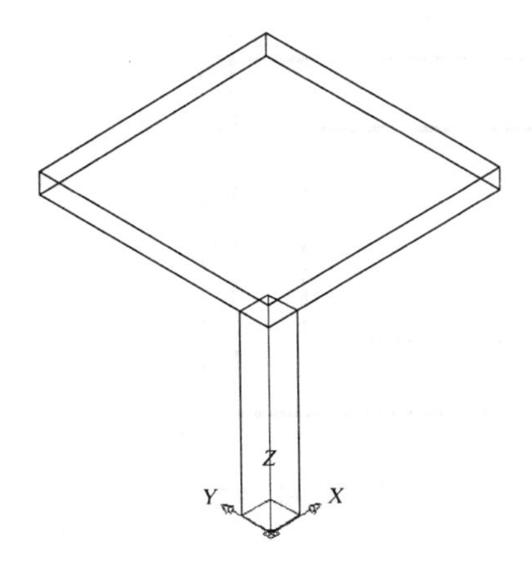

图 12-35　创建桌腿

(4) 启用“复制”命令，将桌腿复制到桌面的四个角，如图 12-36 所示，概念视觉样式显示如图 12-37 所示。

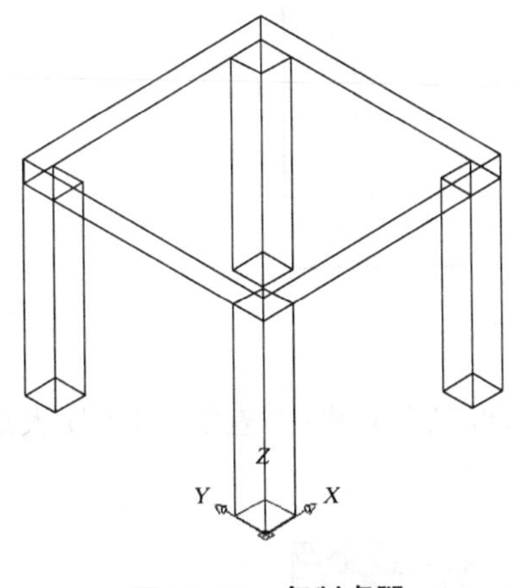

图 12-36　复制桌腿

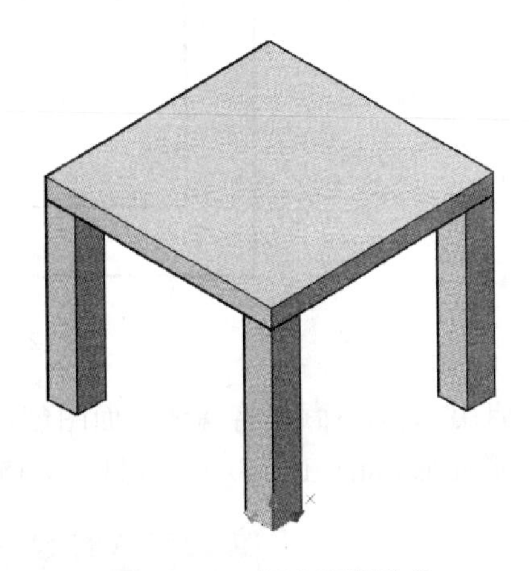

图 12-37　概念视觉样式

2. 实训任务二

创建图 12-38 所示拱形门的三维实体模型，图形绘制参考时间 10～30 分钟。

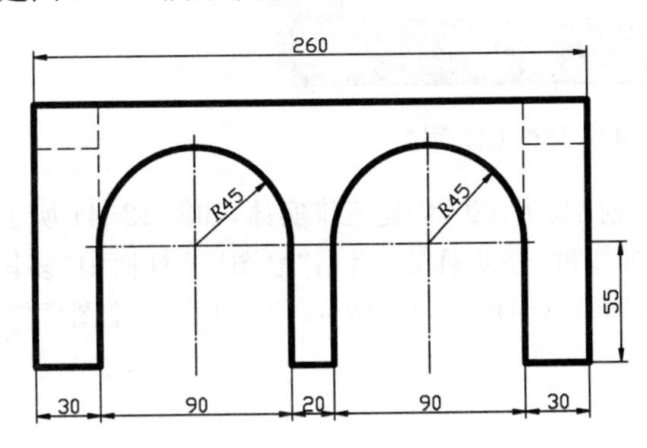

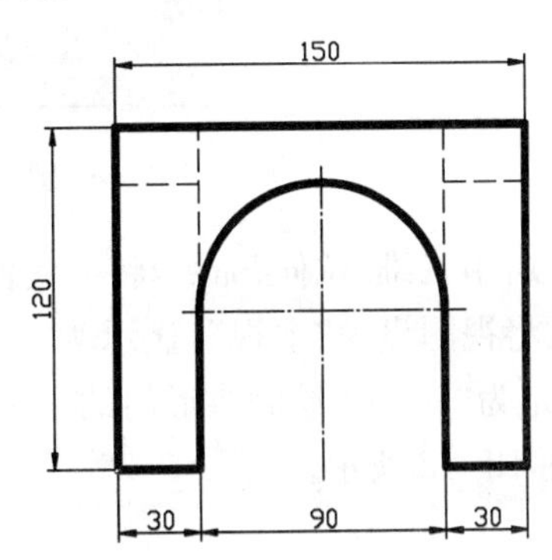

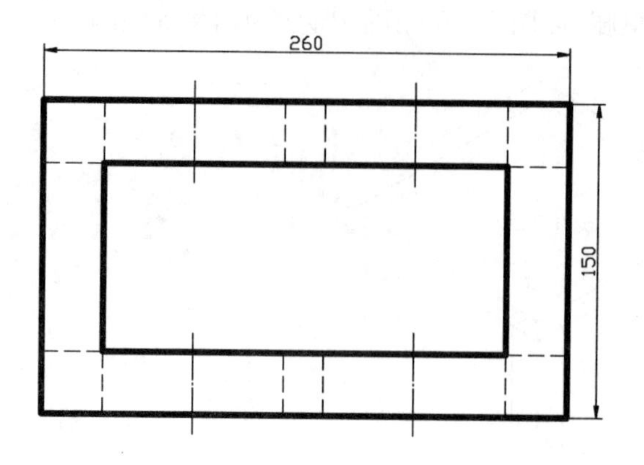

图 12-38　拱形门

绘图实训指导：

(1) 将起点坐标定为 0,0,按尺寸绘制墙体的二维平面图,如图 12-39 所示。

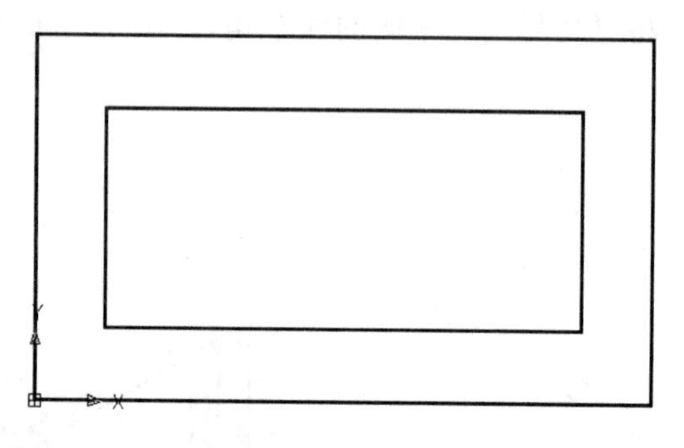

图 12-39　绘制墙体

(2) 启用“面域”命令,将墙体平面图创建为两个面域实体,再用“差集”命令使大矩形面域减去小矩形面域,如图 12-40 所示(显示为概念视觉样式)。

图 12-40　创建墙体面域

(3) 启用三维“拉伸”命令,将差集面域拉高为 120,创建三维实体,如图 12-41 所示。

(4) 将视图设为“主视”,显示为“二维线框”视觉样式,启用“绘图”工具栏中“多段线”命令,起点定为“30,0”,绘制拱形门的二维图框,再启用“复制”命令,将拱形门二维图框向右复制 110,如图 12-42 所示。

图 12-41　“拉伸”墙体

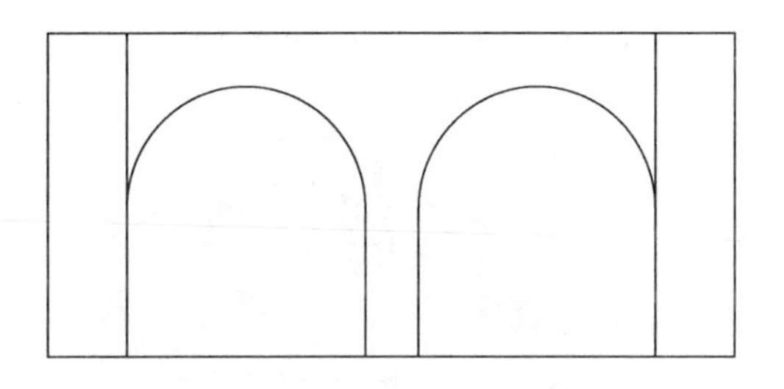

图 12-42　绘制前后拱形门二维图

(5) 将拱形门线框创建为两个“面域”,应用“拉伸”命令,将面域拉伸长为“－150”(向 Z 轴的反方向拉伸),创建前后方向的拱形门实体,如图 12-43 所示(显示为概念视觉样式)。

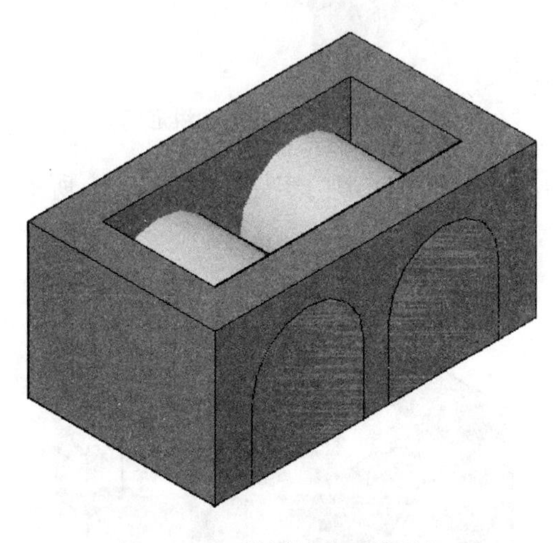

图 12-43　“拉伸”前后拱形门

(6) 应用“差集”命令,将墙体减去拱形门实体,创建拱形门洞,如图 12-44 所示。

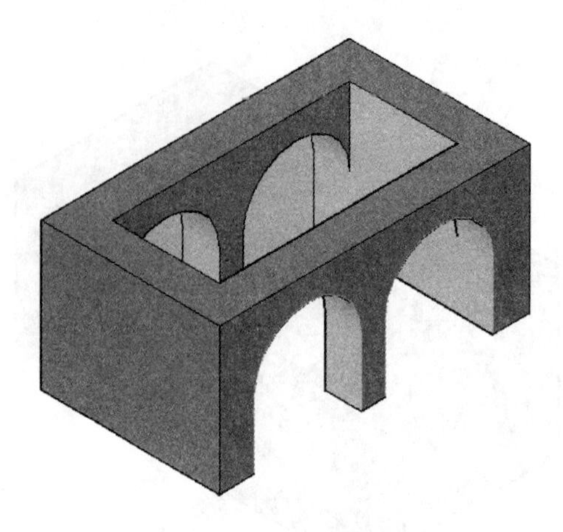

图 12-44　创建前后拱形门洞

(7) 将视图设为“左视”，显示为“二维线框”视觉样式，启用“绘图”工具栏中“多段线”命令，起点定为“30,0”，绘制拱形门的二维图框。再将拱形门线框创建为“面域”，应用“拉伸”命令，将面域拉伸长为“－260”，创建左右方向的拱形门实体，如图 12-45 所示(显示为概念视觉样式)。

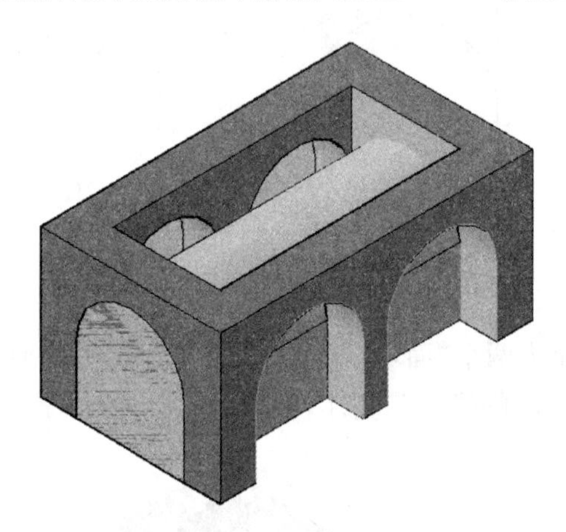

图 12-45　“拉伸”左右拱形门

(8) 应用“差集”命令，将墙体减去拱形门实体，如图 12-46 所示。

图 12-46　创建左右拱形门洞

3. 实训任务三

创建图 12-47 所示碗的三维实体模型,图形绘制参考时间 10～21 分钟。

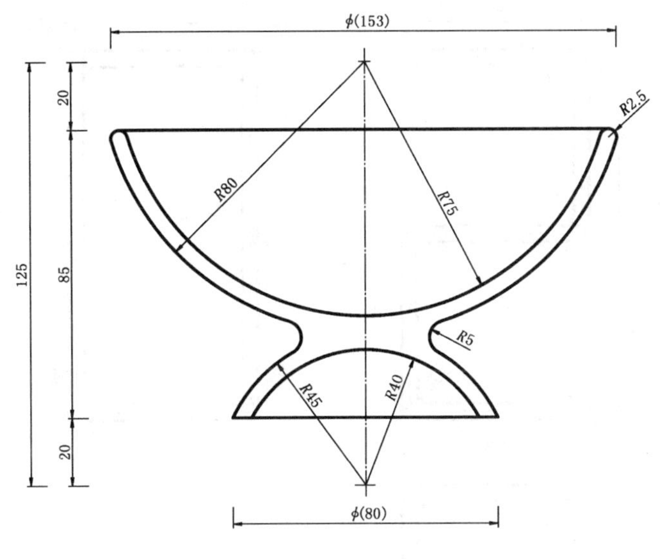

图 12-47　碗

绘图实训指导:

(1) 将视图设置为主视,根据尺寸绘制碗的断面图如图 12-48 所示。

(2) 启用"面域"命令,将断面图创建为面域,再启用旋转命令,将面域生成旋转实体,如图 12-49 所示,概念视觉样式显示如图 12-50 所示。

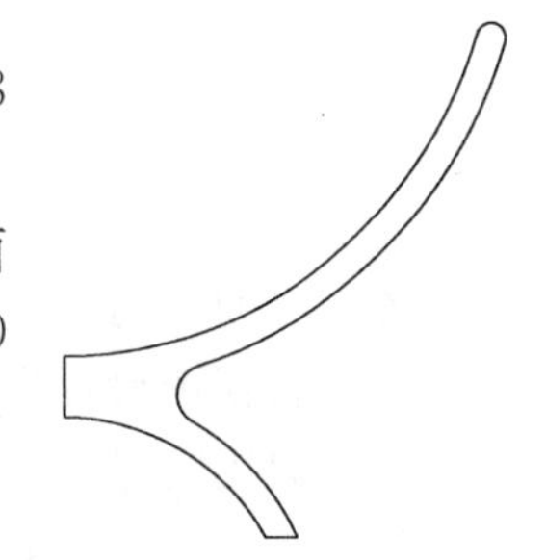

图 12-48　绘制碗断面图

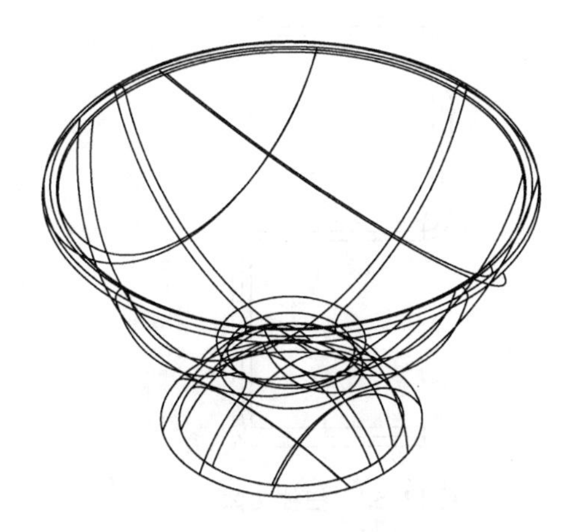

图 12-49　创建旋转实体

图 12-50　概念视觉样式显示

4. 实训任务四

创建图12-51所示圆管支架的三维实体模型，图形绘制参考时间10～30分钟。

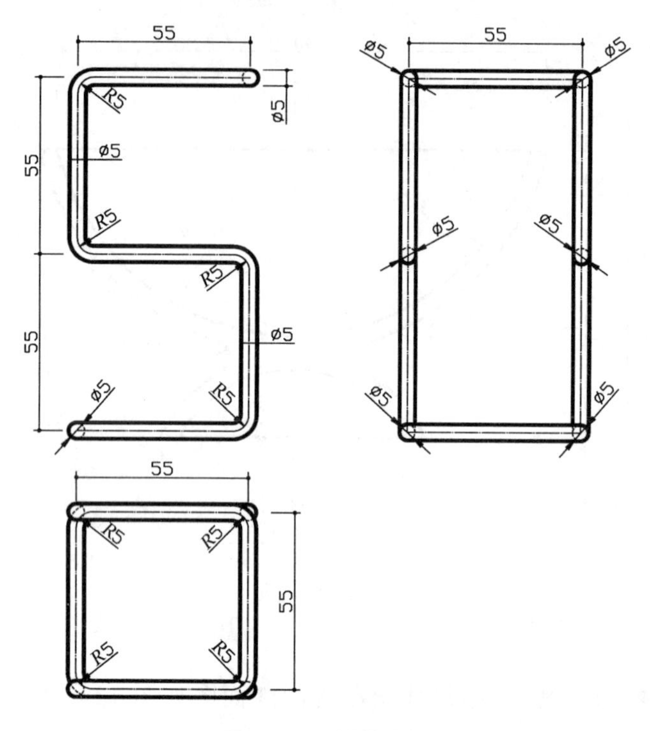

图 12-51　圆管支架

绘图实训指导：

(1) 将视图设置为主视，绘制圆管支架的平面图如图12-52所示。

(2) 启用“扫掠”命令，以圆为扫掠对象，平面曲线为扫掠路径，形成实体如图12-53所示。

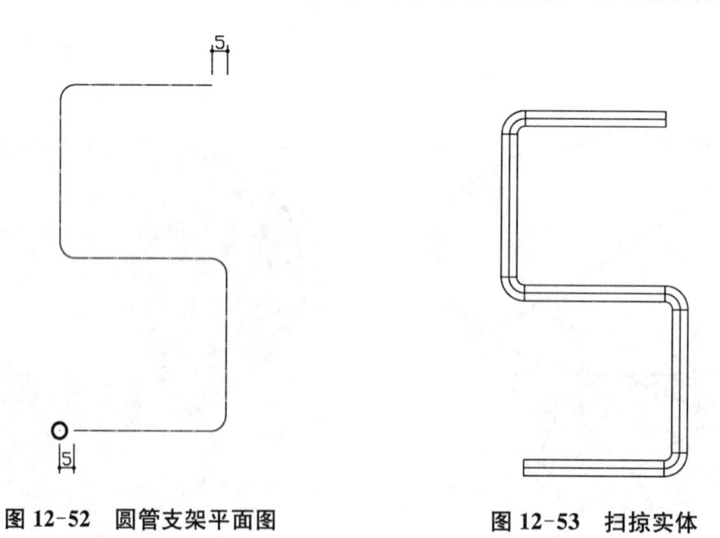

图 12-52　圆管支架平面图　　图 12-53　扫掠实体

(3) 将视图设为左视，水平距离为55复制实体，轴测显示如图12-54所示。

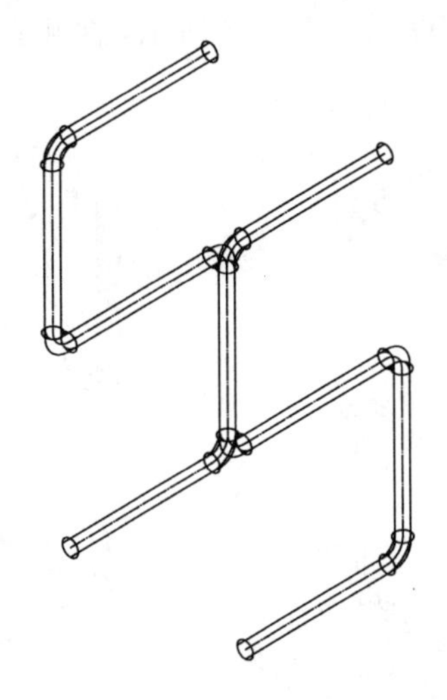

图 12-54　复制实体

(4) 将视图设置为俯视,绘制圆管支架的平面图如图 12-55 所示。

(5) 启用"扫掠"命令,以圆为扫掠对象,平面曲线为扫掠路径,形成实体如图 12-56 所示。轴测显示如图 12-57 所示。

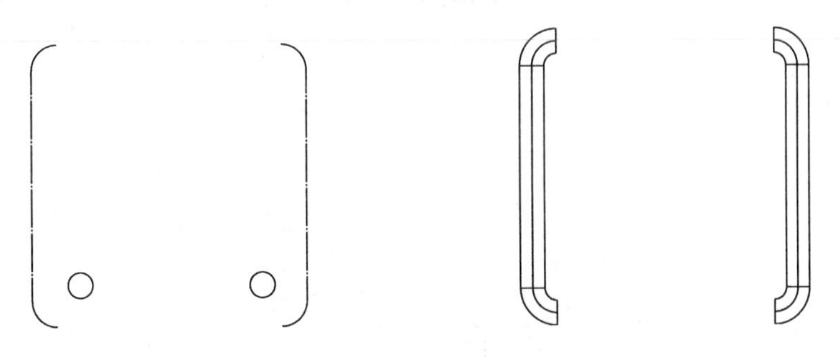

图 12-55　画平面图　　　　图 12-56　创建扫掠实体

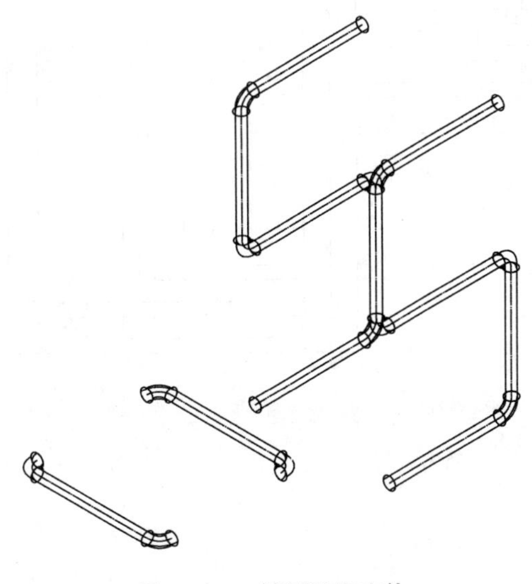

图 12-57　轴测显示实体

(6) 移动两实体对接,形成实体如图 12-58 所示,轴测显示实体如图 12-59 所示。

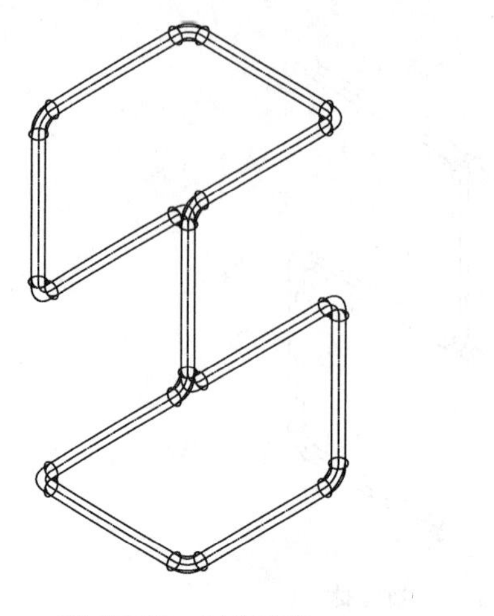

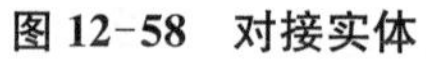
图 12-58　对接实体

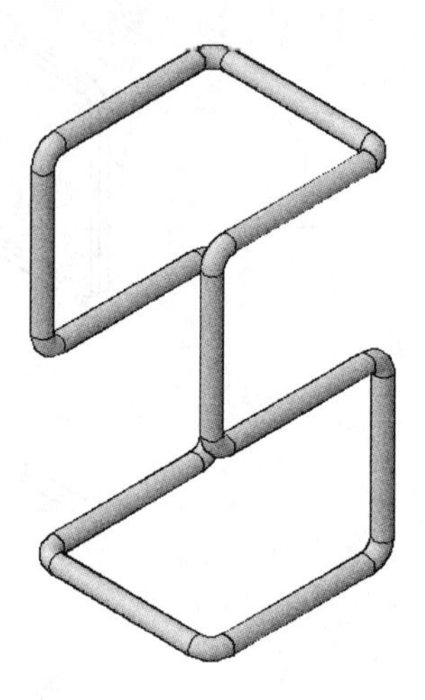

图 12-59　轴测显示实体

5. 实训任务五

创建图 12-60 所示旋转楼梯的三维实体模型,图形绘制参考时间 10~30 分钟。

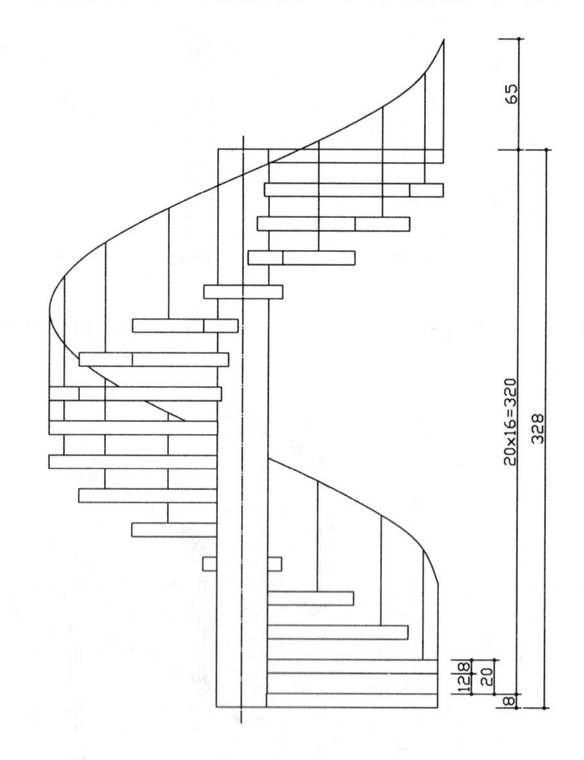

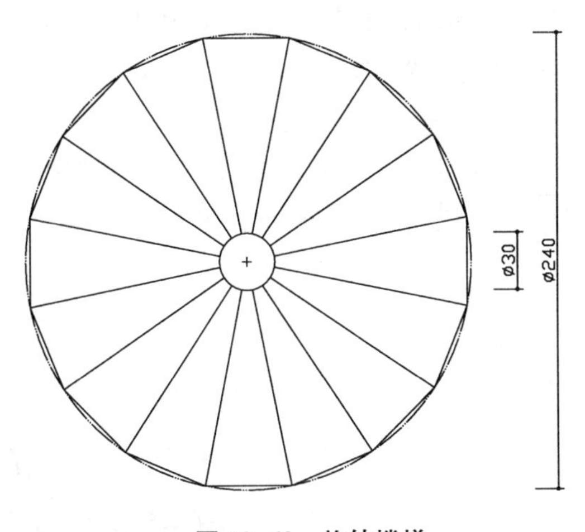

图 12-60　旋转楼梯

绘图实训指导：

(1) 将视图设置为俯视，绘制旋转楼梯梯板的平面图，如图 12-61 所示。

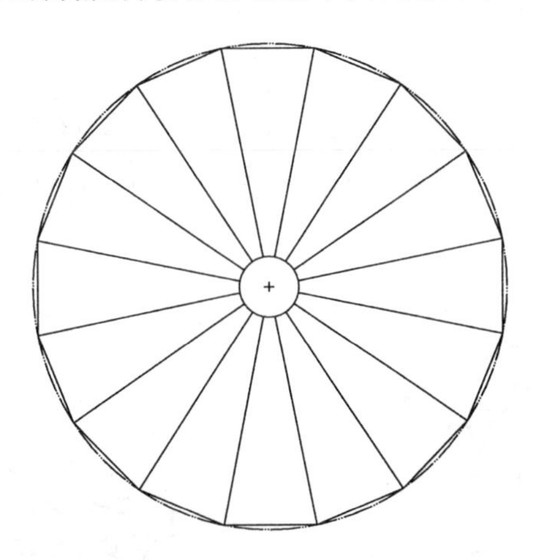

图 12-61　旋转楼梯梯板平面图

(2) 启用"拉伸"命令，创建所有梯板的实体，如图 12-62 所示，概念视觉样式显示如图 12-63 所示。

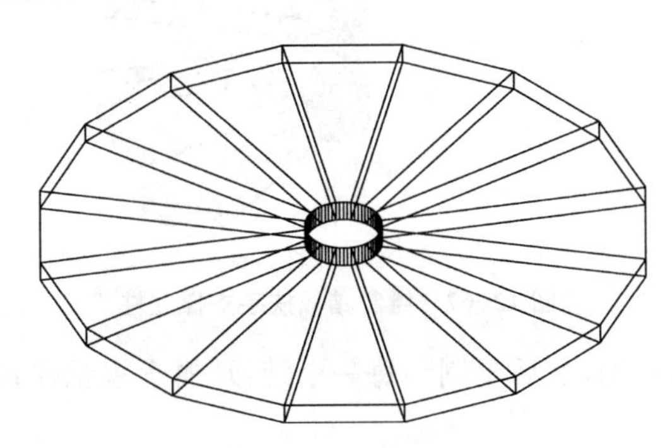

图 12-62　创建旋转楼梯梯板实体

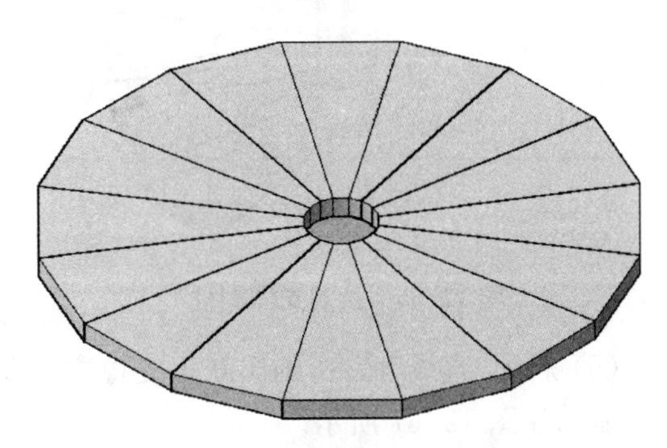

图 12-63　概念视觉样式显示

(3) 启用“移动”命令，依次将梯板向正上方移动，移动距离以20为级差依次递加，如图12-64所示，概念视觉样式轴测显示如图12-65所示。

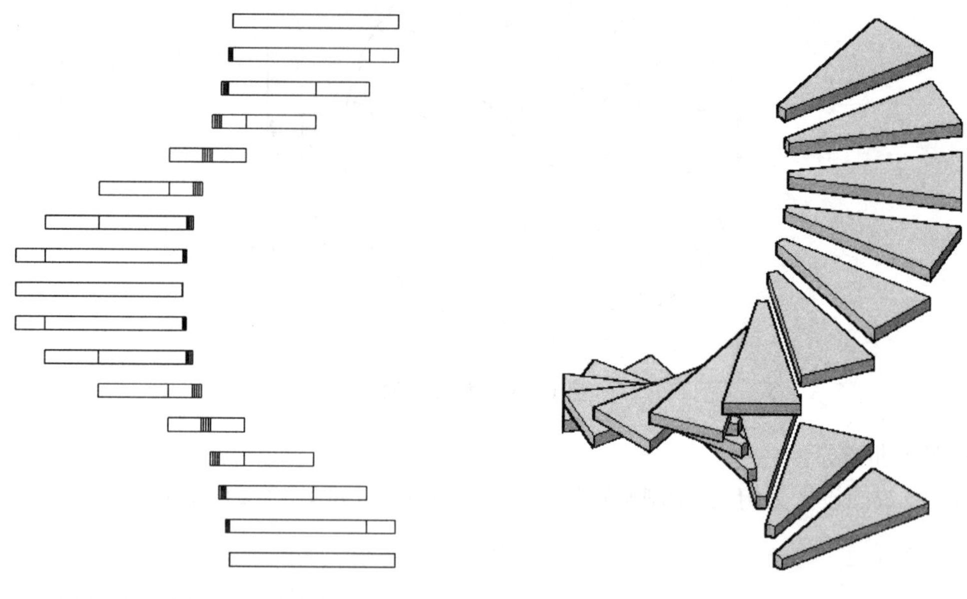

图12-64　依次上移楼梯踏板　　　　图12-65　概念视觉样式显示

(4) 启用“圆柱”命令，画出直径为30、高为328的圆柱体，概念视觉样式轴测显示如图12-66所示。

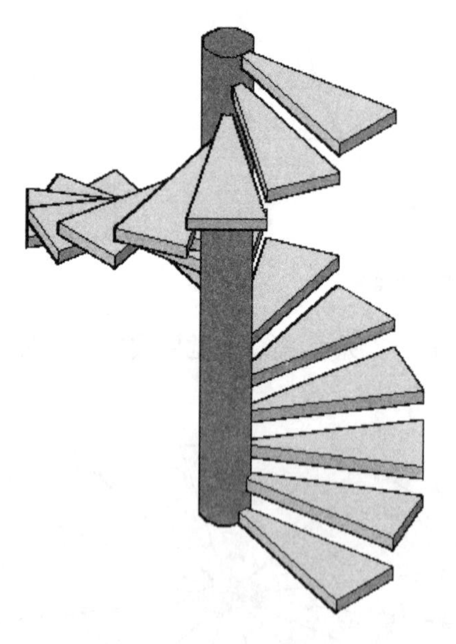

图12-66　绘制支撑圆柱

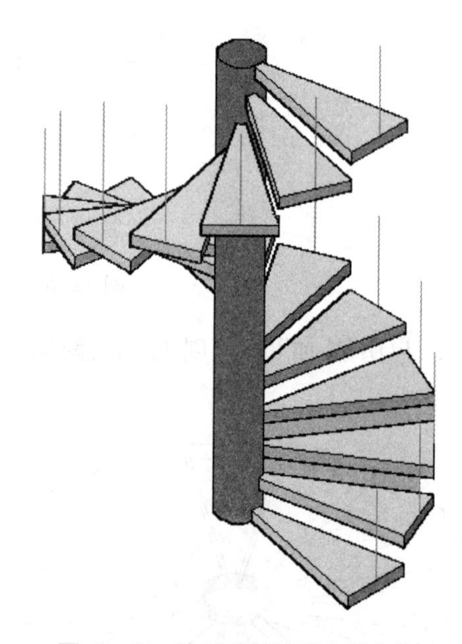

图12-67　绘制踏板扶手支撑立柱

(5) 启用“直线”命令，画出扶手支撑立柱示意图，然后复制到每一个踏板，概念视觉样式轴测显示如图12-67所示。

(6) 启用“样条曲线”命令，画出楼梯扶手示意图，概念视觉样式轴测显示如图 12-68 所示。

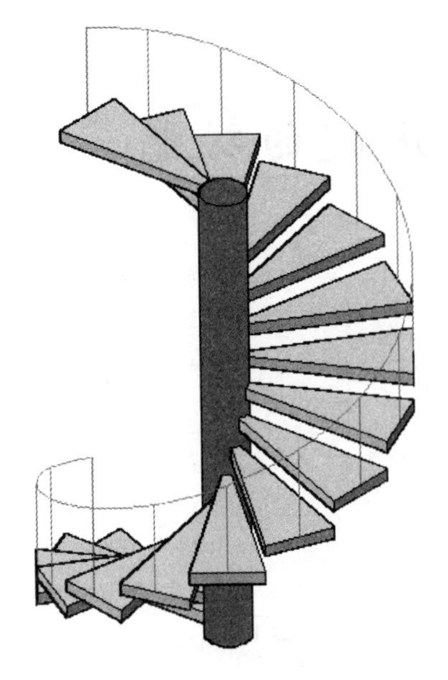

图 12-68　绘制踏板扶手

附录A 常用键的功能

1. 鼠标按键

左键:(1) 启用命令。
(2) 拾取选择。
(3) 捕捉定义点。
右键:(1) 确认拾取。
(2) 终止当前命令。
(3) 重复上一条命令(在命令状态下)。
(4) 弹出右键菜单。
Shift+右键:弹出“临时捕捉”快捷菜单。
中轮:(1) 按住上下拖动移动图形。
(2) 转动中轮缩放图形。

2. 回车键

(1) 确认数据的输入或确认缺省值。
(2) 确认选择的图形对象。
(3) 重新启用上一条命令。
(4) 结束命令。

3. 空格键

在 AutoCAD 中,文字输入除外,空格键与回车键的功能是相同的。

4. Esc 键

在 AutoCAD 中,Esc 键的主要作用是中断当前的命令。

5. 功能键

F1:打开 AutoCAD 帮助对话框
F2:打开 AutoCAD 文本窗口
F3:对象捕捉开关
F4:数字化仪开关
F5:等轴测平面转换

F6:坐标转换开关
F7:栅格开关
F8:正交开关
F9:捕捉开关
F10:极轴开关
F11:对象跟踪开关
F12:动态输入开关

6. 快捷键

Ctrl+A:选择所有对象
Ctrl+B:栅格捕捉模式控制(F9)
Ctrl+C:复制对象到粘贴板
Ctrl+F:控制是否实现对象自动捕捉(F3)
Ctrl+G:栅格显示模式控制(F7)
Ctrl+J:重复执行上一步命令
Ctrl+K:超级链接
Ctrl+N:新建图形文件
Ctrl+M:打开选项对话框
Ctrl+O:打开图形文件
Ctrl+P:打开打印对话框
Ctrl+Q:退出程序
Ctrl+S:保存文件
Ctrl+U:极轴模式控制(F10)
Ctrl+V:粘贴剪贴板上的内容
Ctrl+W:对象追踪式控制(F11)
Ctrl+X:剪切所选择的内容
Ctrl+Y:重做
Ctrl+Z:取消前一步的操作

Ctrl+0:清除屏幕(隐藏工具栏)
Ctrl+1:打开特性对话框
Ctrl+2:打开设计中心
Ctrl+3:打开工具选项板
Ctrl+4:打开图纸集管理器
Ctrl+5:打开信息选项板
Ctrl+6:打开数据库链接管理器
Ctrl+7:打开标记集管理器
Ctrl+8:打开快速计算器
Ctrl+9:命令行窗口开关

Ctrl＋Tab:切换绘图窗口。

Alt＋F:打开文件菜单
Alt＋E:打开编辑菜单
Alt＋V:打开视图菜单
Alt＋I:打开插入菜单
Alt＋O:打开格式菜单
Alt＋T:打开工具菜单
Alt＋D:打开绘图菜单
Alt＋N:打开标注菜单
Alt＋M:打开修改菜单
Alt＋W:打开窗口菜单
Alt＋H:打开帮助菜单

附录B

AutoCAD常见问题与解答

1. 如何将鼠标右键设置为直接回车的功能?

AutoCAD中默认设置是点击鼠标右键弹出快捷菜单的功能。可以改变设置为直接回车的功能。设置鼠标右键为回车键的过程如下:首先是在“选项”对话框中选择“用户系统配置”标签,然后打开“自定义右键单击”按钮,用户可根据自己的习惯在出现的对话框中选择鼠标右键的功能,如回车键功能等。

2. 如何修改图形背景的颜色?

在AutoCAD中,默认的模型空间绘图区的背景颜色是黑色,用户可根据需要进行修改,修改的方法是:首先,在“选项”对话框中选择“显示”标签,单击“颜色”按钮打开“颜色”选项对话框,然后从“颜色”列表中选择所需的颜色,点击“应用”即可。

3. 画出的点画线和虚线看上去和细实线一样是何原因?

这种现象和当前窗口的显示范围大小有关,显示范围过大时,中心线的间断处小到一定程度便看不到,显示范围过小时只看到中心线的一段,也是连续线。在作图的过程中,这种情况对作图不会产生任何影响,到图形输出时,再调整“线型比例”即可显示出线型。

4. 关闭图层、冻结图层、锁定图层有何区别?

关闭图层:该图层上的对象为不可见,也不能被打印。但是当图形重新生成时,该图层上的对象也随之重新计算。

冻结图层:不显示、不打印该图层上的对象,当图形重生成物时也不会重新计算,提高了计算机的运行速度。

锁定图层:该图层上的图形对象可见,但不能被编辑修改。

5. 为什么“点”在图上看不到?

系统默认的点样式是一个黑点,当点与其他的图形对象位置重合时便看不到,但通过设置“节点捕捉”可以捕捉到点的位置。若要看到它的显示,需修改点样式。从“格式”菜单中选择“点样式”,在打开的对话框中选择一种点样式即可。

6. 用“圆”命令绘制的圆为何有时显示为多边形?

这与系统设置的显示精度有关,为了加快运行速度,当图形界面变化时,图形对象不被重生成，所以圆看上去像多边形，这时如果执行重生成命令，多边形将变为圆。圆无论显示成什么样子，打印出来总是圆的。

7. 为什么有时候文字或符号会显示为“?”?

文字有多种样式，如果汉字或符号显示成“?”，是所用的文字样式不能显示汉字，或该样式的字库中不包含该符号。修改的办法是将该文字样式下的字体文件名改变为能够显示中文或符号的字体文件，“?”将重新显示为原来输入的汉字内容。

8. 在AutoCAD中是按实际尺寸画图还是按比例画图?

在AutoCAD中应该按实际尺寸画图，只有在打印输出到图纸时，才考虑到设置比例的问题。

9. 设置了绘图界限，可绘图窗口并没有改变是什么原因?

设置绘图界限后，别忘了点击一下“缩放”工具栏中的“全部缩放”图标，这时设置的绘图界限才全部显示。

10. 如何在Word文档中粘贴AutoCAD图形

将AutoCAD的绘图界面设置为白色显示，在AutoCAD中用“复制”命令先将AutoCAD图形复制，然后，在Word文档中粘贴。但AutoCAD图形粘贴到Word文档后，往往空边过大，也失去了线宽的显示效果。这时双击Word中的图形，则图形会在CAD的程序中被重新打开，单击缩放弹出按钮中的“范围缩放”，再打开状态栏中的“线宽”按钮，关闭图形时，在弹出的对话框中选择“更新图形”，空边过大和线宽显示的问题即可解决。

11. 怎样为CAD的图形设置密码?

(1) 将要加密的文件另存，在出现的“另存为”对话框中，点击右上角的“工具”按钮，弹出菜单如附图2-1所示。

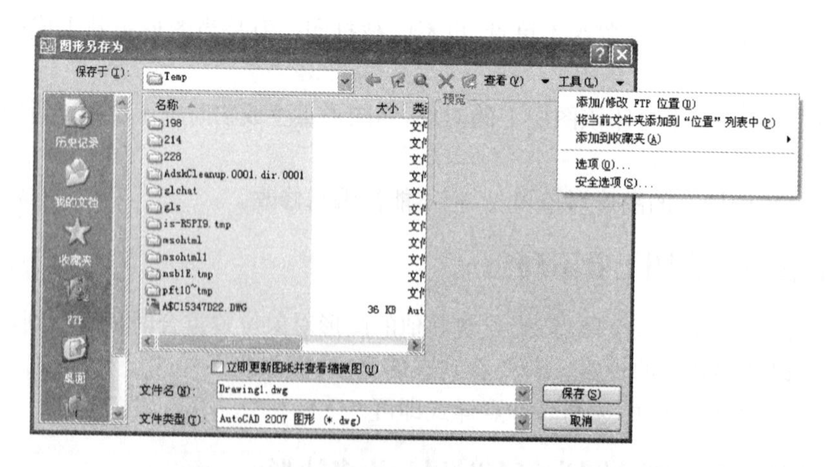

附图2-1 “图形另存为”对话框中的“工具”菜单

(2) 单击菜单中的“安全选项”，这时打开“安全选项”对话框，如附图 2-2(a)所示，在该对话框密码选项的输入框中输入密码。

(3) 单击“确定”按钮，弹出“确认密码”对话框，如附图 2-2(b)所示，在此再次重复输入密码，单击“确定”按钮。如果两次输入密码完全一致，则你的文件就加密了。再次打开时就要输入密码，忘了密码，文件就永远也打不开了，所以加密之前最好先备份文件。

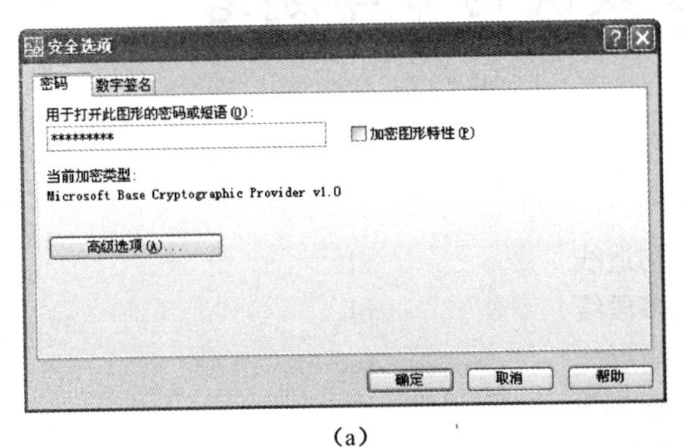

(a)

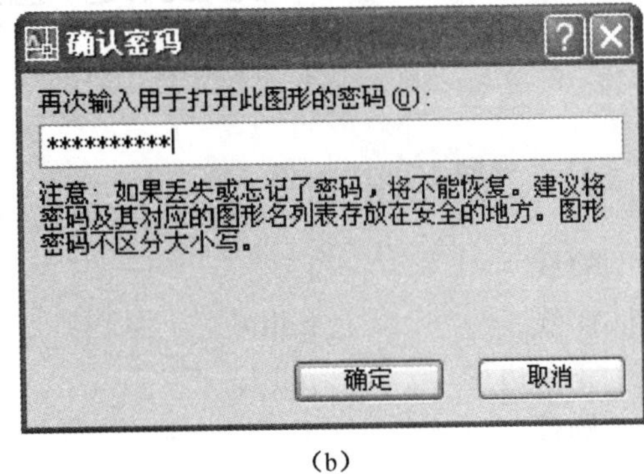

(b)

附图 2-2　密码输入对话框

12. 有时屏幕上有许多鼠标点击后产生的交叉点标记，怎样消除？

在 AutoCAD 中有时有交叉点标记在鼠标点击处产生，在命令行输入“BLIPMODE”命令，在提示行下输入 OFF 可消除它。

13. 如何查询图形的距离、面积、周长、体积等质量特性？

在工具菜单中，有一个“查询”次级菜单命令，启用相应的命令就可执行查询。执行“面积”查询命令，可同时查询周长。

附录C AutoCAD默认的命令别名

1. 二维“绘图”命令

直线	l	构造线	xl
多线	mline	多段线	pl
正多边形	pol	矩形	rec
圆弧	a	圆	c
样条曲线	spl	椭圆	el
点	po	点等分	div

2. 二维图形“修改”命令

删除	e	复制	co
镜像	mi	偏移	o
阵列	ar	移动	m
旋转	ro	缩放	sc
拉伸	s	修剪	tr
延伸	ex	打断	br
合并	j	倒角	cha
圆角	f	分解	x
多段线编辑	pe		

3. “文字”命令

文字样式	st	单行文字	dt
多行文字	t	文字编辑	ed

4. “图案填充”与“图块”命令

图案填充	h	创建附属图块	b
创建独立图块	w	插入块	I
块属性定义	att	编辑属性	ate

5. 尺寸标注

标注样式	d	线性标注	dli

对齐标注	dal	半径标注	dra
直径标注	ddi	角度标注	dan
圆心标注	dce	坐标标注	dor
形位公差	tol	快速引线标注	le
基线标注	dba	连续标注	dco
编辑标注	ded		

6. 三维绘图命令

多段体	psolid	四方体	box
楔体	we	圆锥	cone
圆柱体	cyl	圆环	tor
棱锥面	pyr	面域	reg
拉伸	ext	旋转	rev

7. 三维操作

并集	uni	差集	su
交集	in	三维移动	3m
三维旋转	3r	三维对齐	3al
三维镜像	3dmirror	三维阵列	3a
创建用户坐标系	ucs	动态观察	3do
三维平面	3f		

8. 其他命令

图层特性管理器	la	特性匹配	ma
特性管理器	ch	设计中心	adc
查询距离	di	查询面积	aa
线形比例	lts	图形单位	un
重生成	r	命名视图	v
实时平移	p		

附录D

CAD制图企业标准参考

国家CAD制图标准由于其覆盖面广，在某些方面存在着多样选择性，所以许多大中型企事业单位以国家标准为依据，制定了本单位CAD制图标准，以使图纸更加规范化和标准化。本附录为日照市建筑设计研究院实施的CAD制图标准，仅供参考。

日照市建筑设计研究院技术文件

CAD制图标准

前　言

为了进一步提高设计水平，使我院的计算机辅助设计逐步实现规范化、标准化、网络化，我们组织了总工办等设计人员，通过对我院近年来的计算机辅助设计工作的经验、提炼和总结，制订本标准。今后，凡我院承接编制的各类设计任务应用计算机辅助绘图，均需依照本标准进行。全院各设计人员在其具体使用过程中，如发现需要修改或需要补充之处，请将有关意见及资料，提交给总工办，以便今后对本标准进一步调整和完善。

本标准自2007年7月1日起实施。

日照市建筑设计研究院有限公司

2007年6月27日

目　　录

一、总则

1　工作目标

1.1　规范化——有效提高建筑设计的工作质量。

1.2　标准化——提高建筑设计的工作效率。

1.3　网络化——便于网络上规范化管理和成果的共享。

2　工作范围

本标准是建筑CAD制图的统一规则，适用于我院房屋建筑工程和建筑工程相关领域中的CAD制图。

3　工作风格

本标准为形成设计院绘图表达风格的统一，不提倡个人绘图表达风格。建筑制图的表达应清晰、完整、统一。

二、制图

1. 制图规范

工程制图严格遵照国家有关建筑制图规范制图，要求所有图面的表达方式均保持一致。

2. 图纸目录

各个专业图纸目录参照下列顺序编制：

建筑专业：封面，图纸目录，建筑总平面图，节能计算表，建筑设计说明；建筑构造作法一览表；门窗表；平面图；立面图；剖面图；楼梯；建筑详图；门窗详图。

结构专业：封面，图纸目录，结构设计说明；桩位图；基础图；基础详图；柱，剪力墙结构图及详图，地下室结构图；（人防图纸）；地下室结构详图；（楼面结构布置图）；楼面梁配筋图，楼面板配筋图；楼梯详图；结构构件详图。

电气专业：封面，图纸目录，电气设计说明；主要设备材料表；系统图；控制线路图；平面图；详图。大型工程应按强电、弱电、火灾报警及其智能系统分别设置目录。

给排水专业：封面，图纸目录，给排水设计说明；主要设备材料表；总图；平面图（自下而上）；详图；给水、消防、排水、雨水系统图。

暖通空调专业：封面，图纸目录，暖通设计说明；主要设备材料表，平面图；剖面图；系统图；详图。

注：对小规模的工程可仅建筑专业设计封面作为统一装订后的封面。

3. 图纸深度

工程图纸除应达到国家规范规定深度外，尚需满足业主提供例图深度及特殊要求。

4. 图纸字体

除投标及其特殊情况外，均应采取以下字体文件，尽量不使用TureType字体，以加快图形的显示，缩小图形文件。同一图形文件内字型数目不要超过四种，以下字体文件为标准字体，将其放置在CAD软件的FONTS目录中即可。Romans. shx（西文花体）、Romand. shx（西文花体）、Bold. shx（西文黑体）、Txt. shx（西文单线体）、Simpelx（西文单线体）、Tssdeng（西文单线体）、Tssdchn（汉字单线）、St64s. shx（汉字宋体）、Ht64f. shx（汉字黑体）、Kt64f. shx（汉字楷体)、Fs64f. shx(汉字仿宋)、Hztxt. shx(汉字单线)。

字型文件放置在单位计算机网络服务器上,其具体位置\\server\计算机辅助制图标准\fonts。

汉字字型优先考虑采用 Tssdchn、Hztxt. shx 和 Hzst. shx;西文优先考虑 Tssdeng、Romans. shx 和 Simplex 或 Txt. shx。所有中英文之标注宜按下表执行。

表 1　常用字型表

用　途		字　型	字　高	宽高比
图纸名称	中文	St64s. shx	10 mm	0. 8
说明文字标题	中文	St64s. shx	5. 0 mm、7. 0 mm	0. 8
标注文字	中文	Tssdchn. shx St64s. shx	3. 5 mm、5. 0 mm	0. 8
说明文字	中文	Tssdchn. shx St64s. shx	3. 5 mm、5. 0 mm	0. 8
总说明	中文	Tssdchn. shx St64s. shx	5. 0 mm、7. 0 mm	0. 8
标注尺寸	西文	、Simpelx. shx、Tssdchn. shx	2. 5 mm、3. 0 mm	0. 8

注:中西文比例设置为 1∶0. 7,说明文字一般应位于图面右侧。字高为打印出图后的高度。

5　图纸版本及修改标记

5. 1　图纸版本

图纸修改等改用版本标志。

5. 1. 1　施工图版本号

第一次出图版本号为 1,第二次修改图版本号为 2,依次类推。

5. 1. 2　方案图或报批图等非施工用图版本号

第一次图版本号为 A,第二次图版本号为 B,依次类推。

5. 2　图面修改标记

图纸修改可以版本号区分,每次修改必须在修改处做出标记,并注明版本号,如上图。修改标记设定为非打印图层。

简单或单一修改仍使用变更通知单。

6　图纸幅面

6. 1　图纸图幅采用 A0、A1、A2、A3 四种标准,以 A1 图纸为主。图框文件放在单位的计算机网络服务器上,具体位置\\server\计算机辅助制图标准\bord。

表2　图纸尺寸规格

图纸种类	图纸宽度(mm)	图纸高度(mm)	备　　注
A0	1189	841	
A1	841	594	
A2	594	420	
A3	420	297	
A4	297	210	主要用于目录、变更、修改等

6.2　特殊需要可采用按长边1/8模数加长尺寸(按房屋建筑制图统一标准)。

6.3　一个专业所用的图纸,不宜多于两种幅面(目录及表格所用A4幅面除外)。

6.4　图纸比例

常用图纸如下,同一张图纸中,不宜出现三种以上的比例。

表3　常用比例表

常用比例	1∶1,1∶2,1∶5,1∶10,1∶20,1∶50,1∶100,1∶200,1∶500,1∶1000
可用比例	1∶3,1∶15,1∶25;1∶30,1∶150,1∶250,1∶300,1∶1500

7　图层及文件交换格式

7.1　采用图层的目的是用于组织、管理和交换CAD图形的实体数据以及控制实体的屏幕显示和打印输出。图层具有颜色、线形、状态等属性。

7.2　图层组织根据不同的用途、阶段、实体属性和使用对象可采取不同的方法,但应具有一定的逻辑性,便于操作。各类实体应放置在不同的图层上,如平面图中,轴线标注和第三道尺寸应分层标注,标注门、窗洞口的细部尺寸应分层表示;厨厕洁具及其标注等单独设置图层表示;标高等尺寸也应独立分层表示。

8　补充说明

8.1　常用图例

遵照《房屋建筑制图统一标准》(GBJ186)、《总图制图标准》(GBJ103—87)、《建筑制图标准》(GBJ104—87)图例规定。

表4　常用图例

1	砌体	
2	混凝土	
3	夯实土	
4	多孔材料	
5	纤维材料	

8.2　线条宽度(单位:mm),所有施工图纸,均参照《房屋建筑地图统一标准》(GB/T

50001—2001)绘制。

在采用 CAD 技术绘图时,尽量用色彩(Color)控制绘图笔的宽度,尽量少用多义线(Pline)等有宽度的线,以加快图形的显示,缩小图形文件。

8.3　符号

8.3.1　轴线:轴线圆均应以细实线绘制。圆的直径 8 mm。

8.3.2　索引符号:索引符号的圆及直径均应以细实线绘制。圆的直径 10 mm。

8.3.3　详图:详图符号以粗实线绘制,直径为 14 mm。

8.4　引出线

引出线均采用水平向 0.25 mm 宽细线,文字说明均写于水平线之上。

8.5　尺寸标注

尺寸界线、尺寸线,应用细实线绘制,端部出头 2 mm。

尺寸起止符号用中粗线绘制,其倾斜方向与尺寸线成顺时针 45°,长度为 2～3 mm。

尺寸标注均采用下列方式:

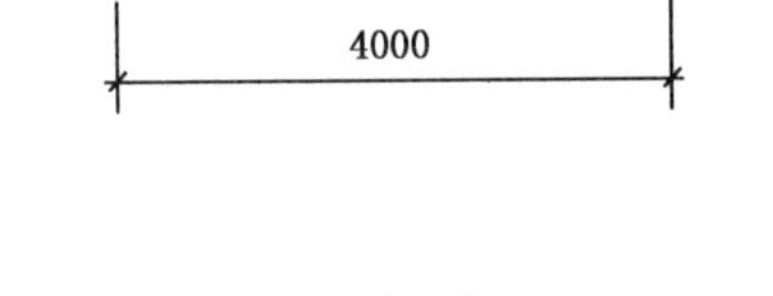

8.6　标高

±0.000　　3.000　　-0.300

平面一　　平面二　　总图

8.7　图纸采用新会签栏及标题栏,施工图出图前,应由工程项目负责人确定图纸的幅面及会签栏、标题栏等内容,以力求图幅统一,会签栏、标题栏等内容统一。

参考文献

1. 张多峰，宿翠霞，赵崇，张立伟. AutoCAD 工程图应用教程. 北京：中国水利水电出版社，2013

2. 张多峰，郭栋，唐诚，张建福. AutoCAD 工程制图实训教程. 北京：中国水利水电出版社，2010

3. 张多峰. AutoCAD 建筑制图. 北京：中国水利水电出版社，2012